配电网降损研究与实践

国网辽宁省电力有限公司配网管理部　编

中国电力出版社
CHINA ELECTRIC POWER PRESS

内 容 提 要

本书对配电网降损技术的研究，主要通过对各种影响配电网电能损耗的因素进行分析，从而找到最优的降损策略，包括降损管理要求、线损管理体系、站内设备的降损、优化线路路径以及使用新型降损设备等；在管理提升方面，通过对配电网运营模式的梳理，提出了相应的管理方法，包括建立线损管理组织体系、指标体系、高效的运维管理体系，提升供电企业的服务质量和服务能力等。这些方法的研究和应用，不仅能帮助我们进一步提高配电网的电能利用率，还能提升供电企业的服务水平，促进电网企业的可持续发展。此外，本书还通过对先进案例的研究，为我国配电网降损技术与管理提升提供了有益的参考。

图书在版编目（CIP）数据

配电网降损研究与实践/国网辽宁省电力有限公司配网管理部编. —北京：中国电力出版社，2024.2
ISBN 978-7-5198-8414-7

Ⅰ.①配… Ⅱ.①国… Ⅲ.①配电系统－降损措施－研究 Ⅳ.①TM727

中国国家版本馆 CIP 数据核字（2023）第 234012 号

出版发行：中国电力出版社
地　　址：北京市东城区北京站西街 19 号（邮政编码 100005）
网　　址：http://www.cepp.sgcc.com.cn
责任编辑：丁　钊（010-63412393）
责任校对：黄　蓓　王海南
装帧设计：赵姗姗
责任印制：杨晓东

印　　刷：三河市万龙印装有限公司
版　　次：2024 年 2 月第一版
印　　次：2024 年 2 月北京第一次印刷
开　　本：787 毫米×1092 毫米　16 开本
印　　张：14.75
字　　数：309 千字
定　　价：88.00 元

编　委　会

前言

随着电力体制改革的推进，电力市场呈现主体多元化发展、利益诉求多样化的趋势，电网企业面临售电市场放开的竞争、电价下调压力和经营风险。党的十九大报告提出了"推进能源生产和消费革命，构建清洁低碳、安全高效的能源体系"的新要求，习近平主席宣布了"中国力争于 2030 年前二氧化碳排放达到峰值、2060 年前实现碳中和"的目标，在产业结构调整与环境治理的双重压力下，客观上要求电力企业高度重视线损问题。配电网线损的精细化管理是降损的目标和方向，也是电网企业实现"双碳"目标的体现和"提质增效"的关键途径。

为进一步提高降损工作成效，使线损管理与相关专业人员能快速了解降损工作的基本知识，有效提升线损管理能力，国网辽宁省电力有限公司组织编写了本书。本书共分为 6 章，第 1 章介绍了线损基础知识，第 2 章介绍了配电网降损管理要求，第 3 章介绍了配电网线损管理提升方法研究，第 4 章介绍了配电网降损技术提升方法研究，第 5 章介绍了配电网理论线损计算，第 6 章介绍了技术降损实例分析。相信本书会对读者有一定的帮助。

本书在编写过程中参考了大量文献资料和最新标准规范，在此谨向文献资料的编著者表示感谢。

由于作者水平和经验有限，书中难免有疏漏之处，恳请读者批评指正。

目 录

前言

1 线损基础知识 ·· 1
1.1 基本概念 ·· 1
1.2 线损的影响因素 ·· 8
1.3 现行线损管理体系 ·· 10
1.4 配电网线损相关标准概述 ···································· 19
1.5 本章小结 ··· 23

2 配电网降损管理要求 ·· 24
2.1 配电网规划管理要求 ······································ 24
2.2 配电网节能设备选型要求 ···································· 34
2.3 配电网经济运行管理要求 ···································· 45
2.4 配电网电能质量管理要求 ···································· 50
2.5 本章小结 ··· 65

3 配电网线损管理提升方法研究 ·································· 66
3.1 配电网线损管理体系研究 ···································· 66
3.2 配电网设备管理降损研究 ···································· 86
3.3 配电网窃电防治管理与研究 ··································· 95
3.4 本章小结 ··· 100

4 配电网降损技术提升方法研究 ·································· 101
4.1 配电网技术线损研究 ······································ 101
4.2 配电网线路降损技术研究 ···································· 123
4.3 配电变压器降损技术研究 ···································· 130
4.4 配电网降损新技术、新设备应用研究 ··························· 140

　　4.5　本章小结 ·· 146

5　配电网理论线损计算 ································· 147

　　5.1　配电网理论线损计算发展历程 ·················· 147

　　5.2　中、低压线路的电阻损耗计算方法 ·············· 149

　　5.3　配电变压器的电能损耗计算方法 ················ 157

　　5.4　配电网的电能损耗计算 ·························· 161

　　5.5　配电网改造量化计算 ···························· 179

　　5.6　本章小结 ······································· 187

6　技术降损实例分析 ··································· 188

　　6.1　技术升级降损实例 ······························ 188

　　6.2　提升电能质量降损实例 ·························· 193

　　6.3　查治反窃电降损实例 ···························· 207

　　6.4　提升管理降损实例 ······························ 217

　　6.5　本章小结 ······································· 226

1 线损基础知识

线损率是电网经济运行的一项重要的经济技术指标，是电网企业经济效益的综合反映。作为供电企业，线损管理水平特别是配电网线损率管理水平的高低直接关系到企业的经济效益，应予以高度重视。为提高配电网线损的精细化管理，提升配电网降损工作的效率和成效，我们需要从掌握线损基础知识开始。本章主要介绍线损相关的基础概念、线损的影响因素、线损管理体系、配电网线损相关标准。

1.1 基 本 概 念

1.1.1 电力网和元件

1.1.1.1 电力网

电力网是指电力系统中输电、变电、配电的各种装置和设备、电力线路或电缆的组合，是连接电厂（发电）与用电设施的电力网络，其主要功能是变换电压、输送和分配电能。

整体的电力系统是由发电、供电（输电、变电、配电）、用电设施以及为保障其正常运行所需的调节控制及继电保护和安全自动装置、计量装置、调度自动化、电力通信等二次设施构成的统一整体，其中包括一次设备和二次设备。

一个大的电力网（联合电力网）往往是由许多子电力网发展、互联而成，因此分层结构是电力网的一大特点。一般电力网可划分为输电网、二级输电网、高压配电网、中压配电网和低压配电网。

输电网一般是由电压为 220kV 以上的主干电力线路组成，它连接大型发电厂、大容量用户以及相邻子电力网。二级输电网的电压一般为 110～220kV，它上接输电网，下连高压配电网，是一区域性的网络，连接区域性的发电厂和大用户。配电网是向中等用户和小用户供电的网络，35～110kV 的称为高压配电网，1～20kV 的称为中压配电网，1kV 以下的称为低压配电网。

电力网是输电、配电的各种装置和设备、变电站、电力线路或电缆的组合，其范围可视地理位置、所有权和电压等级等具体情况确定。该术语来自《电工术语　发电、输电及配电　通用术语》（GB/T 2900.50—2008）中 2.1 基本术语，并且在《电力工程基本术语标准》（GB/T 50297—2018）中第 6.1.1 条对电力网概念进行了描述：电网是由若干发电厂、变电站、输电线路组成的具有不同电压等级的输电网络。

根据《电工术语　发电、输电及配电　通用术语》（GB/T 2900.50—2008）附录 A

补充的术语，关于电力网的电压等级规定如下：

（1）高压（HV）。电力系统中高于 1kV、低于 330kV 的交流电压等级。

（2）超高压（EHV）。电力系统中 330kV 及以上，并低于 1000kV 的交流电压等级。

（3）特高压（UHV）。电力系统中交流 1000kV 及以上的电压等级。

（4）高压直流（HVDC）。电力系统中直流±800kV 以下的电压等级。

（5）特高压直流（UHVDC）。电力系统中直流±800kV 及以上的电压等级。

（6）我国将 1～20kV 的电压等级定义为中压，1kV 及以下的电压等级定义为低压。

1.1.1.2 元件

电力网元件主要指电力系统中的一次设备元件，是直接生产、输送和分配高压电能的设备，包括生产设备、变换设备、保护设备、控制设备、补偿设备、成套设备、线路设备。

元件是指在可靠性统计、分析、评估中不需要再细化可视为整体的一组器件或设备的统称，如一台机组或一条线路。该术语定义来自《电力可靠性基本名词术语》（DL/T 861—2020）中第 2.1 条，并且在《电力网电能损耗计算导则》（DL/T 686—2018）中第 3.2 条，做出了细化描述："系统或器件的构成部分，在不失去其特定功能的条件下，不能再被分成更小的部分。电力网中，不需要再细化的视为整体的一组器件或设备，如一条电力线路、一台电力变压器、一组电抗器等"。

1.1.1.3 配电网

《电工术语　发电、输电及配电　通用术语》（GB/T 2900.50—2008）中 2.1 基本术语中对"配电"的解释是：在一个用电区域内向用户供电。所以配电网就是指从输电网或地区发电厂接受电能，通过配电设施就地分配或按电压逐级分配给各类用户的电力网。配电网是电网的重要组成部分，是实施能效管理和降损管控的关键。

1.1.1.3.1 配电网的组成

配电网由架空线、杆塔、电缆、配电变压器、开关设备、无功补偿电容以及变电站的配电装置等配电设备及附属设施组成，它在电力网中的主要作用是分配电能。

1.1.1.3.2 配电网的结构

配电网一般采用闭环设计、开环运行。采用闭环结构是为了提高运行的灵活性和供电可靠性。开环运行一方面是为了限制短路故障电流，防止断路器超出遮断容量发生爆炸，另一方面是控制故障波及范围，避免故障停电范围扩大。

1.1.1.3.3 配电网的分类

根据《城市电力网规划设计导则》（Q/GDW 156—2006）中第 4.1.2 条规定，输电电压为 220kV 及以上，35、63、110kV 为高压配电系统；6～10kV（20kV）为中压配电系统；220V（380V）为低压配电系统。考虑到大型及特大型城市近年来电网的快速发展，中压配电电压可扩展至 35kV，高压配电电压可扩展至 220、330kV 乃至 500kV。于是，配电网的分类如下：

（1）按电压等级分类。高压配电网（6～110kV）和低压配电网（0.4kV）。

（2）按电网功能分类。主网（66kV 及以上）和配电网（35kV 及以下）。

66kV（110kV）电网的主要作用是连接区域高压（220kV 及以上）电网。35kV 及以下配电网的主要作用是为各个配电站和各类用户提供电源。10kV 及以上电压等级的高压用户直接由供电变电站高压配电装置以及高压用户专用线提供电源。

1.1.2　线损的概念

1.1.2.1　线损的定义

线损是电网电能损耗的简称，是电能从发电厂传输到电力用户过程中在输电、变电、配电和营销各环节中所产生的电能损耗。具体指在一定时间内，电流流经电网中各电力设备时所产生的有功、无功电能和电压的损失。目前，线损是电力企业衡量电网经济技术性的重要指标，它综合反映了电力系统规划设计、生产运行和经营管理的经济技术水平。

技术线损是指在电能传送过程中，组成电力网的各个元件不可避免地发生电能损耗，是客观存在的；管理线损是指由于抄表不同期、计量误差，以及可能的管理错漏、总抄见电能量与电力网关口计量电能量不相符、客户窃电及其他管理不善造成的电能量损失。所以线损实际就是技术线损与管理线损之和。

1.1.2.2　线损管理

线损管理是指为确定和达到电网降损节能目标而开展的各项管理活动的总称。线损管理作为电网经营企业一项重要的经营管理内容，要以"技术线损最优，管理线损最小"为宗旨，以深化线损四分管理为重点，实现从结果管理向过程管理的转变，提高线损管理水平。

1.1.2.3　四分线损

线损管理虽然错综复杂，但影响线损的主要因素可按照五个方面进行归类，即计量及线损"四分"管理、电网及运行管理、营销管理、指标管理的统计和分析、线损管理制度等。加强计量管理，建立完备的线损"四分"管理体系，是线损管理工作的基础。

"四分"线损分为分区线损、分压线损、分元件线损、分台区线损。通过线损"四分"管理工作的开展不仅可有效促进线损率指标的明显下降，同时也可切实提高线损管理精细化水平。

（1）分区管理。对所管辖电网按供电范围划分为若干区域进行统计、分析及考核的管理方式。

（2）分压管理。对所管辖电网按不同电压等级进行统计、分析及考核的管理方式。

（3）分元件管理。对所管辖电网各电压等级线路、变压器、补偿元件等电能损耗进行分别统计、分析及考核的管理方式。

（4）分台区管理。对所管辖电网各个公用配电变压器的供电区域损耗进行统计、分析及考核的管理方式。

1.1.3　线损的分类

根据《名词术语　电力节能》（DL/T 1365—2014）中 5.7.1.21 条规定，电网企业线损的种类可分为统计线损、理论线损（技术线损）、管理线损、经济线损和定额线损5类。

1.1.3.1 统计线损

统计线损是购电量与售电量之差，根据电能表指数计算得出，也就是实际线损，常用于统计专业报表。电网企业受抄表周期及电费回收因素影响，统计供电量和统计售电量存在统计期间不相同的问题，往往造成月度报表线损率出现"大月大、小月小"问题，为了厘清相同统计期间的线损率，国家电网公司提出了"同期线损"概念，即相同统计期间（以日、月、年为统计周期）内，供电量与售电量之差。同期线损可真实反映电网企业实际线损水平。

1.1.3.2 理论线损

理论线损是根据供电设备的参数、电力网当前运行方式、潮流分布及负荷情况，由理论计算得出电能损耗。比如，对于电阻性导体的损耗，应用焦耳定律可定量地计算出通过导体的电流转换为热能部分的电能损耗。由于它是由电网设备的技术条件决定，因此也称为技术线损，包括架空及电缆线路导线的电能损耗，变压器损耗，电容器、电抗器、调相机及其辅助设备电能损耗，换流站内元件的电能损耗，电流、电压互感器与电能计量表的电能损耗，或高压线路的电晕损耗等。理论线损是特定计算时段技术线损的数值体现。

（1）电能损耗。根据《电工术语 发电、输电及配电 通用术语》（GB/T 2900.50—2008）中2.3电力系统稳定性第603-6-5条规定，电能损耗的定义是功率损耗对时间的积分，功率损耗是指某一时刻器件或电网的有功输入功率与有功输出功率之差；《电工术语 基本术语》（GB/T 2900.1—2008）中3.3电器件、磁器件第3.3.129条，也指出：电能损耗、电能耗散是电能向非旨在使用的热能的转换。

（2）电晕损耗。导线或电极表面的电场强度超过碰撞游离阈值时发生的气体局部自持放电现象，称为电晕放电，电晕是一种复杂的物理现象。伴随着电晕放电的气体电离、复合过程，出现声、光、热等现象，电晕放电会产生无线电干扰、可听噪声、能量损失、化学反应和静电效应等，电晕放电引起的这种电能损耗称为电晕损耗。电晕损耗计算涉及的因素很多，与地理环境、气候条件、导线结构及实际运行情况有关，影响输电线路电晕放电的主要因素包括：导体表面起晕场强、导线表面状况、导线附近的质点、导线上的水滴、空气温度、湿度等。

1.1.3.3 管理线损

管理线损是指管理方面的不足而产生的电能损耗，它等于统计线损（实际线损）与理论线损的差值。在输电、变电、配电、供电过程中由于计量、抄表、窃电及其他管理不善造成的电能损失。

在公司生产经营过程中，管理线损能为制订降损目标，开展反窃电、计量装置运维管理与改造、营业档案差错治理、提升抄表采集成功率等工作提供重要依据。

管理线损主要包括台账线损、计量线损和窃电等。

（1）台账线损。主要是指管理线损中由于营、配、调数据不统一或存在时差而导致的线损，例如：调整配电变压器供电线路或环网供电节点变化后的供电与负荷档案不对称引起的线损、计量表信息在系统录入错误等。不仅包含因工作失误等原因造成的基础档案关系混乱、错误，还包含负荷关系变动与档案关系变动不同期，以及新装、报停或拆除用户用电起始、中止和终止使用时间与同步档案时间导致的台账线损。

此部分的优化需要协同营配调甚至到供电所层级，在负荷发生任何变化时台账随时更新调整。

台账线损管理的提升是一整套系统性的工作，首先要做到营配调数据同期同源；再要做到纵向沟通、横向协调，做到数据更新及时准确；还要做到应用系统的优化，做到有责任、有监督、有时限，最终才能完成这一工作。

（2）计量线损。主要指因计量器具的不正确使用、计量误差等情况引起的线损。依据各计量中心给出影响计量线损因素主要有：

1）时钟偏差。计量器具时钟不一致导致的数据冻结周期偏差，以及采集终端数据采集周期时间与计量器具冻结数据时间临近重叠导致的日期偏差，均会引起计量线损波动。

2）接线方式错误。例如三相四线制电能表按三相三线制接线、电流与电压线接线非同相、电流进出线接反、接地线虚接以及电压接入非计量表额定电压等。

3）超量程或欠量程。电流互感器（TA）变比配置错误，正常使用的计量 TA 一般为 0.2S 或 0.5S 级，此类 TA 有效量程一般是 1%～120% 额定电流范围，而当长时间计量的电流小于 TA 额定电流的 1% 或大于 120% 时，则会造成计量失准，而在 1%～10% 区间内计量值的误差将增加。

4）计量装置故障。计量表损坏、电池欠电压造成时钟或数据清零、计量失准等。

1.1.3.4　经济线损

对于电网及其设备状况固定的线路，随着供电负荷大小的变化而变化，理论计算得到的最低线损率对应的线损，一般经济线损对应电网的经济运行方式。

1.1.3.5　定额线损

根据电网实际情况，结合下一考核期电网结构、负荷潮流情况以及降损措施安排，经过测算，上级批准的线损指标，称为定额线损。它是上级下达的线损率指标计划，是电力企业年度经营目标的重要内容。

1.1.4　线损率的概念

1.1.4.1　线损电量

线损电量是指电能在电网传输过程中，在输电、变电、配电和用电等各个环节所产生的电能损耗。该术语来源于《名词术语　电力节能》（DL/T 1365—2014）中第 5.7.21 条。线损电量可由线路的供电量—售电量或输入电量—输出电量得出。这几种电量的概念如下：

1.1.4.1.1　供电量

供电量是向电力网供应的电能总和，即本电力网电厂上网（含分布式电源）电量加上自其他电力网（上、下级电网及邻网）净输入的电量。本定义参考《国家电网公司线损管理办法》，其中电厂上网电量是指发电企业在上网电量计量点向电力网输入的电量，即发电企业向市场出售的电量。

1.1.4.1.2　售电量

售电量是指电力企业向外销售的并可依此取得销售收入的电量，包括销售给用户用于直接消费的电量和趸售给其他电力企业的电量，以及电力企业供给本企业非电力生产、基本建设和非生产部门等所使用的电量。

1.1.4.1.3　输入电量

输入电量为接入本电压等级电厂上网电量、自其他电力网输入本电压等级电量和其他电压等级转入本电压等级的电量之和。

1.1.4.1.4　输出电量

对于母线而言，所有同电压等级的出线电量之和称为输出电量。

1.1.4.2　线损率

线损率是指电力网络中损耗的电能（线路损失负荷）占向电力网络供应电能（供电负荷）的百分数。线损率是用来考核电力系统运行的经济性。

1.1.4.2.1　线损率的计算方法

《电力网电能损耗计算导则》（DL/T 686—2018）第3.6条规定，线损率是电力网中线损电量与供电量的百分比，反映电力网的技术经济性。公式如下

$$线损率=线损电量/供电量×100\%=[(供电量-售电量)/供电量]×100\% \quad (1-1)$$

式中：供电量＝电厂上网电量＋电网输入电量－电网输出电量

售电量＝销售给终端用户的电量

售电量包括销售给本省用户（含趸售用户）和不经过邻省电网而直接销售给邻省终端用户的电量。

1.1.4.2.2　有损线损率的计算方法

$$有损线损率=线损电量/(供电量-无损损电量)×100\%$$
$$=[(供电量-售电量)/(供电量-无损电量)]×100\% \quad (1-2)$$

式中：供、售电量定义与线损率计算方法相同。

无损电量是一个相对概念，是指在某一电压等级下或某一供电区域内没有产生线损的供（售）电量。

1.1.4.2.3　区、省级线损率的计算方法

（1）跨国跨区跨省网损率为

$$网损率=(输入电量-输出电量)/输入电量×100\% \quad (1-3)$$

式中：输入、输出电量计算目标为跨国、跨区、跨省联络线和"点对网"送电线路。

（2）省网网损率为

$$省网网损率=(省网输入电量-省网输出电量)/省网输出电量×100\% \quad (1-4)$$

式中：省网输入电量＝电厂 220kV 及以上输入电量＋220kV 及以上省间联络线输入电量＋地区电网向省网输入电量

省网输出电量＝省网向地区电网输出电量＋220kV 及以上用户售电量＋220kV 及以上省间联络线输出电量

1.1.4.2.4　四分线损的计算方法

（1）地区线损率为

$$地区线损率＝（地区供电量－地区售电量）/地区供电量×100\% \qquad (1\text{-}5)$$

式中：地区供电量＝本地区电厂 220kV 以下上网电量＋省网输入电量－向省网输出电量

地区售电量＝本地区用户抄见电量

（2）分压线损率为

$$分压线损率＝（该电压等级输入电量－该电压等级输出电量）/$$
$$该电压等级输入电量×100\% \qquad (1\text{-}6)$$

式中：该电压等级输入电量＝接入本电压等级的发电厂上网电量＋本电压等级外网输入电量＋上级电网主变压器本电压等级侧的输入电量＋下级电网向本电压等级主变压器输入电量（主变压器中、低压侧输入电量合计）

该电压等级输出电量＝本电压等级售电量＋本电压等级向外网输出电量＋本电压等级主变压器向下级电网输出电量（主变压器中、低压侧输出电量合计）＋上级电网主变压器本电压等级侧的输出电量

（3）分元件线损率为

$$分元件线损率＝（元件输入电量－元件输出电量）/元件输入电量×100\% \qquad (1\text{-}7)$$

例如：变压器输入电量是变压器各侧流入变压器的电量之和，变压器输出电量是变压器各侧流出变压器的电量之和。

（4）分台区线损率为

$$分台区线损率＝（台区总表电流－用户售电量）/台区总表电量×100\% \qquad (1\text{-}8)$$

当两台及以上变压器低压侧并联，或低压联络开关并联运行的，可将所有并联运行变压器视为一个台区单元统计线损率。

1.1.4.3　理论线损率

理论线损率是根据电网设备参数、运行方式、潮流分布以及负荷情况等量化地计算得出的线损率，是理论线损电量占供电量的百分比。理论线损率反映了电网现有技术装备条件下的真实损耗率水平，同时反映出电网运行的经济、高效与节能水平，是制订线损指标计划的重要依据。

通过理论线损计算可弄清电网电能损耗的组成与分布情况，分析出高损区域、高损元件，查找出电网薄弱环节，以便针对性采取技术措施，把电能损耗降低到一个接近经济线损率的合理水平，把电网建设成为高效、经济的现代化电网。

1.2 线损的影响因素

电网电能损耗的大小不仅与网络结构、负荷分布、电源分布、电压等级、运行方式、无功分布、用电构成及设备技术性能等技术条件有关，而且与电网运行、检修、调度、用电、营业等管理水平及工作人员业务水平有关。因此，影响电网电能线损的因素主要分为技术因素和管理因素两个方面。

1.2.1 影响线损的技术因素

1.2.1.1 配电网规划

配电网规划是指在分析和研究未来负荷增长情况以及城市配电网现状的基础上，设计一套系统扩建和改造的计划。在尽可能满足未来用户容量和电能质量的情况下，针对可能的各种接线形式、不同的线路数和不同的导线截面，以运行经济性为指标，选择最优或次优方案作为规划改造方案，使电力企业获得最大利益的过程。

在《配电网规划设计技术导则》（DL/T 5729—2016）中第 3.01 和第 3.03 条中规定，为安全、可靠、经济地向用户供电，配电网应具有必备的容量裕度、适当的负荷转移能力、一定的自愈能力和应急处理能力、合理的分布式电源接纳能力。配电网涉及高压配电线路和变电站、中压配电线路和配电变压器、低压配电线路、用户和分布式电源等紧密关联的部分。应将配电网作为一个整体系统规划，以满足各部分间的协调配合、空间上的优化布局和时间上的合理过渡。

配电网规划设计是否合理直接影响线损的大小，例如因受到地域环境的限制，超供电半径的配电网线路很多，而且各线路之间的距离也较长，特别是山区受地域条件的限制，经济落后，公用变压器多，迂回供电线路较多，负荷点分散，分支多，距离用电负荷中心远。由于分支多由中心向四处分散的这种供电方式导致线路供电半径过长，线路半径过长导致负荷率下降，配电网功率低，电网线损率高。在大部分电力企业的电网中，传统高损耗的电力设备仍在使用，企业自身针对线路损耗不重视是导致这种现状的主要原因，而且没有给予足够的资金支持，无法购买新的电力设备，所以对设备的更新造成一定的阻碍，加剧了电力线路运行的损耗程度。以上所述配电网规划不合理问题会对线损造成影响。

1.2.1.2 节能选型

节能是指通过加强用能管理，采取技术上可行、经济上合理以及环境、社会可以承受的措施，从能源生产到消费的各个环节，降低消耗，减少损失和制止浪费，减少污染物排放，合理、有效地利用能源。配电网的选型和配置应符合标准规范，坚持安全可靠、经济实用的原则，积极应用通用设备，选择技术成熟、节能环保的产品，具备少维护或免维护，适应应急电源接入并与环境相协调。

合理的设备选型，对电力企业的发展具有相当重要的作用，对电网设备运行的安全可靠、运行维护和管理成本的降低乃至电力企业的整体效益均会产生深远影响。配电网设备主要有变压器、导线、断路器、电容器等，通过选择低损耗设备，可有效降低线路及设备损耗，提高配电网运行经济性。根据《国家电网有限公司电网技术降损工作管理规定》中的要求，各类电力设备设计选型时应结合电能损耗情况，经技术经济比较合理选择，同等条件下应优先选择低损耗节能产品。

1.2.1.3 经济运行

电网经济运行是指电网在供电成本率低或发电能源消耗率及网损率最小的条件下运行。电网经济运行是一项实用性很强的节能技术。这项技术是在保证技术安全、经济合理的条件下，充分利用现有的设备、元件，不投资或有较少的投资，通过相关技术论证，选取最佳运行方式，调整负荷，提高功率因数，调整或更换变压器，电网改造等，在传输相同电量的基础上，以达到减少系统损耗，从而达到提高经济效益的目的。

1.2.1.3.1 变压器经济运行

电力系统中变压器产生的电能损耗占电力系统总损耗比例很大，因此在电力系统中变压器及其供电系统的经济运行，对降低电力系统线损具有重要意义。由于当前绝大部分的变压器及其供电系统都在自然状态下运行，加上传统观念及习惯性错误做法的影响，导致现有变压器不一定运行在经济区间，因此必须要通过各种技术措施来降低线损。

1.2.1.3.2 电力线路经济运行

根据焦耳定律，配电线路的理论损耗与电力线路流过电流的平方成正比，因而合理调度线路负荷潮汐，降低峰谷负荷差，同样对电力系统节能降损具有重要意义。

1.2.1.3.3 电能质量

电能质量是指电力系统指定点的电特性，关系到供用电设备正常工作（或运行）的电压、电流等指标偏离基准技术参数的程度。基准技术参数一般是指理想供电状态下的指标值。这些参数可能涉及供电与负荷之间的兼容性。

电能质量关系到电力系统和电气设备的安全运行，关系到节能降损，关系到企业生产、日常生活以及国民经济的总体效益。因此，加强电能质量管理，通过采取相应措施，如提高电压质量，进行无功补偿、抑制和治理谐波等，以达到经济运行和节能降损的目的，是电力企业和电力用户共同利益和职责。

1.2.2 影响线损的管理因素

1.2.2.1 计量抄表问题

1.2.2.1.1 计量装置

计量装置作为电力企业经营的"秤"，计量的准确性是线损准确与否的前提。计量工作是线损管理工作的基础，所以计量装置的性能和准确性直接影响到线损的统计和计算，直接影响到企业的经济效益和社会效益。

当用电计量装置本身存在某种缺陷时，会导致后续的电能记录、计量与负荷之间产生问题，继而对线损统计造成影响。线损电量是指用电量与售电量之间的差额，导致这种差额的原因之一便是用电量统计有误。装置可能存在接线错误、互感器 TA 变比错误、终端故障等情况，会影响同期线损自动计算，导致线损异常。

1.2.2.1.2 抄表质量

现代电力企业采用集中抄表方式进行抄表，准确性高，偶尔会出现表行数据丢失、人为非法篡改抄表数据、擅自调整仪表等情况，需要抄表员进行人工核查，抄表质量对线损率的统计结果有着至关重要的影响。一旦抄表人员在抄表中出现了不按规定抄录电能的情况，会严重影响电量统计的准确性，在此情况下计算出的线损缺乏科学性依据。

做好抄表工作，避免错抄、漏抄情况，减少抄表不同期，确保统计电量正确；做好用户基础资料，确保不会漏记电量；做好日常"四分"管理，加强日线损查核，及时发现并解决问题。

1.2.2.2 客户窃电问题

窃电是指非法使用电能，以不交或少交电费为目的，采用非法手段干扰电量统计的行为。窃电、偷电行为不仅会使电网运行受损、造成经济损失，还会对电网的降损管理产生严重影响。

用户窃电是导致线损较高的主要原因之一，窃电在科学技术迅速发展的过程中也在创新，并增强了隐蔽性，从最初简单绕表接电发展至互感器与表计接线等，严重影响了线损管理的效果，增加了供电企业的管理难度。窃电不但影响线损，对社会危害性很大，因窃电造成变压器、线路烧坏导致的停电事故时有发生，甚至引发民事纠纷、治安、火灾、刑事案件，影响社会安全稳定。如能保证科学合理地按照《电力法》的相关条款内容执行，做好基础的管理工作，就能最大限度地降低线损。

1.2.2.3 日常管理问题

在线损管理过程中存在人为管理不当造成的线路损耗。

(1) 档案异动问题。线路运行方式不同步，如新增公用变压器未装计量装置、新增公用变压器未投运先走流程，负荷切割未同步正确调整户变关系，新建变电站、新建线路建档流程滞后等导致站线变户不一致，影响各类终端覆盖率，造成馈线线损、台区线损计算异常。

(2) 责任落实问题。工作链条冗长、专业协调不畅、各层级未转变工作思路、全员主动参与度不高、工作效率低等问题，也是制约线损工作的外在条件。

1.3 现行线损管理体系

1.3.1 线损管理组织体系

我国的线损管理组织主要依托于电网公司组织架设，电网公司包括国家电网有限公司、中国南方电网有限责任公司，和内蒙古电力（集团）有限责任公司等地方性电力公司，这里主要依据国家电网有限公司、中国南方电网有限责任公司线损管理组织体系来描述。

1.3.1.1 国家电网有限公司

2014 年国家电网有限公司发布了《国家电网公司线损管理办法》，该办法适用于国家电网有限公司总（分）部、省级、地市、县级各层级。办法中提出线损管理坚持"统一领导、分级管理、分工负责、协同合作"原则，各级单位建立健全由分管领导牵头，发展、运检、营销、调控中心、技术支撑单位等有关部门（单位）组成的线损组织管理体系，加强线损管理的组织协调。各级单位发展部是线损归口管理部门，要明确线损管理岗位，配备专职人员，其他部门应有专职或兼职人员负责线损管理有关工作。

1）国网（省、地市）发展部是本单位线损归口管理部门。

2）国网（省、地市）设备部是本单位技术线损管理部门。

3）国网（省、地市）营销部是本单位管理线损管理部门。

4）国（省、地）调中心是本单位网损管理部门。

5）国网（省）电科院、（地市）电力经济技术研究所是线损管理的技术支撑单位。

1.3.1.2 中国南方电网有限责任公司

2011 年，为加强线损管理工作，明确工作职责，规范管理流程，中国南方电网有限责任公司发布《中国南方电网有限责任公司线损管理办法》，该办法适用于公司总部、超高压输电公司、调峰调频发电公司、各省公司。办法中提出中国南方电网有限责任公司按公司有关职能，划分发展部、市场营销部、生产技术部、财务部、农电管理部、系统运行部及公司有关部分，分别履行相关职责。

1）计划发展部负责公司线损（含综合厂用电率）的归口管理。

2）市场营销部负责公司管理线损、综合厂用电的管理；负责线损"四分"的计量、数据管理，具体负责分区、分台区的线损指标统计分析；配合开展线损、综合厂用电率指标异常波动分析工作。

3）生产技术部负责公司线损、综合厂用电的技术管理。配合开展线损、综合厂用电率指标异常波动分析工作。

4）财务部负责明确公司资产管理范围的界定，配合确定公司线损统计的三种口径范围（省公司母公司口径、全资产口径和电网口径）。

5）农电管理部负责协助开展公司县级供电企业的线损管理工作。

6）系统运行部负责公司网损管理，配合开展线损率指标异常波动分析工作。

7）超高压输电公司负责本单位线损小指标的管理与统计分析。

8）调峰调频发电公司负责本单位综合厂用电的管理与统计分析。

9）各省公司是公司线损工作的具体管理和责任单位，负责贯彻执行国家、行业节能减排方针、政策、法律、法规和公司线损管理的规章制度；制订公司《线损管理办法实施细则》，并对照公司各部门职责分工，落实本单位及下属地、县供电企业各部门的职责分工，细化工作要求与流程。

1.3.2 线损管理系统

随着信息化在各行各业的深入发展，电力系统的管理也进入了信息时代，各类基于大数据、云平台的信息化管理系统成为电力系统的重要管理工具。

1.3.2.1 国家电网有限公司线损管理系统

国家电网有限公司打造"四大平台、六大系统"。四大平台为：运检、营销、调度、科信，六大系统为：一体化电量与线损管理系统、电力用户用电信息采集系统、SCADA系统、电能量数据采集系统、SG186系统、设备资产运维精益管理系统（PMS）。从而实现电量源头采集、线损（率）自动生成、业务全方位贯通、指标全过程监控，推进电量与线损管理标准化、智能化和精益化，支撑电网科学发展与经营管理提升。一体化电量与线损系统数据集成模型如图1-1所示。

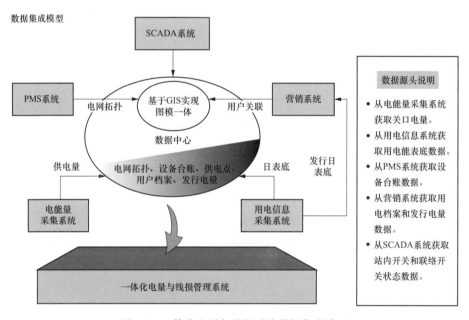

图 1-1 一体化电量与线损系统数据集成模型

（1）一体化电量与线损管理系统。为加强电量与线损同期管理，客观准确反映发、供、售电量和各级电网真实情况，及时发现电量与线损的问题，有效制订针对性措施降低损耗，更好地提高线损管理应用水平，有必要建设覆盖全电压等级、实现同期线损、实时线损和理论线损计算、线损分析和降损辅助决策等应用的一体化电量与线损管理系统。一体化电量与线损管理系统操作界面如图1-2所示。

2013年起，国家电网公司发展部对线损管理系统建设进行了深入思考，结合同期线损管理要求，在呈报《关于发（供）、售电量不同期问题的汇报》中提出了建设一体化电量与线损管理系统的建议。自此，一体化电量与线损管理系统建设正式启动，2014年完成一体化电量与线损系统的一期开发工作，并在北京、山西等7家试点单位实施。

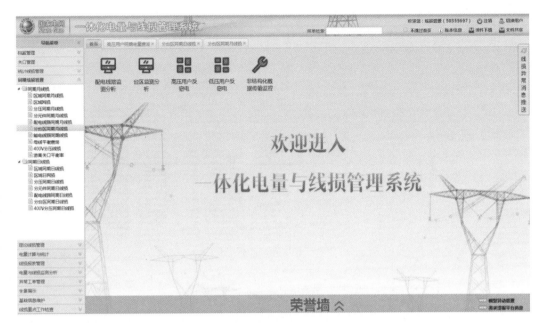

图 1-2 一体化电量与线损管理系统操作界面

2015 年 3 月国家电网公司召开试点启动会，部署试点工作。各试点单位历经 10 个月，高质量完成了系统部署、数据集成、数据治理、经验总结等工作。试点建设充分验证了同期统计管理的可行性，验证了调度、营销、生产等业务系统信息融合共享的可操作性，切实归真了试点单位的线损指标，达到了预期成效和效果。2015 年 12 月，国家电网公司正式发文，明确全面实行同期线损管理，按照"横到边、纵到底"的思路全面推广同期线损系统建设，结合智能电能表和营配调工作进度，以线损"四分"同期管理为目标，分三个阶段稳步实施。第一阶段：2016 年全面部署同期系统，开展同期系统基础应用。国家电网公司总部、6 家分部、27 家省电力公司线损系统全部上线，27 家省电力公司实现 35kV 及以上分压、分线同期管理，31 家大型供电企业实现 10kV 及以上分压、农网分线和分台区同期管理。第二阶段：2017 年深化应用同期系统，逐步推进"四分"同期管理。27 省电力公司实现 10kV 及以上分压同期管理，第一批 15 家省电力公司全面实现"四分"同期管理，第二批 12 家省电力公司实现农网 10kV 分线和分台区同期管理，31 家大型供电企业全面实现"四分"同期管理。第三阶段：2018 年总结经验完善提升，全面实现同期管理。

（2）电力用户用电信息采集系统。用电信息采集系统是通过对配电变压器和终端用户的用电数据采集和分析，实现用电监控，推行阶梯定价、负荷管理、线损分析，最终达到自动抄表、错峰用电、用电检查（防窃电）、负荷预测和节约用电成本等目的。建立全面的用户用电信息采集系统需要建设系统主站、传输信道、采集设备以及电子式电能表（即智能电能表）。一体化电量与线损管理系统中的每日冻结表码、96 点电流、电压、功率、功率因数等曲线数据、开关操作等信息，均来自用电信息采集系统（见图 1-3）。

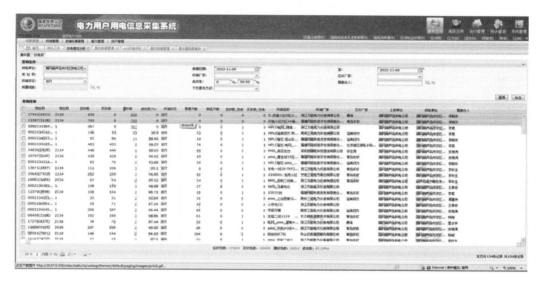

图 1-3　用电信息采集系统操作界面

（3）SCADA 系统。SCADA 系统在远动系统中占重要地位，可对现场的运行设备进行监视和控制，以实现数据采集、设备控制、测量、参数调节以及各类信号报警等功能，即"四遥"功能。RTU（远程终端单元）和 FTU（馈线终端单元）是它的重要组成部分．在现今的变电站综合自动化建设中起了相当重要的作用。系统集成总（分）部及省电力公司管辖范围内电网设备及拓扑信息、厂站内关口，由调控中心生成 CIM/E 或 XML 格式文件，省级数据中心负责数据解析。供用电关系实时变化对线损分析十分重要，SCADA 系统能够实时提供准确的供用电关系变化，操作界面如图 1-4 所示。

图 1-4　SCADA 系统操作界面

（4）电能量采集系统。电能量采集系统是（省）地县一体化的电能量数据应用平台，实现了变电站电能量数据的远程自动采集，辅之以完善的运行管理制度，通过技术和管理的有机结合，以业务流程和管理考核为手段，真正实现系统的实用化，满足电能量数据管理、平衡管理、关口结算、网损管理等要求。一体化电量与线损管理系统中的供电计量点档案、换表记录、旁代记录等档案信息，供电侧的日冻结数据和 96 点曲线数据均来自电能量采集系统（见图 1-5）。

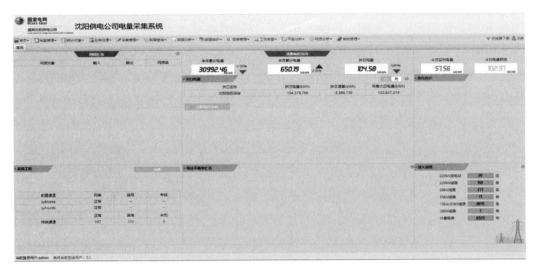

图 1-5　电能量采集系统操作界面

（5）SG186 营销系统。SG186 营销系统模块将营销业务划分为客户服务与客户关系、电费管理、电能计量及信息采集和市场与需求侧 4 个业务领域及"综合管理"，共 19 个业务类、137 个业务项及 753 个业务子项。电力营销业务通过各领域具体业务的分工协作，为客户提供服务，完成业务处理，为供电企业的管理、经营和决策提供支持；同时，通过营销业务与其他业务的有序协作，提高整个电网企业资源的共享度。一体化电量与线损管理系统中客户、计量点、表计、台区、配电变压器等档案信息，换表记录、电量追补、发行电量、业扩报装信息，以及配电网设备关系，均来自营销业务应用系统（见图 1-6）。

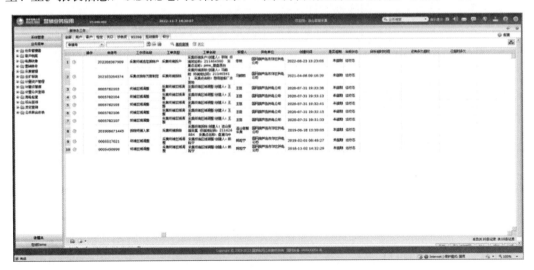

图 1-6　SG186 营销操作界面

（6）设备资产运维精益管理系统（PMS）。PMS系统为企业设备管理提供了规范及指南，系统内容涵盖了企业设备管理方针和目标，设备管理组织结构、设备管理策划及设备全寿命的管理过程，如设备需求规划、设计、制造、选型、购置、安装及调试、验收、使用、保养维护、巡检、维修、改造、更新、报废及处置等。总（分）部管理厂站、变电站和输电线路信息，包括输配电线路、导线、杆塔、电缆段、电缆终端、电缆接头、电站、间隔单元、主配电变压器、站用变压器、断路器、隔离开关、母线、电抗器、电力电容器、耦合电容器等设备档案信息。一体化电量与线损管理系统中的公用变压器档案均取自PMS系统（见图1-7）。

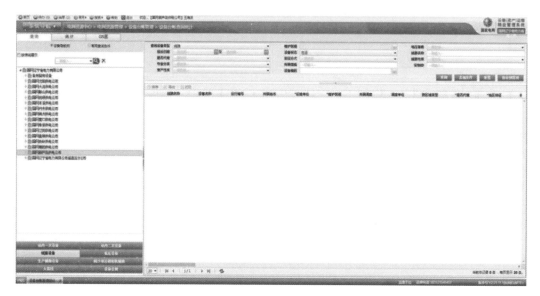

图1-7　PMS操作界面

1.3.2.2　南方电网公司线损管理系统

南方电网公司已经建成了网、省两级集中式的计量自动化系统，实现了智能电网和计量自动化终端的全覆盖。计量自动化主站系统集人工智能、大数据、物联网技术于一体，融入线路停电状态识别等十余项专利型首创技术，并依托计量自动化系统实现线损分析和线损管理，操作界面如图1-8所示。

计量自动化系统涵盖对电厂、变电站、公用变压器、专用变压器、低压用户等发电侧、供电侧、配电侧和售电侧电能量等数据实现采集、监测与统计分析功能的系统，由计量自动化系统主站、通信通道、计量自动化终端组成，包括厂站电能量计量遥测、负荷管理、配电变压器监测、低压集抄等模块，为公司营销服务、规划建设、生产和经营提供技术支持。计量自动化主站系统采集的各类数据还通过接口与海量数据平台等9个平台进行数据交互，同时对各专业开放系统访问权限，实现横向业务协同和数据共享。计量自动化系统适用于南方电网公司总部各部门及超高压输电公司、广东电网公司、广西电网公司、云南电网公司、贵州电网公司、海南电网公司、广州供电局、深圳供电局和南网科研院。

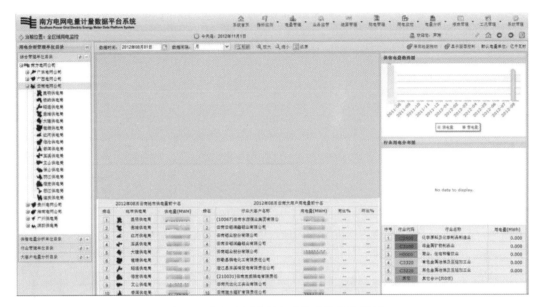

图 1-8　南方电网计量自动化系统操作界面

1.3.2.3　网省供电企业建设的线损信息化系统概述

随着线损管理要求不断提高,部分供电企业结合自身情况,开发了各类配电网线损信息化管控系统。此类系统多为省级、国家级各类系统的补充,可针对当地实际情况进行调整,对线损精益化管理起到了促进作用。

以国网辽宁省电力有限公司为例,该公司利用信息化手段,结合企业中台建设,开发了中压线损管理信息支撑平台,融合了生产管理、用电信息采集、调度自动化、一体化线损管理等系统档案和运行统计信息,能够实时监控、全面感知全省中压配电网线路运行情况,在精准定位高损线路后,智能分析相关信息数据,进而锁定高损设备和高损区域位置,形成"全面感知、精准发现、精确分析、精益投资"的治理模式,全面提升配网线损管理水平。该系统主要作用如下:

(1)利用数字化平台优化降损策略

1)中压线损管理信息支撑模块。通过态势图、空间分布图等应用场景,可实时监测地市供电公司 10kV 线损率、达标率等数据情况,并利用成因分析模块对线损的形成原因进行精细化分类,确定线路高负损原因,及时发现异常的线损情况,同时进行分析处理,提高数据质量的同时,有效降低了电网的线损,操作界面如图 1-9 所示。

2)异动监测模块。通过异动监测模块分层分级监测辽宁省城网、农网公、专用变压器的变更情况,包括公、专用变压器运行状态变更情况、容量倍率变更情况以及线缆长度与截面积变更情况,实现了设备异动与线损管理精益化。通过配线设备异动变更画像,可精准定位配线变更设备运行状态变更次数、容量倍率变更次数、累积年变更次数等信息辅助线损管理人员实时掌握变更情况,同时监测线缆总长度及常见型号截面的线缆型号变化趋势,为降损策略编制提供基础保障。

图 1-9　辽宁配电网中压系统信息支撑模块操作界面

3）销号治理模块。利用销号治理模块实现年初制订有关超长线路、线路无功不足及配电变压器无功不足销号计划的逐年管理，各级单位按月—周分解销号任务，通过在线销号管理及时了解因超长供电半径导致的高损线路、功率因数低于 0.85 的高损线路、功率因数低于 0.85 的高损台区治理情况，逐项制订计划目标，合理分配治理进度，辅助相关单位采取缩短供电半径、增加无功补偿设备、调整自动调压器、开展线路改造、更换高耗能配电变压器等手段治理线损，自动校验销号完成归档，通过模块能够实现线损异常设备的销号治理闭环管理。

4）线损图形分析模块。线损图形分析模块实现了配电线路理论线损图形化、线损分析及降损过程的数字化支撑，并自动生成"一线一策"降损报告，根据供电区域实现差异化能效评估，为推进科学化降损提供了数据支撑。在线损图形化中，实现了配线双层图形展示即配线单线图和配线分段开关图，辅助查看高损设备元件定位、分布式接入位置以及分段负荷的容量分布情况；根据前推回代潮流计算结果，可查看动态潮流分布及分时线损率情况，可查看分时序导线支线重过载情况、负荷节点电压越限情况，有效辅助基层人员分析定位线损异常问题。

系统提供常见降损措施的多方案仿真—技经分析，通过打造技术降损工作台，实现从理论分析—异常诊断—问题定位—推荐降损策略—技经分析—自动降损方案生成，多方案对比投入产出比，高效辅助降损工作。潮流分时负载率展示界面如图 1-10 所示。

（2）建立中压降损管控体系。供电企业通过完善、合理的线损指标体系，对不同部门进行责任分配，制订相应考核策略，对线损责任指标进行具体的落实。省级供电企业可建立类似单周排查、双周考核的管控模式，督促地市层级供电企业加快工作进度，并通过周例会沟通协调处理降损过程中的问题，研讨业务痛点和实际问题，推进技术降损措施落实。同时利用数字化平台跟踪与展示省、市、县、所多级单位异常数据治理进度，跟踪问题数据消缺情况，及时把控降损工作。

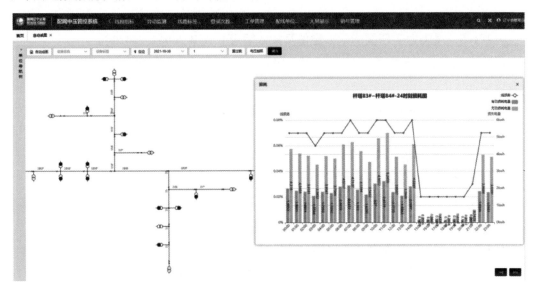

图 1-10　辽宁配电网中压系统动态潮流分时负载率展示界面

省级供电企业对建设速度滞后、治理效果不明显等现象进行通报考核，提高工作效率，促进降损工作有效落实。必要时结合数字化平台形成工单派发，数字化平台可接入预警工单与督办工单模式，当出现问题时，数字化平台自动下发预警工单并限时督办。

1.4　配电网线损相关标准概述

与线损相关的国家标准、行业标准、企业标准较多，本书摘录了部分对线损管理工作提供依据的主要标准，供读者进行学习。

1.4.1　国家标准及文件

1.4.1.1　《电工术语　发电、输电及配电　通用术语》（GB/T 2900.50—2008）

该标准规定了发电、输电及配电领域中有关通用部分的术语，适用于电力系统的规划、管理、设计、配电等领域，明确了电力线路、架空线路、地下电缆、气体绝缘线路、架空系统、地下系统等与线损管理相关的设备术语。

1.4.1.2　《电工术语基本术语》（GB/T 2900.1—2008）

该标准规定了电工术语的基本术语，明确了电接触、短路、导体、连接、线路、电线、导线、电缆、护套、电源、电能损耗、功率损耗、绝缘电阻、谐振电路、损耗因数、泄漏电流、电阻性、电感性、电容性、电抗性、标称值、额定值、限值、额定数据、铭牌等线损管理相关设备术语。

1.4.1.3　《电力工程基本术语标准》（GB/T 50297—2018）

该标准实现了电力专业术语标准化，明确了故障阻抗、线路波阻抗、线路自然功率、故障电流、短路电流、故障点电流、短路点电流等线损管理相关设备术语。

1.4.1.4 《标准电压》（GB/T 156—2017）

该标准规定了各电压等级下交直流系统及设备的标准电压数值。

1.4.1.5 《电力变压器能效限定值及能效等级》（GB 20052—2020）

该标准规定了三相电力变压器的能效限定值、能效等级和试验方法，为配电变压器节能选型提供依据。

1.4.1.6 《电能质量规划总则》（GB/T 40597—2021）

该标准规定了电能质量规划的通用要求、规划目标以及面向系统区域和规划点的电能质量规划内容的要求，适用于电力企业及电力用户进行电能质量规划。

1.4.1.7 《电力系统电压和无功电力技术导则》（GB/T 40427—2021）

该标准规定了电力系统各电压等级的电压、电压允许偏差值及无功电力技术的基本要求，为无功补偿设备的选用、变压器调压方式及调压范围的选择提供依据。

1.4.1.8 《电能质量术语》（GB/T 32507—2016）

该标准规定了电能质量领域有关的基本名词、术语及定义，适用于电力的生产、输送、分配、储存与使用中的电能质量技术和管理的有关领域。

1.4.1.9 《供电电压偏差》（GB/T 2325—2008）

该标准规定了电网供电电压偏差的限值，测量和合格率统计，适用于交流50Hz电力系统在正常运行条件下，供电电压对系统标称电压的偏差。

1.4.1.10 《电压波动和闪变》（GB/T 12326—2008）

该标准规定了电压波动和闪变的限值与测试、计算和评估方法，适用于交流50Hz电力系统在正常运行方式下，由波动负荷引起的公共连接点电压的快速变动与由此可能引起人对灯闪明显感觉的场合。

1.4.1.11 《电能质量 公用电网谐波》（GB/T 14549—1993）

该标准规定了公用电网谐波的允许值及其测试方法，适用于交流额定频率为50Hz，标称电压110kV及以下的公用电网。

1.4.1.12 《电能质量 三相电压不平衡》（GB/T 15543—2008）

该标准规定了三相电压不平衡的限值、计算、测量和取值方法，适用于标称频率为50Hz的交流电力系统正常运行方式下，由于负序基波分量引起的公共连接点电压不平衡及低压系统由于零序基波分量而引起公共连接点的电压不平衡，电气设备额定工况的电压允许不平衡度和负序电流允许值仍由各自标准规定。

1.4.1.13 《电力变压器经济运行》（GB/T 13462—2008）

该标准规定了电力变压器经济运行的原则与技术要求，以及确定经济运行方式的计算方法和管理要求，适用于发电、供电、用电单位运行中的电力变压器经济运行管理，以及单位新建、改建电力变压器的配置，为电力变压器合理选型配置提供理论依据，有效减少电力变压器的空载损耗和负载损耗，从而降低线损率。

1.4.1.14　《中华人民共和国电力法》（2019 年版）

该办法制定能够加强节能管理，推动节能技术进步，提高用能产品能源效率，推广高效节能产品，2004 年 8 月 13 日国家发展改革委、国家质检总局令第 17 号发布的《能源效率标识管理办法》，2016 年对此办法进行了修订，修订后的《能源效率标识管理办法》自 2016 年 6 月 1 日起施行。

1.4.1.15　《全国供用电规则》（1983 年版）

第一版《全国供用电规则》于 1953 年 8 月 29 日由原政务院财政经济委员会批准颁发执行。1963、1966、1972 年先后 3 次对《全国供用电规则》作了修订。第五版于 1983 年 8 月 25 日由国家经济委员会批准颁布执行。1983 年版的《全国供用电规则》内容包括总则，供电方式，新装、增容和变更用电，设计、安装、试验与接电，供电质量与安全供用电，计划用电与节约用电，维护管理与产权分界，电能计量与收费，供用电合同与经济责任，违章用电与窃电，附则以及附录等部分。

1.4.1.16　《能源效率标识管理办法》（2016 年修订）

国家发展和改革委员会、国家质量监督检验检疫总局令第 17 号，此项管理办法加强了节能管理，推动了节能技术进步，提高了能源效率。

1.4.2　行业标准及文件

1.4.2.1　《电力可靠性基本名词术语》（DL/T 861—2020）

该标准规定了与电力网元件相关的管理线损设备的基本名词、术语及定义。

1.4.2.2　《名词术语　电力节能》（DL/T 1365—2014）

该标准包括了以煤炭、石油、天然气、水能、生物质能、风能等一次能源进行发电的企业和输配电企业开展节能工作所需的名词术语。

1.4.2.3　《电力系统电能质量技术管理规定》（DL/T 1198—2013）

该标准规定了电力系统电能质量技术管理的内容、流程和方法，适用于标称频率为 50Hz 的交流电力系统。

1.4.2.4　《电能质量评估技术导则　供电电压偏差》（DL/T 1208—2013）

该标准规定了供电系统和电力用户接入电网的供电电压偏差评估指标、评估流程和方法，适用于交流 50Hz 电力系统在正常运行条件下供电电压对系统标称电压的偏差评估。

1.4.2.5　《电能质量评估技术导则　三相电压不平衡》（DL/T 1375—2014）

该标准规定了用户接入电力系统和公用电网的三相电压不平衡评估指标、方法、条件及流程，适用于标称频率为 50Hz 的交流电力系统正常运行方式下，采用基波负序分量对公共连接点的三相电压不平衡进行评估。

1.4.2.6　《电能质量评估技术导则　电压波动和闪变》（DL/T 1724—2017）

该标准规定了公用电网和用户接入电力系统的电压波动和闪变评估指标、评估方法、评估流程和内容，适用于标称频率为 50Hz 的交流电力系统正常运行方式下，由波动负荷引起的公共连接点电压波动和闪变。

1.4.2.7 《配电网规划设计规程》(DL/T 5542—2018)

该标准规范了配电网规划设计原则和技术要求,适用于110kV及以下电压等级电网的规划设计。

1.4.2.8 《配电网规划设计技术导则》(DL/T 5729—2016)

该标准对供电区域、规划编制基础、负荷预测与电力平衡、主要技术原则、电网结构、设备选型、智能化要求、用户及电源接入要求等方面进行了规范,并提出了配电网规划计算分析与技术经济分析的相关要求。

1.4.2.9 《电力网电能损耗计算导则》(DL/T 686—2018)

该标准规定了全电压等级序列交、直流电力网及其元件的电能损耗计算方法,提出了输配电力网电能损耗分析方法、降损措施效果计算方法。

1.4.2.10 《供电营业规则》(中华人民共和国电力工业部令第8号)

该规则制定能够加强供电营业管理,建立正常的供电营业诉说秩序,保障供用双方的合法权益,根据《电力供应与使用条例》和国家有关规定,制定本规则。

1.4.2.11 《变压器能效提升计划(2021—2023年)》(工信厅联节〔2020〕69号)

该计划制定能够加快技术创新及产业化应用,提升绿色生产和供给能力,加大高效节能变压器推广力度,夯实产业服务能力。

1.4.2.12 《高耗能落后机电设备(产品)淘汰目录(第一到四批)》

该目录分别在2009~2016年进行下发,进一步推动工业领域节能减排工作,加快淘汰落后生产能力和落后高耗能设备,推动工业领域节能减排工作。

1.4.3 企业标准及文件

1.4.3.1 国家电网有限公司《供电服务标准》(Q/GDW 10403—2021)

该标准规定了国家电网有限公司在供电服务的过程中,向客户提供的各项服务资源和服务活动的基本配置要求,以及为客户提供供电服务时应达到的质量标准。本标准适用于公司各省(自治区、直辖市)电力公司及所属各级供电单位、国网客户服务中心。

1.4.3.2 中国南方电网有限责任公司《中低压配电运行标准》(Q/CSG 1205003—2016)

该标准规定了中国南方电网有限责任公司中低压配电线路、设备及设施运行维护的内容及要求,适用于中国南方电网有限责任公司系统各有关单位中低压配电运行管理工作。

1.4.3.3 国家电网有限公司《配电网运维规程》(Q/GDW 1519—2014)

该标准规定了10kV配电网运维生产准备及验收、巡视、防护、维护、状态评价、缺陷与隐患处理、故障处理、运行分析及设备退役等主要技术规范与要求,适用于国家电网公司所属各省(区、市)公司配电网运维工作。

1.4.3.4 中国南方电网有限责任公司《电能质量与无功电压管理规定》(Q/CSG 21103—2014)

该标准发布于2021年,规范了中国南方电网有限责任公司电能质量和无功电压管理工作，提高电网和用户电能质量水平，确保电网运行的安全性和稳定性。

1.4.3.5 国家电网有限公司《10kV 配电变压器选型技术原则和检测技术规范》（Q/GDW 11249—2014）

该标准规定了 10kV 三相配电变压器选型原则、技术参数、试验项目、方法及要求等，适用于额定电压为 10kV，额定频率为 50Hz，额定容量为 30～1250kVA 的 10kV 三相油浸式（以下简称为"油变"）和额定容量为 630～2000kVA 的 10kV 三相干式配电变压器（以下简称为"干变"），有效指导公司系统配电变压器选型和检测。

1.4.3.6 国家电网有限公司《电力系统无功补偿配置技术导则》（Q/GDW 1212—2015）

该标准规定了电力系统无功补偿配置的基本原则、补偿设备适用原则、通用技术要求、10kV 及以下电压等级变电站的无功补偿、风电场及光伏发电站无功补偿配置技术导则及电力用户的无功补偿配置技术导则。

1.4.3.7 国家电网有限公司《配电网技术导则》（Q/GDW 10370—2016）

该标准发布于 2017 年，规范国家电网有限公司所属各省（区、市）公司 35kV 及以下配电网规划、设计、建设、改造、运维和检修等环节应该遵守的主要技术原则。

1.4.3.8 中国南方电网有限责任公司《110kV 及以下配电网设备装备技术导则》（QCSG 10703—2009）

该标准规定了中国南方电网有限责任公司 110kV 及以下配电网的装备技术原则，适用于中国南方电网有限责任公司及所属（含代管）各有关单位 110kV 及以下配电网的新建与改造、设备采购和运行管理工作。

1.4.3.9 国家电网有限公司《配电网规划设计技术导则》（Q/GDW 10738—2020）

该标准对规划区域划分、负荷预测与电力平衡、主要技术原则、电网结构与主接线方式、设备选型、智能化基本要求、用户及电源接入要求、规划计算分析要求以及技术经济分析等内容进行规范，引领配电网高质量发展。

1.4.3.10 《国家电网公司技术降损工作指导意见》国家电网生〔2009〕623号

指导公司系统深入开展技术降损工作，提高电网经济运行水平，实现技术线损最优化目标。

1.5 本 章 小 结

本章主要从线损基本概念、配电网现行管理体系两大维度介绍了与配电网线损相关基础知识和国内电力企业线损管理信息化平台，并列举线损相关的国家标准、行业标准、企业标准。本章是线损管理基础及技术、管理降损的理论依据。

② 配电网降损管理要求

线损管理工作的成效直接影响着供电企业的经营业绩,需要大力开展节能降损工作,规范和强化配电网线损管理。配电网线损管理是错综复杂的系统工程,其涉及面广、跨度大的特点反映出规范管理是非常必要,也是非常主要的,需制订对应的配套制度,完善常态管理机制,依靠降损管理要求的约束,才能让配电网线损管理更加科学、有效,成为供电企业节能增效的主要渠道。本章主要介绍配电网的规划管理要求、节能设备选型要求、经济运行管理要求和电能质量管理要求。

2.1 配电网规划管理要求

改善配电网结构不仅是供电可靠性提升的关键之举,还是配电网降损的重要环节。改造配电网不只是简单地加大导线截面或改为电缆线路、增大配电变压器容量,做好地区配电网络的规划是首先应该考虑的问题,需紧密结合城市发展规划,以经济发展规划和城市用地规划来进行负荷预测和负荷分布,划分供电区域,确定导线截面积、开关站规模和配电变压器容量,并在统一规划的指导下进行配电网的建设和改造,使其逐步成为合理的现代化配电网络结构布局。

为提高配电网的供电可靠性、便于合理分配线路负荷,一般采用环网结构。通过环网柜或线路开关以拉手方式进行环网,简单易行;对于可靠性要求特别高的负荷,可采用双电源加备自投方式,既可满足"$N-1$"的要求,又利于配电网的经济运行,从而降低配电网线损。

2.1.1 电力行业对配电网规划的管理要求

2.1.1.1 电力行业对配电网规划的原则

国家能源局在 2018 年发布《配电网规划设计规程》(DL/T 5542—2018)中已对配电网规划管理提出了具体要求,规程第 3 条规定,配电网规划的基本原则内容如下:

(1)配电网规划设计年限应与国民经济和社会发展规划的年限相一致,可分为近期(5 年)、中期(10 年)、远期(15 年及以上)三个阶段。配电网规划设计宜以近期(5 年)为主,如有必要可视具体要求开展中远期规划工作。配电网规划设计应实现近期与远期相衔接,以远期规划指导近期规划。高压配电网近期规划宜每年进行滚动修编,中低压配电网宜每年对规划项目库进行滚动修编。

1)近期规划设计研究重点为解决当前配电网存在的主要问题,提高供电能力和可靠性,满足负荷需要,并依据近期规划设计编制年度项目计划;

2）中期规划设计研究重点为将现有配电网网架逐步过渡到目标网架，预留变电站站址和线路通道；中期规划应与近期规划相衔接，明确配电网发展目标，对近期规划起指导作用；

3）远期规划设计研究侧重于战略性研究和展望，主要考虑配电网的长远发展目标，根据饱和负荷水平的预测结果，提出配电网发展需求，确定目标网架，预留高压变电站站址及高、中压线路廊道。

（2）配电网规划设计应坚持协同规划的原则，统筹考虑城乡电网、输配电网和电网电源之间协调发展，统筹配电网一次系统与二次系统、通信系统等其他专项规划，促进配电网规划设计与其他公共设施规划相协调。

（3）开展配电规划设计应调查收集国民经济总体规划、城乡发展规划、电源发展规划和配电网相关情况等资料，主要包括如下内容：

1）收集规划区统计，获取规划区域近5年用电负荷、用电量、用电构成、各类型电源装机容量等电力工业概况，国内生产总值及年增长率、三次产业增加值及年增长率、产业结构、人口数及户数，城乡人口结构、城镇化率等经济社会发展情况；

2）收集规划区域总体规划、产业规划控制性详细规划、修建性详细规划等市政规划，获取用地规划、行业发展规划、主要规划项目等地区城乡发展规划；

3）按照电压等级和并网类型等调查收集规划区域内各类能源资源（包括可再生能源）、装机规模、建设时序及布局；

4）按照电压等级和资产归属等调查收集规划区域配电网的变电规模、线路规模、网架结构和运行情况等配电网情况；

5）收集规划区域电力大用户接入电压等级、接入容量、年用电量、经营情况和发展规划等信息。

（4）配电网规划应纳入城乡总体规划、土地利用总体规划和控制性详细规划，按规划布局和管线综合的要求，合理预留变电站、配电站站点及线路走廊用地。配电设施应与城乡其他基础设施同步规划。

（5）配电网规划应坚持差异化和标准化的原则，配电网覆盖范围大，各地区应因地制宜制定不同建设标准；同一地区要坚持统一标准、统一规划，实现配电网接线规范化和设施标准化。

（6）供电区域划分应主要依据行政级别或未来负荷发展情况确定，也可参考经济发达程度、用户重要性、用电水平等因素，具体划分可参考现行行业标准《配电网规划设计技术导则》的相关规定。

（7）配电网电压等级的选择应符合现行国家标准《标准电压》（GB/T 156—2017）的规定，电压等级序列可参考现行行业标准《配电网规划设计技术导则》（DL/T 5729—2016）的相关规定。

2.1.1.2 电力行业对配电网负荷预测要求
电力负荷预测是配电网规划的重要组成部分，也是配电网规划的基础。配电网负荷预测可为地区电力发展速度、电力建设规模、电力工业布局、能源资源平衡以及地区电网间的电力余缺调剂提供可靠的依据。

电力负荷预测的精度对配电网经济运行具有一定影响。在当前的社会生活中，精准的电力负荷预测能够为电力相关部门提供必要的参考依据，有助于将电力事业的发展提升到一个全新的阶段。电力负荷预测是电力水平现代化发展的一个重要标志，也是社会经济发展的重要表现形式之一，负荷预测的准确性与配电系统投资及运行的合理性有直接关系，对配电网的安全、经济、可靠运行会产生很大的影响。

（1）在电力行业标准《配电网规划设计导则》（DL/T 5729—2016）中规定了负荷预测的一般要求，其内容如下：

1）负荷预测是配电网规划设计的基础，应包括电量需求预测和电力需求预测，以及区域内各类电源以及电动汽车、储能装置等新型负荷的发展预测。

2）应根据不同区域、不同社会发展阶段、不同用户类型以及空间负荷预测结果，确定负荷发展特性曲线，并以此作为规划的依据。

3）负荷预测的基础数据包括经济社会数据和自然气候数据、上级电网规划对本规划区的负荷预测结果、历史年负荷和电量数据等。配电网规划应积累和采用规范的负荷及电量历史系列数据，作为预测依据。

4）负荷预测应充分考虑用户终端用电方式变化和负荷特性变化，深入分析分布式电源以及电动汽车、储能装置等新型负荷接入对预测结果的影响。

5）负荷预测应给出电量和负荷的总量及分布预测结果。近期负荷预测结果应逐年列出，中期和远期可列出规划期末结果。

6）城市地区的负荷预测指标可参照现行国家标准《城市电力规划规范》（GB/T 50293—2014）的相关规定。

7）应通过多种渠道做好负荷需求数据的调查与收集工作，政府部门、各企事业单位、电力用户等应予以充分配合，提升负荷预测的准确性。

（2）在电力行业标准《配电网规划设计导则》（DL/T 5729—2016）中规定了负荷预测的方法，其内容如下：

1）应结合城乡规划和土地利用规划的功能区域划分，开展规划区的空间负荷预测。通过分析、预测规划水平年供电小区土地利用的特征和发展规律，预测相应小区电力用户和负荷分布的地理位置、数量和时序。

2）可根据规划区负荷预测的数据基础和实际需要，综合选用三种及以上适宜的方法进行预测，并相互校核。

3）对于新增大用户负荷比重较大的地区，可采用点负荷增长与区域负荷自然增长相结合的方法进行预测。

4）分电压等级负荷预测可根据同一电压等级公用变压器的总负荷、直供用户、自发自用负荷、变电站直降负荷、分布式电源接入等因素综合计算得到。

2.1.1.3 高耗能落后设备淘汰要求

根据工业和信息化部发布的《高耗能落后机电设备（产品）淘汰目录（第一到四批）》要求，以下设备应进行更换：

第一、二、三批淘汰变压器清单见表 2-1。

表 2-1　　　　《高耗能落后机电设备（产品）淘汰目录（第一、二、三批）》
中淘汰变压器清单

序号	淘汰产品名称及型号	淘汰理由	淘汰的变压器类产品不符合以下相应的现行标准
1	中小型配电变压器 SJ、SJ1、SJ2、SJ3、SJ4、SJ5、SJL、SJL1、S、SI、SZ、SL、SLZ、SL1、SLZ1 系列	电耗高	（1）GB 20052—2006《三相配电变压器能效限定值及节能评价值》 （2）GB 1094.11—2007《电力变压器 第 11 部分：干式变压器》 （3）GB 19212.20—2008《电力变压器、电源装置和类似产品的安全 第 20 部分：干扰衰减变压器的特殊要求》 （4）GB 1094.1—1996《电力变压器 第 1 部分：总则》 （5）GB 19212.1—2008《电力变压器、电源、电抗器和类似产品的安全 第 1 部分：通用要求和试验》 （6）GB 19212.5—2006《电力变压器、电源装置和类似产品的安全 第 5 部分：一般用途隔离变压器的特殊要求》 （7）GB 19212.14—2007《电力变压器、电源装置和类似产品的安全 第 14 部分：一般用途自耦变压器的特殊要求》 （8）HJ/T 224—2005《环境标志产品技术要求干式电力变压器》 （9）JB/T 10091—2001《接触调压器》 （10）GB/T 10228—2008《干式电力变压器技术参数和要求》
2	DJMB 系列照明用干式变压器和 DBK 系列控制用干式变压器	总损耗高	
3	SL7-30/10～SL7-1600/10 S7-30/10～S7-1600/10 配电变压器	原材料消耗量大，空载损耗高，负载损耗高，运行可靠性较低	
4	接触调压器 TDGC、TSGC 系列	空载损耗大	
5	SCB8 干式变压器 SCB8-30～2500/10	空载损耗、负载损耗	

第四批淘汰变压器清单见表 2-2。

表 2-2　　《高耗能落后机电设备（产品）淘汰目录（第四批）》中淘汰变压器清单

序号	产品名称	产品型号	产品规格	淘汰理由
1	油浸式无励磁调压变压器	S8 系列	S8-30～S8-1600	空载损耗、负载损耗、总损耗均较高，已经远远达不到现行标准（GB 20052—2013《三相配电变压器能效限定值及节能评价值》）中能效限定值要求
2	油浸式无励磁调压变压器	S9 系列	S9-30～S9-1600	空载损耗、负载损耗、总损耗均较高，已经达不到现行标准（GB 20052—2013《三相配电变压器能效限定值及节能评价值》）中能效限定值要求
3	干式无励磁调压变压器	SGB8 系列	SGB8-30～SGB8-2500	空载损耗、负载损耗、总损耗均较高，已经达不到现行标准（GB 20052—2013《三相配电变压器能效限定值及节能评价值》）中能效限定值要求

开关类高耗能目录见表 2-3。电容器类高耗能目录见表 2-4。

表 2-3 开关类高耗能目录表

序号	淘汰产品名称及型号规格	不符合以下相应的标准
1	刀开关：HD9-200、400、600、1000、1500	（1）GB 14048.3—2008《低压开关设备和控制设备 第 3 部分：开关、隔离器、隔离开关以及熔断器组合电器》 （2）JB/T 2179—2006《组合开关》 （3）JB/T 10164—1999《主令开关》 （4）GB/T 16514.2—2005《电子设备用机电开关 第 5-1 部分：按钮开关空白详细规范》
2	封闭式负荷开关：HH2-15、30、60、100、200	
3	行程开关 LX7（20A）、LX11（3A）	
4	微动开关 LX20	
5	万能转换开关 LW4（12A）	
6	主令控制器 LK6（5A）	
7	足踏开关 LT1（10A）、LT2	
8	组合开关：Hz2-10、25、60 额定电压：DG220、AC380V；额定电流：10、25、60A 最大分断电流：220V 0～60A；380V 6～35A	
9	组合开关：Hz3-131、132、133、161、431、432、451、452 额定电压：AC500V、DC220V；额定电流：2.5、5、10、35A	
10	主令开关 LS75，额定电压：380V；额定电流：5A	
11	按钮：LA14（1A）、LA7（2.5A）、LA8（5A）、LA15（5A）	
12	户外高压负荷开关：FN1-10、FW3-10	（1）GB/T 11022—1999《高压开关设备和控制设备标准的共用技术要求》 （2）GB 1985—2004《高压交流隔离开关和接地开关》 （3）GB/T 25091—2010《高压直流隔离开关和接地开关》 （4）JB/T 10185—2008《隔离开关》
13	户内高压隔离开关（单臂，拱式） GN1-6、GN1-10、GN3-10、GN4-10、GN6-10、GN7-10、GN8-10、GN9-10、GN11-15、GN14-20、GN13-35、GN15-35 GN16-35、GN17-10、GN18-10	
14	户外高压隔离开关：GW3	
15	万能式断路器：DW5-400、1000	（1）GB 14048.2—2008《低压开关设备和控制设备 第 2 部分：断路器》 （2）GB 10963.2—2008《家用及类似场所用过电流保护断路器 第 2 部分：用于交流和直流的断路器》
16	塑壳式断路器：DZ6-2.5、5、7.5、15、35；DZ8-7.5、30	
17	产气式断路器：QW1-10、QW-35	
18	空气断路器：kW1、kW2、kW3、kW4、kW6	（1）GB 14048.2—2008《低压开关设备和控制设备 第 2 部分：断路器》 （2）GB 10963.2—2008《家用及类似场所用过电流保护断路器 第 2 部分：用于交流和直流的断路器》 （3）SJ/T 31400—1994《高压断路器完好要求和检查评定方法》 （4）JB/T 3855—2008《高压交流真空断路器》
19	户内少油断路器：SN1、SN2、SN3、SN5、SN6、SN7、SN8、SN9、SN12、SW1-110、SW3-35、SW3-110、SW5-110、SW5-220	
20	户内多油断路器：DN1-10、DN2-6、DN3-10	
21	户内六氟化硫断路器：LN1-27.5	
22	高压磁吹断路器：CN1-6、CN2-10	
23	真空断路器：ZN2-10	
24	DZ10 系列塑壳断路器	GB 14048.2—2001《低压开关设备和控制设备低压断路器》
25	DW10 系列框架断路器	

序号	淘汰产品名称及型号规格	不符合以下相应的标准
26	无填料密闭管式熔断器：RM3-15、10、100、200、350、600	（1）GB 13539.1—2008《低压熔断器　第1部分：基本要求》 （2）GB/T 15166.5—2008《高压交流熔断器　第5部分：用于电动机回路的高压熔断器的熔断件选用导则》 （3）GB/T 15166.6—2008《高压交流熔断器　第6部分：用于变压器回路的高压熔断器的熔断件选用导则》
27	螺旋式熔断器：RL2-6，10、15、2560、100	
28	无填料密闭管式熔断器：RM7-15、60、100、200、400、600	
29	高压熔断器：RW1-35、RW2-35、RW1-60、RW1-10	
30	低压开关柜：B8L-1-43、B8L-3-03	（1）GB/T 14048.1—2000《低压开关设备和控制设备总则》 （2）GB 7251.1—2005《低压成套开关设备和控制设备》
31	高压开关柜：JYN2-10-01	IEC 60694—1996《高压开关设备和控制设备的通用技术要求》

表 2-4　　　　　　　　　　　　　电容器类高耗能目录表

序号	淘汰产品名称及型号规格	不符合以下相应的现行标准
1	全纸并联电容器（低压）BY 额定电压：0.23、0.4、0.525kV； 额定容量：4、12、14kvar	（1）GB 50227—2008《并联电容器装置设计规范》 （2）GB/T 4787—2010《高压交流断路器用均压电容器》 （3）GB/T 19749—2005《耦合电容器及电容分压器》
2	全纸高压并联电容器 BW 额定电压：3.15、6.3、11.3、10.5kV； 额定容量：30kvar、50kvar	
3	全纸均压电容器 JY 额定电压：40、60、65、60/3、150/3、90/3kV 额定容量：0.0015、0.0018、0.0037、0.004、0.003pF	
4	全纸耦合电容器 OY 额定电压：55/3、110/3、210/3、500/3 额定容量：0.18、0.0035、0.0044、0.0066、0.00330、0.005pF	

2.1.2　国内电网企业对配电网规划的管理要求

2.1.2.1　国家电网有限公司对配电网规划的管理要求

2.1.2.1.1　国家电网公司配电网规划的基本原则

根据《配电网规划设计技术导则》（Q/GDW 10738—2020）中规定，配电网规划的基本原则如下：

（1）坚强智能的配电网是能源互联网基础平台、智慧能源系统核心枢纽的重要组成部分，应安全可靠、经济高效、公平便捷地服务电力客户，并促进分布式可调节资源多类聚合，电、气、冷、热多能互补，实现区域能源管理多级协同，提高能源利用效率，降低社会用能成本，优化电力营商环境，推动能源转型升级。

（2）配电网应具有科学的网架结构、必备的容量裕度、适当的转供能力、合理的装备水平和必要的数字化、自动化、智能化水平，以提高供电保障能力、应急处置能力、资源配置能力。

（3）配电网规划应坚持各级电网协调发展，将配电网作为一个整体系统，满足各组成部分间的协调配合、空间上的优化布局和时间上的合理过渡。各电压等级变电容量应与用电负荷、电源装机和上下级变电容量相匹配，各电压等级电网应具有一定的负荷转移能力，并与上下级电网协调配合、相互支援。

（4）配电网规划应坚持以效益效率为导向，在保障安全质量的前提下，处理好投入和产出的关系、投资能力和需求的关系，应综合考虑供电可靠性、电压合格率等技术指标与设备利用效率、项目投资收益等经济性指标，优先挖掘存量资产作用，科学制订规划方案，合理确定建设规模，优化项目建设时序。

（5）配电网规划应遵循资产全寿命周期成本最优的原则，分析由投资成本、运行成本、检修维护成本、故障成本和退役处置成本等组成的资产全寿命周期成本，对多个方案进行比选，实现电网资产在规划设计、建设改造、运维检修等全过程的整体成本最优。

（6）配电网规划应遵循差异化规划原则，根据各省各地和不同类型供电区域的经济社会发展阶段、实际需求和承受能力，差异化制订规划目标、技术原则和建设标准，合理满足区域发展、各类用户用电需求和多元主体灵活便捷接入。

（7）配电网规划应全面推行网格化规划方法，结合各省空间规划、供电范围、负荷特性、用户需求等特点，合理划分供电分区、网格和单元，细致开展负荷预测，统筹变电站出线间隔和廊道资源，科学制订目标网架及过渡方案，实现现状电网到目标网架平稳过渡。

（8）配电网规划应面向智慧化发展方向，加大智能终端部署和配电通信网建设，加快推广应用先进信息网络技术、控制技术，推动电网一、二次和信息系统融合发展，提升配电网互联互济能力和智能互动能力，有效支撑分布式能源开发利用和各种用能设施"即插即用"，实现"源网荷储"协调互动，保障个性化、综合化、智能化服务需求，促进能源新业务、新业态、新模式发展。配电网规划应加强计算分析，采用适用的评估方法和辅助决策手段开展技术经济分析，适应配电网由无源网络到有源网络的形态变化，促进精益化管理水平的提升。

（9）配电网规划应与政府规划相衔接，按行政区划分和政府要求开展电力设施空间布局规划，规划成果纳入地方国土空间规划，推动变电站、开关站、环网室（箱）、配电室站点以及线路走廊用地、电缆通道合理预留。

2.1.2.1.2　国网公司对负荷预测的要求

（1）在《配电网规划设计技术导则》（Q/GDW 10738—2020）中规定了负荷预测的一般要求，其内容如下：

1）负荷预测是配电网规划设计的基础，包括电量需求预测和电力需求预测，以及区域内各类电源和储能设施、电动汽车充换电设施等新型负荷的发展预测。

2）负荷预测主要包括饱和负荷预测和近中期负荷预测。饱和负荷预测是构建目标网架的基础，近中期负荷预测主要用于制订过渡网架方案和指导项目安排。

3）应根据不同区域、不同社会发展阶段、不同用户类型以及空间负荷预测结果，确定负荷发展曲线，并以此作为规划的依据。

4）负荷预测的基础数据包括经济社会发展规划和国土空间规划数据、自然气候数据、重大项目建设情况、上级电网规划对本规划区域的负荷预测结果、历史年负荷和电量数据等。配电网规划应积累和采用规范的负荷及电量历史数据作为预测依据。

5）负荷预测应采用多种方法，经综合分析后给出高、中、低负荷预测方案，并提出推荐方案。

6）负荷预测应分析综合能源系统耦合互补特性、需求响应引起的用户终端用电方式变化和负荷特性变化，并考虑各类分布式电源以及储能设施、电动汽车充换电设施等新型负荷接入对预测结果的影响。

7）负荷预测应给出电量和负荷的总量及分布预测结果。近期负荷预测结果应逐年列出，中期和远期可列出规划末期预测结果。

（2）在《配电网规划设计技术导则》（Q/GDW 10738—2020）中规定了负荷预测方法，其内容如下：

1）配电网规划常用的负荷预测方法有：弹性系数法、单耗法、角荷密度法、趋势外推法、人均电量法等。当考虑分布式电源与新型负荷接入时，可采用概率建模法、神经网络法、蒙特卡洛模拟法等。

2）可根据规划区负荷预测的数据基础和实际需要，综合选用三种及以上适宜的方法进行预测，并相互校核。

3）对于新增大用户负荷比重较大的地区，可采用点负荷增长与区域负荷自然增长相结合的方法进行预测。

4）网格化规划区域应开展空间负荷预测，并符合下列规定：①结合国土空间规划，通过分析规划水平年各地块的土地利用特征和发展规律，预测各地块负荷；②对相邻地块进行合并，逐级计算供电单元、供电网格、供电分区等规划区域的负荷，同时也可参考负荷特性曲线确定；③采用其他方法对规划区域总负荷进行预测，与空间负荷预测结果相互校核，确定规划区域总负荷的推荐方案，并修正各地块、供电单元、供电网格、供电分区等规划区域的负荷。

5）分电压等级网供负荷预测可根据同一电压等级公用变压器的总负荷、直供用户负荷、自发自用负荷、变电站直降负荷、分布式电源接入容量等因素综合计算得到。

2.1.2.2　中国南方电网公司对配电网规划的管理要求

根据中国南方电网公司发布的《中国南方电网公司有限责任公司 110kV 及以下配电

网规划设计技术导则》（征求意见稿）中规定配电网规划的基本原则，其内容如下：

（1）配电网规划必须贯彻执行国家制定的基本建设方针和技术经济政策，做到安全可靠、先进适用、经济合理、资源节约、环境友好，符合当地配电网特点。

（2）配电网规划除应符合本导则要求外，还应满足国家、行业和公司现行技术标准的有关规定，认真贯彻执行国家颁布的工程建设强制性条文。

（3）配电网是整个电网的重要组成部分，是电力用户的需求端，与经济社会发展密切相关。配电网规划设计应纳入城市总体规划、土地利用总体规划和控制性详细规划。

（4）配电网规划应与城市总体规划、土地利用总体规划和控制性详细规划相互配合、相互协调、同步实施。在城市总体规划、土地利用总体规划和控制性详细规划中落实变电站、开关站、配电站站点布局，线路走廊等电力设施的用地。

（5）编制配电网规划设计的目的是建设网络坚强、结构合理、安全可靠、经济高效、运行灵活、节能环保的配电网架，提高供电可靠性和电能质量，降低线损，满足经济社会可持续发展的要求。

（6）配电网规划设计应做到远近结合、适度超前、标准统一，与上级电网的发展相协调，具有规范性、科学性和前瞻性。提出明确的分期规划建设目标，在分期实施后应逐步达到以下要求：

1）配电网应具备充足的供电能力和供电可靠性，满足经济社会不断增长的需求，有利于电力市场的开拓、售电量的增长及企业效益的提高。

2）配电网应与上级电网相协调，各电压等级相协调，有功和无功相协调。

3）配电网结构坚强，分区定位清晰、合理，具备较强的适应性，具备一定的抵御事故和自然灾害的能力。

4）配电网建设投资规模应经济合理、比例适当。配电网规划设计应做到规范化、标准化，技术先进适用，节能环保。

5）配电网规划设计应体现地区的差异性，做到经济技术指标合理，与社会经济发展水平相协调。

（7）配电网规划设计应借鉴和利用国内外配电网的先进经验与技术，提高配电网规划设计的工作水平。

2.1.3 国外电网企业对配电网规划的管理要求

2.1.3.1 法国电力企业配电网规划管理要求

法国配电网主要由法国配电公司（Electricite Reseau Distribution France，ERDF）负责运营。此外，全国还有157个小型地方配电公司。ERDF与法国输电公司（Réseau de Transport d'Electricité，RTE）同为法国电力集团（Electricite De France，EDF）的全资子公司，二者经营范围以50kV电压等级为界。

ERDF组织架构分为3级，包括总部、8个大区和23个地方单位。每个大区管辖2～3个地方单位。大区下设电力研究院，全国共有22个。每个地方单位下设1～2个调度中心、3～5 个运行机构和 1 个事故应急中心。ERDF 配电网规划采取"两级管理、三级参与"的工作模式，各层级职责分工如下：

（1）总部层面负责把握配电网规划的总体原则、技术路线、电网发展方向、投资管控重点，研究规划方法和工具。

（2）大区层面负责组织编制并审定地方电网规划、电网加强工程和用户接入。其中，电网部负责确定区域内电网发展方向和建设重点，审查电力研究院完成的规划报告和工程设计方案，对项目投资进行优化；电力研究院在电网部的指导下，具体从事配电网规划设计和研究工作，以及电网加强工程和用户接入的设计工作。

（3）地方单位负责为大区公司提供运行中发现的问题，协助现状诊断，按分配的投资对项目进行优选。

2.1.3.2   德国电力企业配电网规划管理要求

德国电力公司（the Energy to Lead，RWE）基于相关政策法律，公认的技术标准以及各项安全条例，制订了符合本公司的规划准则，在规划其电网时必须遵守这些准则。只有在个别有充足理由的情况下，充分考虑到安全性、经济性等因素，才允许和规划准则有所偏差。德国较少重视配电网自动化，而是重视加强配电网的网络结构。多数的德国中压配电网一般只有馈线断路器上安装了遥控装置，很少的配电站负荷开关实现了遥控功能，但是具有遥信功能的故障指示仪被大量采用。

以 RWE 公司为例，RWE 公司对配电网的规划原则是："除低压网（380V/220V）外，均遵循 $N-1$ 准则（特殊地区 $N-2$ 准则），即必须保证在任何状况下失去一路电源时，余下的 $N-1$ 个元件仍然能够保证对用户的供电。"为此，RWE 公司在 110kV 系统广泛采用"双 T""双母线""双母线加分段"等多种方式构造输、变电系统。许多 110kV 变电站的变压器以一主一备的方式运行，主变压器事故过载率按 20% 的允许范围考虑。在某些特殊情况下，允许中压反送电。

对于电压质量，规定中压系统的电压由 110kV 主变压器分接头的调整来完成，允许电压波动（新标准)±4%，个别长线可放至 8%。230V 低压系统的电压波动范围为 ±6%～±10%。

对于配电变压器容量，一般掌握范围为 200～400kVA，也有少数 630kVA 等。一个配电站供 300～400 户，每户容量按 1～2kVA 考虑（新标准)。

中压电网由一个变电站的不同母线或几个变电站的母线出线构成环网或"手拉手"方式，均采取环网方式设计，开环运行。中压电网采用中性点经消弧线圈接地的方式运行，中压线路的长度大约为高压（110kV）线长度的 10 倍以上。

RWE 公司在规划和电网运行中有些不拘一格的方式。例如，以一组隔离开关带两个断路器向不同地域供电（开关为手车式），目的是省一组隔离开关，既简单又经济。对一些需要更高可靠性的用户，采用独立的双电源供电方式，但设备投资由用户承担，设备移交电力公司管理，电价与其他用户相同。

在电网规划和优化的各个环节中计算机软件得到了广泛的应用，例如采用可靠性计算方法，支持规划人员在满足目标情况下进行决策。RWE公司使用了地理信息系统及政府每年向电网公司提供的市政规划图作为参考，通过软件计算，把电网规划中的经济指标、技术指标和可靠性指标进行量化，并以此为基础对不同规划方案进行量化分析，提出较为符合未来发展趋势的方案，从而为规划科学决策提供了技术手段。对于大电网（超高压），从规划到建成投运，一般要长达数年甚至20年以上，110kV级要5～10年，对于中压电网则两周至一年不等。

2.2　配电网节能设备选型要求

配电设备是配电网损耗的主要来源，因此配电设备的选型是电网设备降损的重要措施。配电网设备主要有变压器、导线、断路器、电容器等，通过选择低损耗设备，可有效降低线路损耗，提高经济性。根据《国家电网有限公司电网技术降损工作管理规定》中的要求，各类电力设备设计选型时应结合电能损耗情况，经技术经济比较合理选择，同等条件下应优先选择低损耗节能产品。

2.2.1　变压器选型要求

变压器作为电力行业中的耗能大户，其节能潜力巨大。为了降低电力变压器的损耗，很多国家发布了变压器能效标准和政策，如美国在1998年发起"能效之星变压器计划"，欧盟在2005年实行了"配电变压器推广合作伙伴计划"，日本于2006年开始实施"变压器能效领跑者计划"以及我国在2020年发布的《电力变压器能效限定值及能效等级》（GB 20052—2020）来限制使用和淘汰高损耗变压器。

2.2.1.1　国内外变压器能效发展过程

2.2.1.1.1　美国变压器能效标准发展过程

美国制定耗能产品的节能标准起步较早。1996年美国电气制造商协会（NEMA）发布了配电变压器能效标准《配电变压器能效确定导则》（NEMA TP1—1996）。1998年，NEMA发布变压器能耗的检测方法标准《测量配电变压器的能耗标准测试方法》（NEMA TP2—1998）。美国能源部和环保署1998年共同发起了推广高效低损耗配电变压器的"能源之星变压器计划"。2002年，美国电气制造商协会发布NEMA TP1—2002，之后发布NEMA TP1—2005，适用于一次侧电压34.5kV及以下的油浸式、干式、单相和三相配电变压器。

2007年，美国能源部发布文件号为EERE2010-BT-STD-0048的配电变压器节能标准。该标准于2010年1月1日实施，适用范围包括油浸式和干式、单相和三相配电变压器。标准中规定了三相油浸式配电变压器15～2500kVA的效率值，为2010年1月～2016年1月实施的油浸配电变压器联邦节能标准。标准中还规定了更高要求的三相油浸式配电变压器效率值，2016年1月起实施。2013年4月18日，美国能源部发布DOE 2016 10

CFR Part 431 Part Ⅱ，是 2016 年 1 月开始实施的配电变压器能效标准（DOE Standard），采用了一定负载率的最低效率来表示变压器能效，为强制性标准。

2.2.1.1.2　日本变压器能效标准发展过程

日本变压器能效标准主要有《6kV 油浸式配电变压器》（JIS C4304—2005）和《6kV密封绕组式配电变压器》（JIS C4306—2005），标准中规定了一定负载率（40％或 50％）下配电变压器的总损耗。

2013 年，日本发布了工业标准 JIS C4304—2013 和 JIS C4306—2013，代替了 JIS C4304—2005 和 JIS C4306—2005 中的领跑者标准目标值。新标准中规定了 6kV 级单相 50Hz 和 60Hz、10～500kVA 配电变压器和 6kV 级三相 50Hz 和 60Hz、20～2000kVA 配电变压器的总损耗限值。2014 年为新版配电变压器能效领跑者标准的达标年，油浸配电变压器的总损耗不得超过 JIS C4304—2013 限值，密封绕组式（干式）配电变压器的总损耗不得超过 JIS C4306—2013 限值，允许的偏差为＋10％。新标准的总损耗限值与第二版领跑者标准公式计算的目标值基本一致。

2.2.1.1.3　我国变压器能效标准发展过程

我国在网运行的变压器约 1700 万台，总容量约 110 亿 kV。变压器损耗约占输配电电力损耗的 40％，具有较大节能潜力。为加快高效节能变压器推广应用，提升能源资源利用效率，推动绿色低碳和高质量发展，选用节能高效的变压器显得尤为重要。

2006 年 1 月，《三相配电变压器能效限定值及节能评价值》（GB 20052—2006）发布，这是我国第一版变压器能效标准，于 2006 年 7 月实施。标准适用于三相 10kV、无励磁额定容量 30～1600kVA 油浸式配电变压器和 30～2500kVA 干式配电变压器。

2009 年 11 月，《三相配电变压器能效限定值及节能评价值》（GB 20052—2009）发布替代 2006 版，2010 年 7 月 1 日起实施。

《电力变压器能效限定值及能效等级》（GB 24790—2009）标准能效 3 级为 S9 型变压器，而随着时间发展，这类变压器在输配电行业已属于被淘汰的产品。《电力变压器能效限定值及能效等级》（GB 24790—2009）中规定的能效等级已不能满足目前评价节能性电力变压器和淘汰低效变压器节能政策的需要。

2013 年，对变压器能效标准进行修订，2013 年 6 月发布了国家强制性标准《三相配电变压器能效限定值及能效等级》（GB 20052—2013），该标准增加了变压器能效等级内容，提高了变压器能效限定值，能效等级分为三级：1 级能耗最低，是极少数企业能达到的技术水平；2 级是国内的先进水平；3 级是一般水平，是我国生产和销售的所有产品必须达到的水平。

2018 年 8 月，国家发展改革委等 13 个部委联合发布了《"十三五"全民节能行动计划》，其中在节能重点工程推进行动方面要求组织实施节能重点工程，激发市场主体节能的主动性，促进先进节能技术、装备和产品的推广应用，2020 年力争变压器等通用设备运行能效提高 5 个百分点以上，重点行业主要产品单位能耗指标总体达到国际先进水平。

2020 年 5 月 29 日，《电力变压器能效限定值及能效等级》（GB 20052—2020）由中华人民共和国国家市场监督管理总局、中华人民共和国国家标准化管理委员会发布。2021年 6 月 1 日起实施。

2021 年 1 月 15 日，工业和信息化部办公厅、市场监管总局办公厅、国家能源局综合司三部门正式发布《变压器能效提升计划（2021—2023 年）》（工信厅联节〔2020〕69号）。新版能效提升计划明确指出了未来三年的总体发展目标：到 2023 年，高效节能变压器符合新修订《电力变压器能效限定值及能效等级》（GB 20052—2020）中 1、2 级能效标准的电力变压器在网运行比例提高 10%，当年新增高效节能变压器占比达到 75% 以上。

我国电力变压器能效提升计划，在配电变压器领域得到了国家电网公司的进一步推动，2021 年 3 月，中国电科院组建标准化设计工作组，为进一步深化配电网标准化建设，全面提升配电设备标准化水平，推进配电设备质量迈向中高端，同时满足不同厂家设备在一定范围内的通用互换使用，提升设备运维便利性，由上海置信牵头，吴江变压器、江苏其厚、海鸿电气配合开展 10kV 配电变压器标准化设计化工作。

2022 年 4 月，中国电科院标准化设计工作组根据产品使用范围和运行经验，选取三相油浸式无励磁调压硅钢叠铁芯配电变压器（50、100、200、400kVA）、三相油浸式有载调压硅钢叠铁芯配电变压器（100、200、400kVA）、紧凑型箱式变电站用三相油浸式无励磁硅钢叠铁芯配电变压器（400、500、630kVA）、紧凑型箱式变电站用三相油浸式无励磁硅钢闭口立体卷铁芯配电变压器（400、500、630kVA）、三相树脂浇注式无励磁调压硅钢叠铁芯干式配电变压器（H 级）（630、800、1000、1250kVA）、三相树脂浇注式无励磁调压硅钢闭口立体卷铁芯干式配电变压器（H 级）（630、800、1000、1250kVA）作为对象，完成 6 类 10kV 新版二级能效配电变压器标准化设计工作。

2022 年 8 月，完成 10kV 紧凑型箱式变电站用三相油浸式非晶合金闭口立体卷配电变压器（400、500kVA 和 630kVA）样机研制，并通过第三方型式试验。10 月完成油浸式非晶合金立体卷配电变压器（400kVA、宽幅有调压±4×5%）样机研制，并通过第三方型式试验。

2022 年 11 月，国家电网有限公司设备部召开《10 千伏高效节能配电变压器标准化设计方案（2022 版）》审查会。针对油浸式非晶合金闭口立体卷箱变和立体卷配电变压器（400kVA、宽幅有调压±4×5%）标准化设计方案进行审查。其中，10kV 油浸式三相双绕组无励磁调压配电变压器能效等级见表 2-5，10kV 干式三相双绕组无励磁调压配电压器能效等级见表 2-6。

2.2.1.1.4　我国最新 2020 标准与 IEC 标准对比

IEC（International Electrical Commission）即国际电工委员会，是由各国电工委员会组成的世界性标准化组织，其目的是促进世界电工电子领域的标准化。

国际电工委员会在 2017 年发布了《Power Transformers-Part 20：Energy Efficiency-Edition1.0》（IEC TS 60076—20：2017）标准。该标准包括 36kV 及以下变压器和额定电

表 2-5

10kV油浸式三相双绕组无励磁调压配电变压器能效等级

额定容量 (kVA)	1级 电工钢带 空载损耗(W)	1级 电工钢带 负载损耗(W) Dyn11/Yzn11	1级 电工钢带 Yyn0	1级 非晶合金 空载损耗(W)	1级 非晶合金 负载损耗(W) Dyn11/Yzn11	1级 非晶合金 Yyn0	2级 电工钢带 空载损耗(W)	2级 电工钢带 负载损耗(W) Dyn11/Yzn11	2级 电工钢带 Yyn0	2级 非晶合金 空载损耗(W)	2级 非晶合金 负载损耗(W) Dyn11/Yzn11	2级 非晶合金 Yyn0	3级 电工钢带 空载损耗(W)	3级 电工钢带 负载损耗(W) Dyn11/Yzn11	3级 电工钢带 Yyn0	3级 非晶合金 空载损耗(W)	3级 非晶合金 负载损耗(W) Dyn11/Yzn11	3级 非晶合金 Yyn0	短路阻抗(%)
50	80	655	625	35	735	700	90	730	695	43	780	745	100	910	870	43	910	870	4.0
100	120	1140	1080	60	1270	1215	135	1265	1200	75	1350	1285	150	1580	1500	75	1580	1500	4.0
200	190	1970	1870	95	2210	2100	215	2185	2080	120	2330	2225	240	2730	1600	120	2730	2600	4.0
400	330	3250	3095	160	3660	3480	370	3615	3440	200	3865	3675	410	4520	4300	200	4520	4300	4.0
630	460	4460		250	5020		510	4960		320	5300		570	6200		320	6200		4.5
800	560	5400		300	6075		630	6000		380	6415		700	7500		380	7500		4.5

表 2-6

10kV干式三相双绕组无励磁调压配电变压器能效等级

额定容量 (kVA)	1级 电工钢带 空载损耗(W)	1级 电工钢带 负载损耗(W) B 100℃	F 120℃	H 145℃	1级 非晶合金 空载损耗(W)	1级 非晶合金 负载损耗(W) B 100℃	F 120℃	H 145℃	2级 电工钢带 空载损耗(W)	2级 电工钢带 负载损耗(W) B 100℃	F 120℃	H 145℃	2级 非晶合金 空载损耗(W)	2级 非晶合金 负载损耗(W) B 100℃	F 120℃	H 145℃	3级 电工钢带 空载损耗(W)	3级 电工钢带 负载损耗(W) B 100℃	F 120℃	H 145℃	3级 非晶合金 空载损耗(W)	3级 非晶合金 负载损耗(W) B 100℃	F 120℃	H 145℃	短路阻抗(%)
100	230	1330	1415	1520	90	1330	1415	1520	270	1330	1415	1520	110	1330	1415	1520	320	1480	1570	1690	130	1480	1570	1690	4.0
200	360	2135	2275	2440	140	2135	2275	2440	420	2135	2275	2440	170	2135	2275	2440	495	2370	2530	2710	200	2370	2530	2710	4.0
400	570	3375	3590	3850	215	3375	3590	3850	665	3375	3590	3850	265	3375	3590	3850	785	3750	3990	4280	310	3750	3990	4280	4.0
500	670	4130	4390	4705	250	4130	4390	4705	790	4130	4390	4705	305	4130	4390	4705	930	4590	4880	5230	360	4590	4880	5230	4.0
630	750	5050	5365	5760	290	5050	5365	5760	885	5050	5365	5760	350	5050	5365	5760	1040	5610	5960	6400	410	5610	5960	6400	6.0
800	875	5895	6265	6715	335	5895	6265	6715	1035	5895	6265	6715	410	5895	6265	6715	1215	6550	6960	7460	480	6550	6960	7460	6.0
1000	1020	6885	7315	7885	385	6885	7315	7885	1205	6885	7315	7885	470	6885	7315	7885	1415	7650	8130	8760	550	7650	8130	8760	6.0

压36kV及以上变压器的能效，其目的在于为变压器提供适当的能效等级选择，并为不同电压等级的变压器提供一种选择特定能效水平的方法。IEC TS 60076—20：2017 给出了3种变压器能效的评价方法：峰值效率、空载损耗和负载损耗；规定的功率因数和特定的负载率下的效率（一般是50％负载率）。而我国仅采用了其中的第2种方法评价。油浸式和干式变压器负载、空载损耗对比表见表2-7、表2-8。

表2-7　　　　　　　　油浸式变压器负载、空载损耗对比表（电工钢带）

油浸式变压器负载、空载损耗对比（电工钢带）							
负载损耗（W）				空载损耗（W）			
容量	中国能效3级	IEC能效1级	差值/%	容量	中国能效3级	IEC能效1级	差值/%
50	910	1100	−20.88	100	150	145	3.33
100	1580	1750	−10.76	250	290	300	−3.45
250	3200	3250	−1.56	400	410	430	−4.88
630	6200	6500	−4.84	630	570	600	−5.26
800	7500	8400	−12.00	800	700	650	7.14
1250	12000	11000	8.33	1000	830	770	7.23
1600	14500	14000	3.45	1250	1170	950	18.80

表2-8　　　　　　　　干式变压器负载、空载损耗对比表（120℃电工钢带）

干式变压器负载、空载损耗对比（120℃电工钢带）							
负载损耗（W）				空载损耗（W）			
容量	中国能效3级	IEC能效1级	差值/%	容量	中国能效3级	IEC能效1级	差值/%
50	1000	1700	−70.00	100	320	280	12.50
160	2130	2900	−36.15	250	430	520	−20.93
400	3990	5500	−37.84	400	785	750	4.46
800	6960	8000	−14.94	630	1215	1100	9.47
1000	8130	9000	−10.70	1000	1415	1550	−9.54
1600	11730	13000	−10.83	1600	1960	2200	−12.24
2500	17170	19000	−10.66	2500	2880	3100	−7.64

我国变压器最新的能效标准 GB 20052—2020 和国际 IEC TS 60076—20：2017 存在诸多差异，后者给出了3能效评价方法，我国现在只有一种评价方法。通过对比分析可知，我国能效3级标准在空载损耗方面高于国际 IEC 标准，负载损耗方面与 IEC 标准基本持平。

2.2.1.2　电网企业变压器选宜选型要求

根据国家电网有限公司关于配电变压器的选用原则，其要求如下：

（1）10kV 油浸变压器用损耗水平为 GB 20052—2020 表中2级及以上低耗全密封变压器。

（2）10kV 干式变压器宜选用损耗水平为 GB 20052—2020 表中2级及以上低耗干式变压器。

（3）柱上三相油浸变压器容量宜不超过 400kVA，独立建筑配电室内的单台油浸变压器容量宜不大于 800kVA。

（4）单台干式变压器容量宜不大于 800kVA，并采取减振、降噪、屏蔽等措施。

（5）在非噪声微感区平均负载率低、轻（空）载运行时间长的供电区域，应优先采用非晶合金配电变压器供电。

（6）在城市间歇性供电区域或其他周期性负荷变化较大的供电区域，如城市路灯照明、小型工业园区的企业、季节性灌溉等用电负荷，应结合安装环境优先采用有载调容配电变压器供电。

（7）在日间负荷峰谷变化大或电压要求较高的供电区域，应结合安装环境优先采用有载调压配电变压器供电。

此外，根据国家标准，以下变压器存在空载损耗、负载损耗、总损耗均较高情况，已经达不到《三相配电变压器能效限定值及节能评价值》（GB 20052—2013）中能效限定值要求。

2.2.2　配电线路选型要求

电力线路是电力系统的重要组成部分，对电力系统的正常运行及供电服务质量具有至关重要的影响，因此，电力线路建设是电力工程建设过程中的重要环节。配电网中的线路主要分为两种，架空线路和电缆线路。两种类型各具特点，在电力建设过程中，需结合实际情况及具体要求进行科学选择。导线是电力线路的重要部件之一，线段截面积的合理选择会对电力系统的经济效益以及技术指标产生重大的影响。因此，在电力线路建设过程中，必须要合理选择线段截面积，以保证电力系统的安全、稳定运行。

2.2.2.1　配电线路选择基本要求

《电网规划设计技术导则》（Q/GDW 1738—2020）中规定如何选择中低压配电网导线截面积，其内容如下：

2.2.2.1.1　10kV 线路截面积选择

10kV 配电网应有较强的适应性，主变压器容量与 10kV 出线间隔及线路截面积的配合见表 2-9。

表 2-9　　　主变压器容量与 10kV 出线间隔及线路导线截面积配合推荐表

110～35kV 主变压器容量（MVA）	10kV 出线间隔数	10kV 主干线截面积（mm^2）		10kV 分支线截面积（mm^2）	
		架空	电缆	架空	电缆
80、63	12 及以上	240、185	400、300	150、120	240、185
50、40	8～14	240、185、150	400、300、240	150、120、95	240、185、150
31.5	8～12	185、150	300、240	120、95	185、150
20	6～8	150、120	240、185	95、70	150、120
12.5、10、6.3	4～8	150、120、95	—	95、70、50	—
3.15、2	4～8	95、70	—	50	—

注　1. 中压架空线路通常为铝芯，沿海高盐雾地区可采用铜绞线，A+、A、B、C 类供电区域的中压架空线路宜采用架空绝缘线。
　　2. 表中推荐的电缆线路为铜芯，也可采用相同载流量的铝芯电缆。沿海或污秽严重地区，可选用电缆线路。
　　3. 35kV/10kV 配电化变电站 10kV 出线宜为 2～4 回。

2.2.2.1.2　220V/380V 线路截面积选择

220V/380V 配电网应有较强的适应性，主干线截面积应按远期规划一次选定。各类供电区域 220V/380V 主干线路导线截面积可参照表 2-10 确定。

表 2-10 　　　　　　　　　　　　　线路导线截面积推荐表　　　　　　　　　　　　　（mm²）

线路形式	供电区域类型	主干线
电缆线路	A+、A、B、C 类	≥120
架空线路	A+、A、B、C 类	≥120
	D、E 类	≥50

注　表中推荐的架空线路为铝芯，电缆线路为铜芯。

新建架空线路应采用绝缘导线，对环境与安全有特殊需求的地区可选用电缆线路。对原有裸导线线路，应加大绝缘化改造力度。220/380V 电缆可采用排管、沟槽、直埋等敷设方式。穿越道路时，应采用抗压力保护管。220/380V 线路应有明确的供电范围，供电距离应满足末端电压质量的要求。一般区域 220/380V 架空线路可采用耐候铝芯交联聚乙烯绝缘导线，沿海及严重化工污秽区域可采用耐候铜芯交联乙烯绝缘导线，在大跨越和其他受力不能满足要求的线段可选用钢芯铝绞线。

电缆线路截面积的选择：

（1）变电站馈出至中压开关站的干线电缆截面积不宜小于铜芯 300mm²，馈出的双环、双射、单环网干线电缆截面积不宜小于铜芯 240mm²。

（2）满足动、热稳定要求下，亦可采用相同载流量的其他材质电缆，并满足 GB 50217 的相关要求。其他专线电缆截面积应满足载流量及动、热稳定的要求。

（3）中压开关站馈出电缆和其他分支电缆的截面积应满足载流量及动、热稳定的要求。

2.2.2.2 配电线路允许载流量要求

在选择线路截面积的过程中，允许载流量是需要重点考虑的因素，其对电力线路的质量安全，具有至关重要的影响。允许载流量是在规定环境温度下，导线内能持续承受而其稳定温度不超过允许值的最大电流。在电力系统运行的过程中，可能会出现各种情况，在选择导线时．必须要对这些可能发生的情况进行充分考量，确保在任何情况下，线路都能够满足允许载流量的要求且能通过相关校验，有效保障主线路的质量，保证电力线路的质量安全。架空绝缘导线允许载流量见表 2-11。10kV 三芯电力电缆允许载流量见表 2-12。

表 2-11 　　　　　　　　　　　　　　　架空绝缘导线允许载流量

序号	型号规格	导体结构 (n/mm)	导体外径 (mm)	内屏蔽厚度 (mm)	绝缘厚度 (mm)	电缆外径 (mm)	弯曲半径 敷设	弯曲半径 运行	电缆计算重量 (kg/km)	绝缘体电阻不小于 (MΩ·km)	20℃直流电阻≤ (Ω/km)	导体计算拉断力 ≥ (N)	浸水 1h 耐压电压 (kV)	允许载流量 (A)
1	JKLYJ-240	37/2.92	18.4	0.80	3.40	26.80	536	590	946.1	1500	0.125	34679	18	503
2	JKLYJ-120	36/2.21	13.00	0.80	3.40	21.40	428	471	543.6	1500	0.253	17399	18	320

续表

序号	型号规格	导体结构 (n/mm)	导体外径 (mm)	内屏蔽厚度 (mm)	绝缘厚度 (mm)	电缆外径 (mm)	弯曲半径 敷设	弯曲半径 运行	电缆计算重量 (kg/km)	绝缘体电阻不小于 (MΩkm)	20℃直流电阻≤ (Ω/km)	导体计算拉断力≥ (N)	浸水1h耐压电压 (kV)	允许载流量 (A)
3	JKLYJ-70	14/2.57	10.00	0.80	3.40	18.40	368	405	365.7	1500	0.443	10354	18	226
4	JKLYJ-50	7/3.06	8.30	0.80	3.40	16.70	334	368	290.8	1500	0.641	7011	18	180
5	JKLYJ-35	7/2.57	7.00	0.80	3.40	15.40	308	340	233.2	1500	0.868	5177	18	149

表 2-12　　　　　　　　　　　　10kV 三芯电力电缆允许载流量　　　　　　　　　　　（A）

绝缘类型	不滴流纸		交联聚乙烯			
钢铠护套			无		有	
电缆导体最高工作温度（℃）	65		90			
敷设方式	空气中	直埋	空气中	直埋	空气中	直埋
电缆导体截面积（mm²）　35	77	95	123	110	123	105
70	118	138	178	152	173	152
120	168	196	251	205	246	205
150	189	220	283	2233	278	219
240	261	290	378	292	373	292
300	295	325	433	332	428	328

2.2.2.3　配电线路选择其他要求

2.2.2.3.1　机械强度要求

选择线路线段截面积，也要充分考虑机械强度要求，这是保证电力线路质量安全以及运行安全的重要条件。在架空线路结构中，导线需承受较大张力，还容易受到外界因素的干扰和破坏。在此情况下，如果导线的机械强度不足，很可能发生断线或其他意外情况，从而导致电力线路瘫痪，严重危及线路下方跨越的公路、铁路、人员的安全。因此，必须要保证导线具有良好的机械强度。特别是对跨越通航河道、公路、铁路以及居民区的电力线路，其导线截面积必须要超过 $35mm^2$，从而达到机械强度要求，保证电力线路的安全性和可靠性。

2.2.2.3.2　电晕条件要求

在选择线路截面积的过程中，电晕也是重点考虑的影响因素之一。电晕现象是架空线路中经常出现的一种现象。在架空线路运行过程中，在带高电压时，导线表面会产生电场，当电场强度高于空气击穿强度时，导线表面就会产生放电现象。在放电现象发生的过程中，会产生臭氧、蓝紫色荧光及放电的响声，这种情况被称为电晕现象。发生电晕现象时，会产生电能消耗，还会产生脉冲电磁波。这种脉冲电磁波会对无线电以及高频通信造成严重的干扰，不利于通信安全。为了有效防止电晕现象的发生，保证电力线路的安全运行，必须选择较大的导线截面积，从而有效减少电晕现象的发生。

2.2.2.3.3　经济电流密度

经济电流密度是站在经济因素角度选择线路截面的一项重要因素。如果为了有效降低电力线路对电力能源的消耗，达到节约能源的目的，那么导线截面积越大，电能的损耗就越少，其节能效果也就越好。但是，导线截面积越大，就需要耗费更多的金属原材料，进而导致电力线路建设成本增加。因此，站在经济角度，导线的截面积应越小越好。

为了达到节约资源和减少投资成本两项要求的平衡，就必须要对线段的截面积进行科学合理的计算，使其能够兼顾节能和经济两方面的要求，这就是经济电流密度的基本思路。在考虑经济因素的过程中，不仅要考虑线段的采购成本，还要考虑线路的运行成本，从而能更加科学地计算出线段的经济成本，进而选择最合理的线段截面积，达到最大限度节约投资的目的。导线的经济电流密度见表 2-13。

表 2-13　　　　　　　　　　导线的经济电流密度 J_{ec}　　　　　　　　　　(A/mm²)

导线材料	年最大负荷利用小时数 T_{max}		
	3000 小时以下	3000～5000 小时	5000 小时以上
铝线、钢芯铝绞线	1.65	1.15	0.9
铜线	3.00	2.25	1.75
铝芯电缆	1.92	1.73	1.54
铜芯电缆	2.50	2.25	2.00

2.2.2.3.4　允许电压损耗

调压设备能有效控制电压，但在中低压配电网中普遍没有配备相关设备，而在使用电能的过程中，又必须要保证用电设备的电压不能超过允许范围。在此情况下，选择导线截面积时就要充分考虑允许电压的损耗情况，这是合理选择导线截面积的一个重要影响因素。导线的电阻及电抗等因素，会影响电力线路电压损耗情况，而导线截面积则会对导线的电阻产生直接的影响。导线截面积越大，单位长度的导线电阻越小。因此，科学合理地选择导线截面积，会影响电力线路的电压损耗，所以必须要对这方面因素进行充分的考虑，科学选择导线截面积。

导线截面积对电力线路的运行质量和安全性具有至关重要的影响，是电力线路建设过程中，必须要重点考虑的因素。通过对多方面影响因素的综合考量，再结合实际电力建设要求，科学确定导线截面积，进行合理选择，既满足电力线路建设的技术层面要求，又能满足经济层面的要求，这对合理选择导线截面积，满足电力线路安全稳定运行，具有重要的参考意义。

2.2.3　其他常见设备选型及配置要求

2.2.3.1　开关选择及配置要求

2.2.3.1.1　开关类高耗能目录

根据工业和信息化部发布的《高耗能落后机电设备（产品）淘汰目录（第二批）》要

求，以下设备应进行更换。

2.2.3.1.2 柱上开关和开关站配置要求

根据《电网改造的标准及原则》中提出，选择配电线路开关设备的短路容量一般应留有一定裕度，对变电站近区安装的环网柜、柱上开关、跌落式熔断器，应根据现场状况进行短路容量校核，开关设备额定容量的选择应符合表 2-14 的规定。

表 2-14 开关设备额定容量选择表

设备名称	额定电流源（A）	额定短路开断电流（kA）	额定短时耐受电流（kA）/额定短路持续时间（s）
开关站断路器	630、1250	20、25	20、25/4
环网柜断路器	630	20	20/4
柱上断路器/重合器	630	20	20/4
柱上负荷开关/分段器	630	—	20/4
跌落式熔断器	—	8、12.5	—
柱上隔离开关	630	—	20/4

（1）柱上开关配置规定。根据《配电网技术导则》（Q/GDW 10370—2016）10kV 开关应满足以下技术要求：

1）一般采用柱上负荷开关作为线路分段、联络开关。长线路后段（超出变电站过电流保护范围）、大分支线路首端、用户分界点处可采用柱上断路器。

2）规划实施配电自动化的地区，所选用的开关应满足自动化改造要求，并预留自动化接口。

3）线路分段、联络开关一般配置一组隔离开关，可根据运行环境与经验选择单独配置或外挂形式，隔离开关应具有防腐蚀性能，也可选用隔离开关内置型式或组合式柱上负荷开关。

（2）开关站配置规定。根据《配电网技术导则》（Q/GDW 10370—2016）10kV 开关站应满足以下技术要求：

1）当规划 A＋、A 类供电区域变电站 10kV 出线数量不足或者线路走廊条件受限时，可建设开关站。开关站宜建于负荷中心区，一般配置双路电源，优先取自不同方向的变电站，也可取自同一座变电站的不同母线。电力用户较多或负荷较重、并难于有新电源站点的地区，可考虑建设或预留第三路电源。

2）开关站接线宜简化，一般采取两路电缆进线，6～12 路电缆出线，单母线分段带母联，出线断路器带保护，10kV 开关站再分配容量不宜超过 20MVA。开关站应按配电自动化要求设计并留有发展余地；开关站出线应装设计量装置。

3）开关站可根据运行经验采用移开式或固定式开关柜，一般采用空气绝缘或充气式开关柜。

4）开关站宜为地面上独立式建筑，土建设计应满足防汛、防渗漏水、防小动物、防火、防盗、温度调节和通风等要求。

5) 开关柜所采用的绝缘材料应具有优异的憎水性、阻燃性和抗老化性，开关柜应具备可靠的"五防"功能。开关柜应设置压力释放通道、通风口和观察窗，压力释放通道、通风口和观察窗应具备与外壳相同的防护等级和机械强度，压力释放通道喷口应能在压力作用下安全排出气体且不得危及人身和设备安全，观察窗应设置在电缆舱并满足红外测温等带电检测技术要求。

6) 宜选用励磁特性饱和点较高的电磁式电压互感器，在中性点小电流接地系统中，电压互感器的一次侧中性点宜采取防谐振措施。宜选用初始导磁率高、饱和磁密低的合金铁芯的电流互感器，并选择合适变比，以保证继电保护正确动作。

2.2.3.2 无功补偿选型要求

2.2.3.2.1 电容器高耗能目录

根据工业和信息化部发布的《高耗能落后机电设备（产品）淘汰目录（第二批）》要求，高耗能设备应进行更换。

2.2.3.2.2 无功补偿配置原则

根据《配电网规划设计技术导则及编制说明》（Q/GDW 738—2012）要求：

(1) 配电网规划需保证有功和无功的协调，应按以下原则进行无功补偿配置。

1) 无功补偿装置应按就地平衡和便于调整电压的原则进行配置，可采用变电站集中补偿和分散就地补偿相结合、电网补偿与用户补偿相结合、高压补偿与低压补偿相结合等方式。接近用电端的分散补偿装置主要用于提高功率因数，降低线路损耗；集中安装在变电站内的无功补偿装置主要用于控制电压水平。

2) 应从系统角度考虑无功补偿装置的优化配置，以利于全网无功补偿装置的优化投切。

3) 装设在变电站处的电容器投切应与变压器分接头的调整合理配合。

4) 大用户的电容器应保证功率因数符合电力系统有关电力用户功率因数的要求，并不得向系统倒送无功。

5) 在配置无功补偿装置时应考虑谐波治理措施。

(2) 无功补偿装置的安装地点及其容量。

1) 对于 35kV 及以上长距离架空或电缆线路，若电容电流大于一定数值，应考虑装设并联电抗器以补偿由线路电容产生的无功功率并限制工频过电压，并联电抗器容量应经计算确定。

2) 110～35kV 变电站一般在变压器低压侧配置并联电容器，使变压器高压侧的功率因数在高峰负荷时达到 0.95 及以上。电容器容量应经计算确定，一般取主变压器容量的 10%～30%。电容器宜分组且单组容量不宜过大，便于采用分组投切以更好地调整电压和避免投切振荡。

3) 10kV 配电变压器（含配电室、箱式变电站、柱上变压器）安装无功自动补偿装置时，应在低压侧母线上装设，补偿容量按变压器容量的 20%～40% 考虑。

4) 提倡 380/220V 用户改善功率因数。

2.3　配电网经济运行管理要求

电网经济运行是指电网在供电成本率低或发电能源消耗率及网损率最小的条件下运行是一项实用性很强的节能技术，是在保证技术安全、经济合理的条件下，充分利用现有的设备、元件，不投资或有较少的投资，通过相关技术论证，选取最佳运行方式、调整负荷、提高功率因数、调整或更换变压器、电网改造等，在传输相同电量的基础上，以达到减少系统损耗，从而达到提高经济效益的目的。

2.3.1　变压器经济运行要求

在《电力变压器经济运行》（GB/T 13462—2008）中规定了变压器经济运行的定义，其内容为：在确保安全可靠运行及满足供电量需求的基础上，通过对变压器进行合理配置，对变压器运行方式进行优化选择，对变压器负载实施经济调整，从而最大限度地降低变压器的电能损耗。

2.3.1.1　变压器经济运行对线损的影响

变压器经济运行应在确保变压器安全运行和保证供电质量的基础上，充分利用现有设备，择优选取变压器最佳运行方式、负载调整的优化、变压器运行位置最佳组合以及改善变压器运行条件等技术措施，最大限度地降低变压器的电能损耗和提高其电源侧的功率因数，所以变压器经济运行的实质就是变压器节能降损运行。变压器的经济运行可直接影响整个电力企业其系统运行和管理的成本与经济效益。根据相关数据显示，全国各大电力公司变压器在电能方面的损耗占全国供电量的 3.9% 以上，而变压器在配电网方面的电能损耗占将近配电网总损耗的 32% 以上。

变压器经济运行节能降损技术是把变压器经济运行的优化理论及定量化的计算方法与变压器各种实际运行工况密切结合的一项应用技术，该项节电技术不用投资，在某些情况下还能节约投资。所以，变压器经济运行节能降损技术属于知识经济范畴，是向智力挖潜、向管理挖潜实施内涵节电的一种科学方法。

2.3.1.2　国家对变压器经济运行的要求

2.3.1.2.1　选用或更新变压器的基本要求

在《电力变压器经济运行》（GB/T 13462—2008）中规定了选用或更新变压器的基本要求，其内容为：

（1）选用或更新的变压器应符合《电力变压器（所有部分）》（GB 1094）、《油浸式电力变压器技术参数和要求》（GB/T 6451）和《干式电力变压器技术参数和要求》（GB/T 10228）的要求，变压器空载损耗和负载损耗应符合《三相配电变压器能效限定值及节能评价值》（GB 20052）等相关能效标准。

（2）应合理选择变压器组合的容量和台数。

（3）应合理调整变压器负载，在综合功率损耗最低的经济运行区间运行。

注：1）综合功率损耗。变压器运行中有功功率损耗与因无功功率消耗使其受电网增加的有功功率损耗之和。

2）综合功率损耗率。变压器综合功率损耗与其输送人有功功率之比的百分数。

3）经济运行区。综合功率损耗率大于变压器额定负载时的综合功率损耗率的负载区间。

2.3.1.2.2 变压器配置要求

《电力变压器经济运行》（GB/T 13462—2008）中规定了变压器的合理配置，其内容如下：

（1）变压器更新。

1）超过寿命期服役的变压器、国家规定淘汰的老旧变压器应更新，所选用的变压器应符合国家相关能效标准。

2）对变压器进行经济运行评价，运行不经济且综合功率损耗大的变压器应更新。

（2）变压器选择。

1）变压器应选择寿命期内经济效益最佳的容量和台数。

2）配电变压器选型的技术经济评价应按照《配电变压器能效技术经济评价导则》（DL/T 985—2012），应优先选用节电效果大、经济效益好、投资回收期短的变压器。

2.3.1.2.3 合理安排变压器的运行方式

（1）合理计算变压器经济负载系数，使变压器处于最佳的经济运行区。变压器并非在额定时最经济，当负荷的铜损和铁损相等时才最经济，即效率最高。两台以上主变压器的变电站应绘出主变压器经济运行曲线，确定其经济运行区域，负荷小于临界负荷时一台运行，负荷大于临界负荷时两台运行。

（2）平衡变压器三相负荷，降低变压器损耗。变压器不平衡度越大，损耗也越大，因此，一般要求电力变压器低压电流的不平衡度不得超过 10%，低压干线及主变压器支线始端的电流不平衡度不得超过 20%。

（3）合理调配变压器并、分列的经济运行方式。按备用变压器、负载变化规律、台数组合等因素，优先考虑技术特性优及并、分列经济的变压器运行方式。

（4）变压器运行电压分接头优化选择。在满足变压器负载侧电压需要的前提下，用定量计算方法，按电源侧电压的高低和工况负载的大小，对变压器运行电压分接头进行优化选择，从而降低变压器损耗，提高其运行效率。

（5）合理考虑变压器的特殊经济运行方式，降低损耗。变压器由于使用范围较广，根据不同的运行方式与电网结构，需要考虑一些特殊的运行方式，以达到经济运行。如三绕组与双绕组并列、两侧并列与另一侧分列及备用电源等不同的组合运行方式，达到最佳的经济运行。

（6）根据不同用户采用一些特种变压器。由于供电系统的用户范围广，对一些特殊用户要考虑特殊的供电方式才能使投入的变压器达到最佳的经济运行状态。如单相变压器、电炉变压器、调压变压器、专用变压器等，以满足专一用户而不影响其他用户的经济运行。

2.3.1.2.4 变压器经济运行管理与评价

《电力变压器经济运行》（GB/T 13462—2008）中规定了变压器经济运行管理与评价，其内容如下：

（1）经济运行管理。

1）单位应配置变压器的电能计量仪表，完善测量手段。

2）单位应记录变压器日常运行数据及典型代表日负荷，为变压器经济运行提供数据。

3）单位应健全变压器经济运行文件管理，保存变压器原始资料；变压器大修、改造后的试验数据应存入变压器档案中。

4）定期进行变压器经济运行分析，在保证变压器安全运行和供电质量的基础上提出改进措施，有关资料应存档。

5）单位应按月、季、年做好变压器经济运行工作的分析与总结，并编写变压器的节能效果与经济效益的统计与汇总表。

（2）经济运行判别与评价。

1）变压器的空载损耗和负载损耗达到能效标准所规定的节能评价值，运行在最佳经济运行区，则认定变压器运行经济。

2）变压器的空载损耗和负载损耗达到能效标准所规定的能效限定值且运行在经济运行区，则认定变压器运行合理。

3）变压器的空载损耗和负载损耗未能达到能效标准所规定的能效限定值或运行在非经济运行区，则认定变压器运行不经济。

2.3.2 线路经济运行要求

2.3.2.1 线路经济技术指标

线路经济技术指标是电力系统中非常重要的指标之一。通过对线路的输电能力、损耗、投资成本、维护成本等指标的综合评价，可为电力系统的建设和运营提供重要的参考依据，提高电网的经济效益和安全可靠性；同时，也需要在电网建设和运营过程中，重视线路经济技术指标的综合评价，不断完善和优化电力系统的运行方式和管理模式，为人民群众提供更加优质的电力服务。

线路经济技术指标是指在电力系统中，对于一条线路或一组线路的技术参数和经济指标的综合评价。这些指标包括线路的输电能力、线路的损耗、线路的投资成本、线路的维护成本等。

线路的输电能力是指线路所能输送的电力最大值。在评价线路的输电能力时，需要考虑线路的电压等级、长度、材质、温度等因素。如果线路的输电能力不足，就需要增加线路数量或更换更高电压等级的线路。

线路的损耗是指电能在输电过程中损失的比例。线路的损耗与线路的长度、电流、电阻等因素有关。线路损耗的增加会导致电网的能效下降，同时也会增加电网的运行成本。

线路的投资成本是指线路建设和设备购置所需的费用。线路的投资成本与线路的长度、电压等级、材质、绝缘等级等因素有关。线路的投资成本是电网建设的主要成本之一，因此需要在保证安全和可靠性的前提下，尽可能降低投资成本。

线路的维护成本是指线路在运行过程中所需的维护和检修费用。线路的维护成本与线路的材质、长度、环境等因素有关，需要在保证电网正常运行的前提下，尽可能降低维护成本，提高电网的经济效益。

2.3.2.2 电力企业对线路经济运行的要求

供电线路的经济运行条件与供电区域划分、供电半径、导线型号及负载率等均有强相关。

在《配电网规划设计技术导则》（DL/T 5729—2016）和《配电网建设改造立项技术原则》中对供电区域划分、供电半径、导线型号及负载率等均有相关定义和规定。

2.3.2.2.1 供电区域划分

配电网差异化规划的重要基础，用于确定区域内配电网规划建设标准，主要依据饱和负荷密度，也可参考行政级别、经济发达程度、城市功能定位、用户重要程度、用电水平、GDP 等因素确定，并符合下列规定：

1）供电区域面积不宜小于 $5km^2$。

2）计算饱和负荷密度时，应扣除 110（66）kV 及以上专线负荷，以及高山、戈壁、荒漠、水域、森林等无效供电面积。

3）表 2-15 中主要分布地区一栏作为参考，实际划分时应综合考虑其他因素。

表 2-15　　　　　　　　供 电 区 域 划 分

供电区域	A+	A	B	C	D	E
饱和负荷密度（MW/k）	$\sigma\geq30$	$15\leq\sigma<30$	$6\leq\sigma<15$	$1\leq\sigma<6$	$0.1\leq\sigma<1$	$\sigma<0.1$
主要分布地区	直辖市中心地区或省会城市、计划单列市核心区	地市级以上城区	县级以上城区	城镇区域	乡村地区	农牧区

2.3.2.2.2 供电半径

（1）定义。

1）变电站供电半径指变电站供电范围的几何中心到边界的平均值。

2）中低压配电网线路的供电半径指从变电站（配电变压器）二次侧出线到其供电的最远负荷点之间的线路长度。

（2）供电半径规定。

1）10kV 线路供电半径。线路供电半径应满足末端电压质量的要求。正常负荷下，A+、A、B 类供电区域 10kV 线路供电半径不宜超过 3km；C 类不宜超过 5km；D 类不宜超过 15km；E 类供电区域供电半径应根据需要经计算确定。

2）220V/380V 线路供电半径。220V/380V 线路应有明确的供电范围，应根据导线截面积、负荷等参数，校验供电半径是否满足末端电压质量的要求确定。正常负荷下，A+、A 类供电区域供电半径不宜超过 150m；B 类不宜超过 250m；C 类不宜超过 400m；D 类不宜超过 500m；E 类供电区域供电半径应根据需要经计算确定。

2.3.2.2.3　线路导线型号选择

（1）架空线路导线。架空线路导线型号的选择应满足负荷自然增长和用户负荷接入的需求，主干线截面积宜综合饱和负荷状况、资产全寿命周期一次选定，有可能发展成主干线（联络线）的分支线也应按主干线标准进行建设。导线截面积选择应系列化、标准化，同一规划区的主干线导线截面积不宜超过 3 种。采用铝芯绝缘导线或铝绞线时，各供电区域中压架空线路导线截面积见表 2-16 选择。

表 2-16　　　　　　　　　　中压架空线路导线截面积推荐表

区域	主干线导线截面积（含联络线）（mm²）	分支线导线截面积（mm²）
A+、A、B	240 或 185	≥95
C、D	≥120	≥70
E	≥95	≥50

（2）电缆线路导线。变电站馈出至中压开关站的干线电缆截面积不宜小于铜芯 $300mm^2$，馈出的双环、双射、单环网干线电缆截面积不宜小于铜芯 $240mm^2$，在满足动、热稳定要求下，也可采用相同载流量的其他材质电缆，并满足 GB 50217 的相关要求。中压电缆线路导线截面积推荐表见表 2-17。

表 2-17　　　　　　　　　中压电缆线路导线截面积推荐表　　　　　　　　　　（mm²）

供电区域类型	10kV 电缆变电站出线截面积	10kV 电缆主干线截面积	10kV 电缆分支线截面积
A+、A、B、C 类	≥300	≥240	≥150
D、E 类	≥300	≥150	≥120

注　表中推荐的电缆线路为铜芯。

2.3.2.2.4　配电线路负载率水平

配电线路负载率应根据线路接线方式进行控制，负载率不应超过表 2-18 的要求。

表 2-18　　　　　　　　　　　中压线路负载率对照表

接线方式	负载率
架空单联络	50%
架空 3 分段 3 联络	70%
电缆单环网	50%
电缆双射/对射	50%
电缆双环网	50%

2.4 配电网电能质量管理要求

根据《电能质量规划 总则》（GB/T 40597—2021）和《电力系统电压和无功电力技术导则》（GB/T 40427—2021），电能质量包括供电电压偏差、电压波动和闪变、公用电网谐波、三相电压不平衡、电力系统频率偏差和无功功率等，其中与配电网降损管理强相关的有供电电压、无功功率、谐波和三相不平衡四项。

2.4.1 电压质量管理要求

供电电压是指供配电系统从电力系统取得的电源电压。我国目前所用的企业供电电压等级有 6、10、35、66、110kV 等。一般大中型企业常采用 35～110kV 作为企业的供电电压，中小型企业常采用 6、10kV 作为供电电压，其中采用 10kV 是最为常见的。电压质量对电网稳定及电力设备安全运行、线路损失、工农业安全生产、产品质量、用电损耗和人民生活用电都有直接影响。

国外电力系统电压的特点为变电层次少、负荷密度大的城区采用较高电压等级直接供配电，以达到节约投资、减少网损的效果。由于采用 20kV 配电网电压等级能提高供电半径、单回线路输送容量和电能质量，同时降低电网损耗并节省电网建设投资，因此许多发达国家已逐步将 3～10kV 的电压等级提高至 15～25kV。目前，20kV 电压等级也作为中压配电网的标准电压列入了 IEC 标准，日本、新加坡、韩国、泰国等亚洲国家也逐步推广应用。

供电电压质量包括供电电压偏差、电压波动和闪变等。

2.4.1.1 电压质量对线损的影响

电压质量影响线损最有代表性的是电压偏差，电压偏差是指供配电系统改变运行方式和负荷缓慢地变化使供配电系统各点的电压也随之变化，各点的实际电压与系统的额定电压之差称为电压偏差。电压偏差不仅对用电设备的节能降损如异步电动机、变压器、电力电容器会产生重要影响，而且对电网经济运行也会产生重大影响。

（1）电压对电力变压器损耗的影响。在传输同样功率的条件下，变压器电压越低，会使电流增大，变压器绕组的损耗增大，其损耗大小与通过变压器电流的平方成正比。当传输功率较大时，低电压运行会使变压器过电流，加大损耗。

（2）电压对输电线路损耗的影响。输电线路在输送功率不变的条件下，其电流大小与运行电压成反比。电网低电压运行，会造成线路电流增大。线路和变压器绕组的有功损耗与电流平方成正比，因此低电压运行会使电网有功功率损耗和无功功率损耗均大大增加，增大了供电成本。

2.4.1.2 国内外对电压质量的要求

2.4.1.2.1 国外对电压质量的要求

各国规定的供电电压允许偏差不尽相同，部分国家和组织对供电电压允许偏差的规定见表 2-15。目前很多发达国家供电电压的实际运行偏差已远低于国家规定或建议的标准，如英国规定的电压允许偏差为±10%，而伦敦电网的实际电压运行偏差在±2%左右。由于电力供应充足，调压设备齐全，用户功率因数高，这些国家的供电电压较为稳定。部分国家和组织对供电电压允许偏差的规定见表 2-19。

表 2-19 　　　　　　　　　　　　**部分国家和组织对供电电压允许偏差的规定**

国家/组织		供电电压允许偏差规定
国际组织	国际电工委员会（IEC）	对于 100～1000V 交流供电系统及设备±10%
	国际发供电联盟 UNIPEDE	对于低压供电网±10%
欧洲西欧	德国	无全国规定，通常为±5%
	欧洲	230V，普通运行调节下建议为±10%
	英国	230V，普通运行调节下建议为±10%
	法国电力公司（EDF）	中压网±7%，低压网电力供电±5%，架空线供电±7.5%，其他±10%
	意大利全国	±10%
	瑞典	无全国规定，一般为±5%；最大为±10%
	荷兰	±10%
	奥地利	无全国规定，实际为±10%
	芬兰	无全国规定，通常为±5%，其他地区为±10%
	丹麦	无全国规定，实际白天为±10%，夜间为±5%
	挪威	230V 为±10%，实际城市为±5%，其他地区为±10%
欧洲东欧	波兰	城市为±5%，其他地区为±10%
	捷克	无全国规定，通常为±5%
	罗马尼亚	通常为±5%，偏僻地区大于±5%
	匈牙利	±5%、10%
北美美国	全国	费城规定照明±5%，动力±10%，其他地区未规定，一般为±5%
	费城	照明±5%，动力±10%
澳大利亚	维多利亚	小于 1000V，−6%～10%，推荐−2%～6%
亚洲	日本中央电力委员会	101V：±6%；220V：±10%

2.4.1.2.2 我国对电压质量的要求

根据原国家电力监管委员会 2009 年 11 月 20 日发布的《供电监管办法》在电力系统正常情况下，供电企业的供电质量应符合下列规定：

（1）向用户提供的电能质量符合国家标准或电力行业标准。

（2）城市地区年供电可靠率不低于 99%，城市居民受电端平均电压合格率不低于 95%，10kV 及以上供电用户受电端平均电压合格率不低于 98%。

（3）农村地区年供电可靠率和农村居民受电端平均电压合格率符合派出机构的规定。派出机构有关农村地区年供电可靠率和农村居民受电端平均电压合格率的规定，应当报电监会备案。

《电力系统电压和无功电力技术导则》（GB/T 40427—2021）规定，在电力系统正常状况下，供电企业供到用户受电端的供电电压允许偏差为：

（1）35kV 及以上用户供电电压正、负偏差绝对值之和应不超过标称电压的 10%。

（2）20kV 及以下三相供电电压允许偏差应为标称电压的 ±7%。

（3）220V 单相供电电压允许偏差应为标称电压的 −10%～+7%。

（4）特殊用户的电压允许偏差，按供用电合同商定的数值确定。

电压偏差的公式为

$$电压偏差(\%)=(实际电压-额定电压)/额定电压×100\%$$

2.4.1.3　电网企业对电压质量的要求

2.4.1.3.1　国家电网有限公司对电压质量的要求

国家电网有限公司 2018 年发布的《国家电网公司供电电压管理规定》中对供电电压偏差的限值规定如下：

（1）供电电压偏差是指电力系统在正常运行条件下供电电压对系统标称电压的偏差。

1）35kV 及以上供电电压正、负偏差绝对值之和不超过标称电压的 10%。

2）20kV 及以下三相供电电压偏差为标称电压的 ±7%。

3）220V 单相供电电压偏差为标称电压的 +7%、−10%。

4）对供电点短路容量较小、供电距离较长及对供电电压偏差有特殊要求的用户，由供用电双方协议确定。

（2）带地区供电负荷的变电站 20/10（6）kV 母线正常运行方式下的电压偏差为系统标称电压的 0～+7%。

2.4.1.3.2　中国南方电网有限责任公司对电压质量的要求

根据中国南方电网有限责任公司 2014 年 6 月 1 日发布的《中国南方电网有限责任公司电能质量与无功电压管理规定》（Q/CSG 21103—2014）规定，电压质量标准和电压允许偏差值的内容如下：

（1）电压质量标准。农网电力系统各级电压网络系统额定电压值为：35kV、10kV、380/220V。特殊情况下，省（区）电力公司也可将 220kV 和 110kV 列入农网管理。

（2）电压允许偏差值。发电厂和变电站的母线电压允许偏差值如下：

1）发电厂和 220kV 变电站的 110、35kV 母线，正常运行方式时，电压允许偏差为相应系统额定电压的 −3%～+7%；事故运行方式时，电压允许偏差为系统额定电压的 −10%～+10%。

2）发电厂和变电站的 10kV 母线电压偏差值应使所带线路的全部高压用户和经配电变压器供电的低压用户的电压满足各条款的要求，其具体偏差范围由当地调度部门确定。

（3）用户受电端的电压允许偏差值。

1）35kV 及以上高压用户供电电压正负偏差绝对值之和不超过额定电压的 10%。

2）10kV 高压用户受电端（入口电压）电压允许偏差值为额定电压的 −7%～+7%

（9.3～10.7kV）。

3）380V 电力用户电压允许偏差值为额定电压的－7％～＋7％（353～407V）。220V 电力用户的电压允许偏差值为系统额定电压的－10％～＋10％。

4）对电压质量有特殊要求的用户，供电电压允许偏差值及其合格率由供用电合同（或供用电协议）确定。

2.4.1.4 电压监测点设置要求

被监测的供电点成为监测点，通过供电电压偏差的统计计算获得电压合格率。供电电压偏差监测统计的时间单位为 min，通常每次以月（或周、季、年）的时间为电压监测的总时间，供电电压偏差超限的时间累计之和为电压超限时间，监测点电压合格率计算公式为

$$电压合格率(\%)＝(1－电压超限时间/总运行统计时间)×100\%$$

2.4.1.4.1 我国对电压监测点设置的要求

根据国家电力监管委员会 2009 年发布的《供电监管办法》，电力监管机构对供电企业设置电压监测点的情况实施监管。供电企业应当按照下列规定选择电压监测点：

（1）35kV 专线供电用户和 110kV 以上供电用户应当设置电压监测点。

（2）35kV 非专线供电用户或 66kV 供电用户、10（6、20）kV 供电用户，每 10000kW 负荷选择具有代表性的用户设置 1 个以上电压监测点，所选用户应当包括对供电质量有较高要求的重要电力用户和变电站 10（6、20）kV 母线所带具有代表性线路的末端用户。

（3）低压供电用户，每百台配电变压器选择具有代表性的用户设置 1 个以上电压监测点，所选用户应当是重要电力用户和低压配电网的首末两端用户。

供电企业应当于每年 3 月 31 日前将上一年度设置电压监测点的情况报送所在地派出机构。

供电企业应当按照国家有关规定选择、安装、校验电压监测装置，监测和统计用户电压情况。监测数据和统计数据应当及时、真实、完整。

2.4.1.4.2 国家电网公司对电压监测点设置要求

国家电网公司 2018 年发布的《国家电网公司供电电压管理规定》中对电压监测点的规定如下：

供电电压分为 A、B、C、D 四类监测点，设置原则如下：

（1）A 类供电电压监测点。带地区供电负荷的变电站 20/10（6）kV 母线电压。变电站内两台及以上变压器分列运行，每段 20/10（6）kV 母线均设置一个电压监测点。一台变压器的 20/10（6）kV 为分列母线运行的，只设置一个电压监测点。

（2）B 类供电电压监测点。35（66）kV 专线供电和 110kV 及以上供电的用户端电压。35（66）kV 及以上专线供电的可装在产权分界处，110kV 及以上非专线供电的应安装在用户变电站侧。对于两路电源供电的 35kV 及以上用户变电站，用户变电站母线未分

列运行，只需设一个电压监测点；用户变电站母线分列运行且两路供电电源为不同变电站的应设置两个电压监测点；用户变电站母线分列运行，两路供电电源为同一变电站供电且上级变电站母线未分列运行的，只需设一个电压监测点；用户变电站母线分列运行，双电源为同一变电站供电的且上级变电站母线分列运行的，应设置两个电压监测点。对于用户变电站高压侧无电压互感器的，B类供电电压监测点设置在给用户变电站供电的上级变电站母线侧。

（3）C类供电电压监测点。35（66）kV非专线供电和20/10（6）kV供电的用户端电压。每10MW负荷至少应设一个电压监测点。C类电压监测点应安装在用户侧。C类负荷计算方法为C类用户年售电量除以统计小时数。应选择高压侧有电压互感器的用户，不宜设在用户变电站低压侧。

（4）D类供电电压监测点。380/220V低压用户端电压。每50台公用配电变压器至少应设1个电压监测点，不足50台的设1个电压监测点。监测点应设在有代表性的低压配电网首末两端用户。

2.4.1.4.3　中国南方电网公司对监测点设置的要求

《中国南方电网有限责任公司电能质量与无功电压管理规定》（Q/CSG 21103—2014）规定，电压监测点的设置要求如下：

（1）A类电压监测点设置。A类电压监测点应设置在带地区供电负荷的变电站10（20）kV各段母线的母线测量TV二次侧。A类电压监测点数量应与供电企业带地区供电负荷的变电站10（20）kV各段母线数量一致。

（2）B类电压监测点设置。B类电压监测点应设置在35kV专线供电和110kV及以上供电的用户端，即B类用户与电网公司的产权分界点处。对于35kV及以上专线供电用户，用户与电网公司产权分界点在35kV及以上专线所连接的电网公司变电站母线侧，电压监测点应设置在对应变电站母线测量TV二次侧。对于110kV及以上非专线供电用户，用户与电网公司产权分界点在用户变电站高压母线侧，电压监测点应设置在用户变电站高压侧母线测量TV二次侧；对于用户变电站高压侧无TV的，电压监测点设置在给用户变电站供电的上级变电站母线侧。B类电压监测点数量应与B类用户与电网公司产权分界点数量一致。

（3）C类电压监测点设置。C类电压监测点应设置在10（20）kV供电和35kV非专线供电的用户端。每10MW负荷至少应设一个C类电压监测点。C类负荷计算方法为上年C类用户售电量除以统计小时数。

（4）D类电压监测点设置。D类电压监测点应设置在380/220V低压网络和用户端。D类电压监测点数量应按照每100台公用配电变压器设置两个及以上计算电压监测点设置数量。

2.4.2　无功功率管理要求

无功功率的概念比较抽象，它用于电路内电场与磁场的交换，并用来在电气设备中建立和维持磁场的电功率。无功功率绝不是无用功率，它的用处很大。电动机需要建立和维持旋转磁场，使转子转动，从而带动机械运动，电动机的转子磁场就是靠从电源取得无功功率建立的。

2.4.2.1　无功功率对线损的影响

电力网中实际存在着大量的无功负荷，如异步电动机、变压器、输电线路的电抗等，这些设备的启动运行，需要系统供给无功功率，这样系统功率因数就会降低，使电网在传输一定有功功率的情况下，电流增大，从而产生有功电能损失，使线损增大。当功率因数为 0.7，无功功率和有功功率基本相当，电网中的可变损耗有一半是无功功率引起的。所以说，加大无功优化工作，实现无功就地平衡，尽量减少无功电流在电网中的流动，对电网降损节能有着重要的意义。无功功率对电网的影响有以下几点：

（1）降低发电机有功功率的输出。发电机有它的额定输出功率，还有额定输出电压、额定输出电流。无功功率越大，线路的电流越大，发电机的输出电流也越大，对应的它能输出的有功功率电流就会减小，必然会影响发电机有功功率的输出。

（2）降低设备的供电能力。当供电系统中输送的有功功率保持恒定时，无功功率增加，增加电力网中电力线路上的有功功率损耗和电能损耗。在保证输送同样的有功功率时，无功功率的增加，势必就要在电力线路和变电设备中传输更大的电流，使得此电力线路和变电设备上电能损耗增大。

（3）造成线路电压损失增大和电能损耗增加。无功直接影响电网的电压水平，而电压又影响着电网的负荷损耗和变压器铁损，所以说无功通过电压间接影响着线损。

2.4.2.2　国内外对无功的管理要求

2.4.2.2.1　国外对无功的管理要求

以英国的无功功率管理措施为例，英国天然气和电力市场办公室（Office of Gas and Electricity Markets，OFGEM）是一个负责调节英国电力和天然气市场的机构。它由英国电力监管办公室和英国供气办公室合并而成。在英国天然气和电力市场办公室（OFGEM）的管理下，英国国家电网公司（National Grid plc，NGC）计划进行增加无功出力、调整无功电价的工作，以调整自 1998 年 4 月以来实施的措施。在 1997 年 4 月以前，发电机所发无功功率的费用由"联营及结算协议"的相关条款决定。

1998 年，电网所用无功功率为 119.2Tvarh，其中约 85% 由输配电系统中的设备提供，NGC 的静止无功补偿器（SVC）和机械开关投切式电容器提供了 12.5Tvarh，其余 15% 由 NGC 电网的发电机提供，约 17.9Tvarh。

NGC 与三个发电公司，以及与苏格兰互联的两台机组和 NGC 的抽水蓄能电站签订了提供无功功率的协议，总金额达 4 千万英镑。1996 年英格兰与威尔士电力联营体成立了无功功率市场工作组，其任务就是加强无功功率的研究与管理，健全无功功率管理的市场机制，提出市场运营规则。无功功率市场是 NGC 与电力用户之间的开放市场，进一步实现包括 NGC、区域电力公司、私营公司、发电厂及部分直供用户的无功功率协议。

为了满足电网无功功率的需求，降低无功功率发、输的费用，NGC 认为无功功率只能由系统调度人员管理和控制，电网的安全稳定给 NGC 带来直接的经济效益。NGC 对无功功率的管理或者通过市场协议，或者通过约定支付机制。随着无功功率市场竞争性的日趋激烈，NGC 必须保持有效的激励手段。NGC 认为适当地从发电厂或其他无功电源处购买无功功率，并进行无功功率的价格控制。OFGEM 督促 NGC 就自有无功补偿设备参与无功功率市场提出合理的方案，建立统一机制，为 NGC 的电网提供电压支持。

NGC 认为过去所采取的调控原则在其方法和效果上仍存在争论。无功功率市场尚处于发展期，无功功率的定价存在许多不确定性。NGC 建议利益共享的无功功率监管的发展方向。OFGEM 认为在无功功率市场成功运行一段时间之前，改变无功功率监管的形式为时过早。现有机制在降低无功功率价格上的作用就表明保持其运行的重要性。NGC 建议的保有额度是 50% 的利润和 25% 的损耗分担系数，分担系数的不均衡反映了将来无功功率价格多变性带来的风险。

2.4.2.2.2 我国对无功管理的要求

《电力系统电压和无功电力技术导则》（GB/T 40427—2021）规定，电网的无功补偿应在最高和最低负荷水平下均满足分层分区和就地平衡原则，并应随负荷（或电压）变化进行调整，避免经长距离线路或多级变压器传送无功功率。

（1）在电力系统规划设计时，应开展无功补偿设备/无功电源的规划，并留有适当裕度，具体要求如下：

1）在发、输、配、用工程规划设计中，应开展无功电压专题研究，必要时应开展过电压计算分析，包括工频过电压、操作过电压、谐振过电压、潜供电流和恢复电压等。

2）在受端系统规划设计时，应加强最高一级电压的网络联系；应接有足够容量的具有支撑能力和调节能力的电源，保证受端系统的电压支撑和运行的灵活性；应配置足够的无功补偿容量。

3）直流落点、负荷集中地区以及新能源集中送出等通道应合理配置动态无功补偿设备。

4）无功补偿设备的配置与设备类型选择，应进行技术经济比较。220kV 及以上电网，宜考虑提高电力系统稳定的需要。电力系统运行应有充足无功备用，以保证电力系统正常运行和事故后电压稳定。

（2）电力用户的功率因数应达到下列规定：

1）35kV 及以上高压供电的电力用户，在考虑无功补偿后，在负荷高峰时，其变压器一次侧功率因数不应低于 0.95；在负荷低谷时，功率因数不应高于 0.95。

2）100kVA 及以上 10kV 供电的电力用户，其功率因数应达到 0.95 以上。

3）电力用户不应向系统送无功功率，在电网负荷高峰时不应从电网吸收大量无功功率。

2.4.2.3 电网企业对无功管理的要求

2.4.2.3.1 国家电网有限公司对无功管理的要求

《电力系统无功补偿配置技术导则》（Q/GDW 1212—2015）规定，电力用户应根据其负荷的无功需求，设计和安装无功补偿装置，并应具备防止向电网反送无功电力的措施。

（1）35kV 及以上供电的电力用户，变电站应合理配置适当容量的无功补偿装置，并根据设计计算确定无功补偿装置的容量。35～220kV 变电站在主变压器最大负荷时，其一次侧功率因数应不低于 0.95，在低谷负荷时功率因数应不高于 0.95。

（2）100kVA 及以上 10kV 供电的电力用户，其功率因数宜达到 0.95 以上。

（3）其他电力用户，其功率因数宜达到 0.90 以上。

2.4.2.3.2　中国南方电网有限责任公司对无功管理的要求

（1）35～110kV 变电站无功补偿容量宜按主变压器容量的 10％～25％配置，满足主变压器最大负荷时，其高压侧功率因数不应低于 0.95。

（2）配电站设置的无功补偿容量宜按变压器最大负载率为 75％、负荷自然功率因数为 0.85 考虑，补偿到变压器最大负荷时，中压侧功率因数不低于 0.95，或按变压器容量 20％～40％进行配置。

（3）配电站自然功率因数能满足中压侧功率因数 0.95 及以上时，可不装设无功功率补偿装置。

（4）对供电线路较长、变压器容量较小且低压侧未安装无功补偿装置的中压架空线路，可设置线路无功补偿装置。无功补偿点宜为一处，不应超过两处。无功补偿容量宜按该线路未安装无功补偿变压器总容量的 7％～10％配置或经计算确定。

2.4.2.4　无功补偿配置要求

2.4.2.4.1　我国对无功补偿配置的要求

（1）《电力系统电压和无功电力技术导则》（GB/T 40427—2021）中对配电网无功补偿配置要求如下：

6～20kV 配电网的无功补偿以配电变压器低压侧补偿为主，高压侧补偿为辅。配电变压器的无功补偿容量可按变压器容量的 20％～40％进行配置。在供电距离远、功率因数低的架空线路上可适当安装高压电容器，其容量可经计算确定，或按不超过线路上配电变压器总容量的 10％配置，但不应在低谷负荷时向系统倒送无功。如配置容量过大，则应装设自动投切装置。

（2）《配电网规划设计技术导则》（DL/T 5729—2016）规定了无功补偿的配置要求：

1）110～35kV 电网应根据网络结构、电缆所占比例、主变压器负载率、负荷侧功率因数等条件，经计算确定无功配置方案。有条件的地区，可开展无功优化计算，寻求满足一定目标条件（无功设备费用最小、网损最小等）的最优配置方案。

2）110～35kV 变电站宜在变压器低压侧配置自动投切或动态连续调节无功补偿装置，使变压器高压侧的功率因数在高峰负荷时达到 0.95 及以上。无功补偿装置总容量应经计算确定，对于分组投切的电容器，可根据低谷负荷确定电容器的单组容量，以避免投切振荡。

3）配电变压器的无功补偿装置容量应依据变压器最大负载率、负荷自然功率因数等进行配置。

4）在供电距离远、功率因数低的 10kV 架空线路上可适当安装无功补偿装置，其容量应经过计算确定且不宜在低谷负荷时向系统倒送无功。

2.4.2.4.2　国家电网有限公司对无功补偿配置的要求

《电力系统无功补偿配置技术导则》（Q/GDW 1212—2015）规定了无功补偿配置的基本原则，其内容如下：

（1）分层分区平衡原则。应坚持分层和分区平衡的原则。分层无功平衡的重点是确保各电压等级层面的无功电力平衡，减少无功在各电压等级之间的穿越；分区无功平衡重点是确保各供电区域无功电力就地平衡，减少区域间无功电力交换。

（2）分散补偿与集中补偿相结合的原则。无功补偿装置应根据就地平衡和便于调整电压的原则进行配置，可采用分散和集中补偿相结合的方式。相关内容按照《城市电力网规划设计导则》（Q/GDW 156—2016）规定执行。

（3）电网补偿与用户补偿相结合的原则。电网无功补偿以补偿公网和系统无功需求为主；用户无功补偿以补偿负荷侧无功需求为主，在任何情况下用户无功补偿不应向电网倒送无功功率，并保证在电网负荷高峰时不从电网吸收大量无功功率。

2.4.2.4.3　中国南方电网公司对无功补偿配置的要求

（1）配电网无功补偿应采用分区和就地平衡相结合，就地补偿与集中补偿相结合，供电部门补偿与电力用户补偿相结合，中压补偿与低压补偿相结合。其中，变电站集中补偿满足调压的需要，用户补偿满足降损需要。

（2）以电缆线路为主的 110kV 高压配电网、小水电接入系统的配电网，宜配置适当容量的感性无功补偿装置。

（3）并联电容器组宜采用自动投切方式，装设在变电站内的电容器（组）的投切应与主变压器分接头的调整相配合，不应在负荷低谷时向系统倒送无功功率。

（4）35~110kV 变电站无功补偿装置宜安装在主变压器中压侧，以补偿主变压器无功损耗为主，并适当兼顾负荷侧无功补偿。

（5）配电站设置的无功补偿装置，宜安装在低压母线侧。配电站电容器组应装设以电压为约束条件，根据无功功率（或无功电流）进行分组自动投切的控制装置。

（6）无功补偿的配置，宜采取谐波综合治理措施，防止发生谐振和并联电容器对谐波的放大。

（7）电力用户无功补偿装置应按照无功就地自动补偿原则设置，不允许向系统倒送无功功率。

（8）用户变电站配置的并联电容器组，需具备按无功功率控制的自动投切功能。用户补偿后的功率因数应达到 0.9 及以上。

2.4.3　配电网谐波管理要求

电力系统的谐波问题早在 20 世纪 20 年代和 30 年代就引起了人们的注意。当时在德国，由于使用静止汞弧变流器而造成了电压、电流波形的畸变。1945 年 J. C. Read 发表的有关变流器谐波的论文是早期有关谐波研究的经典论文。

在交流电网中，由于有许多非线性电气设备投入运行，其电压、电流波形实际上不是完全的正弦波形。而是不同程度畸变的非正弦波。非正弦波是周期性电气量，根据傅里叶级数分析，可分解成基波分量和具有基波频率整数倍的谐波分量。非正弦波的电压或电流有效值等于基波和各次谐波电压或电流有效值和的平方根值。基波频率为电网频率（工频 50Hz）。谐波次数（n）是谐波频率与基波频率之比的整数倍。另外，一些非线性用电设备，在交—交变频交流调速中，除了基波整数倍频率的谐波外，在整数倍谐波的两侧还有其他频率的波形，称为旁频。

上述这些非基波频率的各次波，称为谐波。或者说非基波频率电压和电流，均称为谐波电压和谐波电流。

2.4.3.1　谐波对线损的影响

随着各种整流和换流设备、电子设备、电弧炉、变频器、日用电器和照明设备的大量应用，使电网的电压和电流发生了畸变，电网产生了大量的高次谐波。大量的谐波电流流入电网，在电网阻抗下产生谐波压降，叠加到电网基波上，引起电网电压波形畸变，使电能质量下降，给发供电设备、用户用电设备、用电计量、继电保护带来危害，成为污染电网的公害，同时也增加了电力设备在运行中的电能损耗。

2.4.3.1.1　谐波对电力变压器损耗的影响

对变压器而言，谐波电流可导致铜损增加，谐波电压则会增加铁损。与纯正基本波运行的正弦电流和电压相比较，谐波对变压器的整体影响是温升较高。必须注意的是，这些由谐波所引起的额外损失将与电流和频率的平方成比例上升，进而导致变压器的基波负载容量下降，而且谐波也会导致变压器噪声增加。

2.4.3.1.2　谐波对电力电缆损耗的影响

在导体中非正弦波电流所产生的热量比相同均方根值的纯正弦波电流更高。该额外温升是由集肤效应和邻近效应所引起的，而这两种现象取决于频率及导体的尺寸和间隔，这两种效应如同增加导体交流电阻，进而导致电能输送损耗增加。

2.4.3.2　国内外对谐波管理要求

2.4.3.2.1　国外对谐波管理要求

（1）IEC 谐波电压标准。国际电工委员会（International Electrotechnical Commission，IEC）IEC61000 系列标准涉及低频扰动内容，电力谐波属于此范畴。

至今已出版的和谐波电压关系密切的标准文件有：

1）IEC61000—2—2《公用低压供电系统中低频传导干扰和信号的兼容性标准》（国际标准）规定了低压（LV）电网中单次谐波电压兼容性标准（见表 2-20）。

2）IEC61000—2—4《工业设备低频传导干扰的兼容性标准》（国际标准）。该标准适用于低压和中压（MV）工业设备，标准中将电磁环境分为以下 3 类：

第 1 类指对供电质量要求较高的场合（例如实验室，某些自动化和保护装置，某些计算机等），其兼容性标准严于公用电网的标准。

表 2-20   **LV 系统中谐波电压兼容值**

奇次谐波（非 3 的倍数）		奇次谐波（3 的倍数）		偶次谐波	
谐波次数 n	谐波电压（%）	谐波次数 n	谐波电压（%）	谐波次数 n	谐波电压（%）
5	6	3	5	2	2
7	5	9	1.5	4	1
11	3.5	15	0.3	6	0.5
13	3	21	0.2	8	0.5
17	2	>21	0.2	10	0.5
19	1.5			12	0.5
23	1.5			>12	0.2
25	1.5				
>25	0.2+1.3 (25/h)				

注 总谐波畸变（*THD*）率为 8%。

第 2 类适用于一般工业环境下电网的公共连接点（PCC）和系统或装置内部的连接点（IPC），其兼容性标准等同于公用电网的标准（见表 2-2）。

第 3 类只适用特殊工业环境下系统或装置内部的连接点，其兼容性标准高于公用电网的标准。例如在下列场合可考虑用该类兼容性标准：①大部分负荷由变流器供电；②有电焊机时；③频繁起动的大型电动机；④快速变化的负荷（例如电弧炉、轧机）等。

各类电磁环境下电压总谐波畸变率的兼容值见表 2-21。第 2 类各单次谐波电压限值见表 2-17，第 1、3 类的限值大致随 *THD* 值做相应变化。

表 2-21   **谐 波 电 压 兼 容 值**

电磁环境	第 1 类	第 2 类	第 3 类
总谐波畸变（*THD*）	5%	8%	10%

（2）美国 IEEE 谐波标准。

1）美国电气电子工程师协会（Institute of Electrical and Electronics Engineers, IEEE），IEEE Std.519—1992 对公用电网谐波电压允许值的规定见表 2-22。

表 2-22   **谐波电压畸变限值（标称电压的百分数）**

PCC 母线电压（kV）	单次谐波电压畸变（%）	总电压畸变（%）
PCC≤69	3.0	5.0
69<PCC≤161	1.5	2.5
161<PCC	1.0	1.5

注 对于高压直流输电端，*THD* 可以达 2.0%。

表 2-22 中总谐波畸变的定义和常规的定义略有不同。此表中 *THD* 值是系统标称电压的百分数，而不是用测量时的基波电压百分数。这里所用的定义使电压畸变评估的基

值不变（不是随系统电压高低而变）。

表 2-22 中的限值为正常最小方式下持续时间大于 1h 的系统设计值。对于较短持续时间异常情况，限值可放宽到 1.5 倍。

美国于 1981 年颁布的标准为《静止电力变流器的谐波控制和无功补偿 IEEE 导则》（ANSI/IEEEStd 519—1981）。该标准中规定的电力系统谐波电压总畸变率见表 2-23。

表 2-23　　　　　　　谐波电压的总畸变率（美国 1981 年标准）

电压等级	谐波电压总畸变率（THD）	
	一般电力系统	专用系统
低压 460V	5%	10%
中压 2.4～69kV	5%	8%
高压 115kV 及以上	1.5%	1.5%

注　专用系统是指仅供变流器或不受谐波电压影响负荷的系统。

对比表 2-22 和表 2-23，可看出 1992 年标准中将 69kV 及以下算为一级，和 1981 年标准相比，THD 值维持不变（5%），但增加了 69～161kV 电压级 THD 为 2.5% 的规定。该级涵盖了 1981 年标准中 115kV 级，也就是 1992 年标准放宽了 115kV 级 THD 限值。

2）低压系统的波形畸变限值。美国 1981 年和 1992 年标准，对低压系统的电压畸变分两类处理：①谐波 THD 值；②线电压波形缺口（Notch）的深度和面积。波形缺口是整流器在换相过程中造成瞬间相间短路引起的。缺口深度 d 和系统阻抗有关，其持续时间 t 则和换相时间相等。标准限值见表 2-24。

表 2-24　　　　　　　低 压 系 统 畸 变 限 值

畸变类别	特殊应用	一般系统	专用系统
THD	3%	5%	10%
缺口深度	10%	20%	50
缺口面积（mm²）	16400	22800	36500

注　1. 特殊应用指医院、机场等场合使用。
　　2. 表中值以标称电压为基值。

（3）英国 G5/4 工程导则。G5/4 工程导则是英国电气协会（EA）于 2001 年 2 月正式颁布的，全称为《英国谐波电压畸变和非线性设备接入输电系统和配电网的规划值》。

G5/4 的主要内容有：

1）谐波畸变的系统规划值，其电压范围包括从 400V～400kV 各个电压等级。

2）非线性设备接入电网的三级评估程序及相应的限值。

3）非连续谐波畸变的限值。

4）规划水平可能被超过场合的处理原则。

导则明确指出，"规划水平"是非线性设备接入电网时用的，此值以 IEC 关于谐波电磁兼容值为依据。规划水平不超过相应的兼容值。而对于 35kV 及以下的系统，电磁兼容值是国际标准；35kV 以上系统，兼容值只适用于英国。本导则附录 A 中明确阐述了规划水平和兼容值的关系，并给出了各个电压等级谐波电压兼容值。谐波电压总畸变（$THDu$）的兼容值见表 2-25。

表 2-25　　　　　　　　　　　　　谐波电压兼容值（$THDu$）

系统电压（kV）	0.4	36.5 及以下	66 和 132	275 和 400
$THDu$（%）	8	8	5	3.5

导则中所指的"非连续谐波畸变"包括：①短时冲击性的谐波；②次谐波和间谐波；③电压波形缺口（notch）。可见导则对各种谐波现象均有规定。不仅适用于供配电系统，也适用于输电系统。不同电压等级的谐波电压规划水平（摘要）见表 2-26。

表 2-26　　　　　　　　　　　　　谐波电压规划水平（摘录）

系统电压	奇次谐波（非 3 倍数）		奇次谐波（3 的倍数）		偶次谐波		$THDu$（%）
	h	HR（%）	h	HR（%）	h	HR（%）	
400V	5	4.0	3	4.0	2	1.6	5
	7	4.0	9	1.2	4	1.0	
	11	3.0	15	0.3	6	0.5	
6.6、11kV 和 20kV	5	3.0	3	3.0	2	1.5	4
	7	3.0	9	1.2	4	1.0	
	11	2.0	15	0.3	6	0.5	
大于 20kV 小于 145kV	5	2.0	3	2.0	2	1.0	3
	7	2.0	9	1.0	4	0.8	
	11	1.5	15	0.3	6	0.5	
275kV，400kV	5	2.0	3	1.5	2	10	3
	7	1.5	9	0.5	4	0.8	
	11	1.0	15	0.3	6	0.5	

注　表中 HR 是指谐波含有率。

2.4.3.2.2　我国对谐波管理要求

1983 年 8 月 25 日由国家经济委员会批准颁布《全国供用电规则》中规定，用户流入供电网的高次谐波电流最大允许值，以不干扰通信、控制线路和不影响供用电设备及电能计量装置的正常运行为原则。造成影响的用户，必须采取措施予以消除，否则电力部门可不供电。

1985 年 1 月 1 日由中华人民共和国水利电力部颁布执行的《电力系统谐波管理暂行规定》中规定：

（1）电网原有的谐波超过本规定的电压正弦波形畸变率极限值时，应查明谐波源并采取措施，把电压正弦波形畸变率限制在规定的极限值以内。在该规定颁发前，已接入电网的非线性用电设备注入电网的谐波电流超过该规定的谐波电流允许值时，应制订改造计划并限期把谐波电流限制在允许范围以内。所需投资和设备由非线性用电设备的所属单位负责。电网电压正弦波形畸变率见表 2-27。

表 2-27   电网电压正弦波形畸变率极限值（相电压）

用户供电电压（kV）	总电压正弦波形畸变率极限值（%）	各奇、偶次谐波电压正弦波形畸变率极限值（%）	
		奇次	偶次
0.38	5.0	4	2.00
6 或 10	4.0	3	1.75
35 或 63	3.0	2	1.00
110	1.5	1	0.50

（2）新建或扩建的非线性用电设备接入电网，必须按该规定执行。如用户的非线性用电设备接入电网，增加或改变了电网的谐波值及其分布，特别是使与电网连接点的谐波电压、电流升高，用户必须采取措施，把谐波电流限制在允许的范围内，方能接入电网运行。

（3）各级电力部门对电网的谐波情况，应定期进行测量分析，当发现电网电压正弦波形畸变率超过表 2-27 的规定时，应查明谐波源并按上述规定协助非线性用电设备所属单位采取措施，把注入电网的谐波电流限制在表 2-28 规定的允许值以下。新的非线性用电设备接入电网前后，均要进行现场测量，检查谐波电流、电压正弦波形畸变率是否符合本规定。

表 2-28   用户注入电网的谐波电流允许值

用户供电电压（kV）	谐波次数及谐波电流允许值（有效值，A）								
	2	3	4	5	6	7	8	9	10
0.38	53	38	27	61	13	43	9.5	8.4	7.6
6 或 10	14	10	7.2	12	4.8	8.2	3.6	3.2	4.3
35 或 63	5.4	3.6	2.7	4.3	2.1	3.1	1.6	1.2	1.1
110 及以上	4.9	3.9	3.0	4.0	2.0	2.8	1.2	1.1	1.0
用户供电电压（kV）	谐波次数及谐波电流允许值（有效值，A）								
	11	12	13	14	15	16	17	18	19
0.38	21	6.3	18	5.4	5.1	7.1	6.7	4.2	3
6 或 10	7.9	2.4	6.7	2.1	2.9	2.7	2.5	1.6	1.5
35 或 63	2.9	1.1	2.5	1.5	0.7	0.7	1.3	0.6	0.6
110 及以上	2.7	1.0	3.0	1.4	1.3	1.2	1.2	1.1	1.0

（4）电力部门和用户均应校核接入电网的电力电容器组是否会发生有害的并联谐振、串联谐振和谐波放大，防止电力设备因谐波过电流或过电压而损坏。为此电力部门和用户所安装的电力电容器组，应根据实际存在的谐波情况采取加装串联电抗器等措施，保证电力设备安全运行。

（5）应根据谐波源的分布，在电网中谐波量较高的地点逐步设置谐波监测点。在该点测量谐波电压，并在向用户供电的线路送电端测量谐波电流。测量或计算谐波的次数应不少于 19 次。即需测量或计算 2、3、4、5、6、7、8、9、10、11、12、13、14、15、16、17、18、19 次谐波电压和谐波电流。

（6）在正常情况下，谐波测量应选择在电网最小运行方式和非线性用电设备的运行周期中谐波发生量最大的时间内进行。谐波电压和电流应选取 5 次测量接近数值的算术平均值。

（7）电力系统的运行方式和谐波值都是经常变化的。当谐波量已接近最大允许值时，应加强对电网发供电设备运行工况的监视，避免电器设备受谐波的影响而发生故障。在电网谐波量较高的地点，要逐步安装谐波警报指示器，以便进一步分析谐波情况，并采取措施，保证电力设备安全运行。

2.4.3.3　电力企业对谐波管理要求

《国家电网公司电网电能质量技术监督规定（试行）》中规定了电网和用户的谐波监督内容。

2.4.3.3.1　电网的谐波监督

（1）各区域电网公司、省（自治区、直辖市）电力公司要定期对所属电网的变电站进行谐波普测工作。

（2）谐波检测的取样方法要合理反映电网电能质量状况。

（3）在新建、扩建无功补偿项目前，要进行系统背景谐波测试。

（4）按照国家颁布的电能质量标准，严格控制新建和扩建的谐波、负序污染源注入电网的谐波和负序分量，并对原有超标的污染源，限期采取整改措施，达到国标要求。

（5）对重点电能质量污染站点要开展实时监测工作，确保电网安全运行。

（6）对重点监测点，应按要求上报监测数据至监测中心，并逐步安装在线监测装置。

2.4.3.3.2　用户的谐波监督

（1）供电企业在确定谐波源设备供电方案时，不允许采用 220kV 电压等级供电方案。要严格按照用电协议容量分配用户所容许的谐波注入量，并要求用户提供经省级（自治区、直辖市）及以上监测中心认可的公用电网电能质量影响的评估报告，作为提出供电方案的条件之一。

（2）对预测计算中，谐波超标或接近超标的用户要安装电能质量实时监测装置和谐波保护装置。

（3）新投滤波器等装置要经过监测中心验收合格后方可挂网运行。

（4）对于谐波超标的用户，应按照谁污染谁治理的原则，签订谐波治理协议，限期由用户进行治理，达到规定的要求。

（5）由于用户谐波污染造成电网及其他用户设备损坏事故，该污染源用户应承担全额赔偿。

（6）谐波不合格的时段和测试指标，以用户自备并经电能质量技术监督管理部门认可的自动检测仪器的记录为准，如用户未装设此类仪器，则以供电方的自动检测仪器记录为准。

（7）对非线性负荷用户要不定期监测谐波、负序、闪变的水平，或装设电能质量实时监测装置，对短时内谐波超过标准的用户，应安装谐波保护；对长时间谐波超过标准的用户，在安装谐波保护的同时还应安装滤波装置。

2.4.3.4 谐波监测点设置要求

《国家电网公司电网电能质量技术监督规定（试行）》中规定谐波监测点设置要求如下：

（1）谐波监测点的设置应覆盖主网及全部供电电压等级，并在电网内（地域和线路首末）呈均匀分布。

（2）满足电能质量指标调整与控制的要求。

（3）满足特殊用户和订有电能质量指标合同条款用户的要求。

（4）检测方式、检测点的具体设置，应根据电能质量的不同指标，按照有关国家标准和导则结合本电网实际情况而确定。

2.5 本 章 小 结

配电网规划、配电网节能设备选型、配电网经济运行和配电网电能质量四方面是影响配电网线损的重要因素。本章主要介绍了以上四个方面的国外、国内相关标准文件及国内两大主要电网企业的相关管理文件和要求，是配电网线损管理的主要依据，在日常工作中要严格按照相关要求执行。

3 配电网线损管理提升方法研究

线损管理是衡量供电企业综合管理水平的重要标志，供电企业要发展，必须依靠科技手段，强化线损管理，实施节能降损措施。线损管理属于一种业务性、技术性、政策性较强的工作，因此研究如何提升配电网线损管理的方法势在必行。为了让线损管理人员逐步掌握降损管理办法，真正实现节能降耗，本章将在配电网线损管理体系、设备降损管理、窃电防治管理等几个方面进行深入探讨与研究。

3.1 配电网线损管理体系研究

3.1.1 配电网线损管理组织体系

3.1.1.1 线损管理组织体系的发展历程

线损管理组织体系的发展历程大概可以分为三个阶段：初始形成阶段、发展变革阶段、深度优化阶段。

3.1.1.1.1 线损管理组织体系初始形成阶段（1979～1989 年）

从新中国成立到改革开放前这一阶段，在中国共产党领导下，为中国电力工业打下了坚实的基础。电力装机容量从 1949 年 185 万 kW 增长到 1978 年的 5712 万 kW，增加了 30 倍；发电量从 1949 年的 43 亿 kW·h 发展到 1978 年的 2566 亿 kW·h，增加了 59 倍。但此阶段尚未形成线损管理组织体系。

1978 年改革开放带动了中国经济的快速发展，吸引了大批外资来中国建厂投产，本土民营企业也随着时代的脚步继续做大做强，这就导致了制造行业用电量大幅提升，中国供电量出现缺口，不足以支撑制造业与日俱增的用电需求。随着制造业用电负荷逐节攀升，导致原来服务于国防军事工业的电力系统已显露疲态，与此同时东部沿海地区的工业产能被引爆。为满足社会的用电需求，很多地方开始执行分时段限制居民用电，现有发电能力和电力工业发展速度难以满足经济快速发展的需要。十一届三中全会开启了改革开放和社会主义现代化建设的新时期。1979 年世界能源委员会提出了节能的定义，要采取技术上可行、经济上合理、环境和社会可接受的一系列措施，来提高能源资源的利用效率。国家科学技术委员会召开第一次能源政策座谈会，把每年 11 月定为"节能月"，康世恩副总理也在《全国第一次"节能月"广播电视大会》上发表了重要讲话。1979 年 5 月，电力工业部发布了《线损管理制度（试行）》，明确提出线路损失率是国家对电力部门考核的一项重要技术经济指标，努力降低线损率是电力部门贯彻节约能源的方针政策，实现经济运行，提高经济效益的重要工作，并要求各级电力部门要充分重视线损管理工作，明确各部门职责分工和要求，制订线损工作的管理制度，采取降低线损的措施，使线损率达到经济合理的水平。

1979年6月18日，第五届全国人民代表大会第二次会议，表示要将工作重点转移到社会主义现代化建设上，并根据调整、改革、整顿、提高的方针，提出要想发展好国民经济，首要的是抓好十项重点工作任务，在第三项重点工作任务中明确指出，要切实加强煤炭、石油、电力等工业，遵循一手抓增产、一手抓节约的原则，努力降低消耗，节约使用能源，杜绝浪费。政府同时也要实行电力的统一分配供应制度，拟定能源法案。

1980年2月，国家经济委员会、国家计划委员会颁布了《关于加强节约能源工作的报告》，报告中强调要狠抓能源的管理与节约，提高能源的利用率，并针对节能工作提出五项安排，在第四项安排中明确指出要进一步加强计划用电和产品耗电定额管理，认真整顿农业用电，限期取消民用电包费制，克服各种浪费电力的现象，实现节约电力70亿kW·h的目标。

1981年，电力部根据线损管理制度改革试点单位的经验，参照1979年的《线损管理制度（试行）》起草了《线路损失管理条例》，该条例在分级管理、小指标考核等方面有了很多改进，于1982年6月1日起试行。

1984年，国家计划委员会、国家经济委员会和国家科学技术委员会组织制订和发布了《中国节能技术政策大纲》，大纲中主要提出要依靠技术进步来降低能源消耗，将大力开展节能技术改造作为长期途径。

1986年，国务院制定了《节约能源监测管理暂行条例》，同年4月1日起施行。条例总则中提出"节能监测是指由政府授权的节能监测机构，依据国家有关节约能源的法规（或行业、地方的规定）和技术标准，对能源利用状况进行监督、检测以及对浪费能源的行为提出处理意见等执法活动的总称，城乡一切企业、事业单位以及机关、团体和个人，均应遵守该规定。

1986年，为了节约能源、节约用电，我国实行夏令时。就是让人们在夏天把时间调快，更加充分利用日光资源，减少电灯等电器的使用，以达到节约资源的目的。开始实行期间，取得了相当大的成效，当年就节电6亿kW·h，这无疑改善了改革开放初期我国能源短缺的局面。在"六五"期间（1981~1985年），我国发电量每年增长6.4%，到1986年底，发电设备装机容量已达9300多万kW，年发电量为4400多亿kW·h。但是，"六五"同期，工业生产平均增长速度是10.8%，市政生活和农业用电平均增长速度分别为13.2%和8.9%，我国开始面临缺电的局面，电力短缺已经成为影响当时国民经济发展的制约因素。

1988年，能源部节约能源司颁布《电力网电能损耗计算导则》，导则给出了电力网电能损耗分析及计算方法，适用于各级电力部门的能耗计算、统计、分析及降损措施效果的计算，也适用于电力系统规划、设计工作中涉及的能耗计算。电能损耗分析为鉴定网络结构和运行提供了合理性，为供电管理提供了科学性，方便找出计量装置、设备性能、用电管理、运行方式、理论计算、抄收统计等方面存在的问题,以便采取降损措施。

1989 年 1 月,国家计划经济委员会和能源部在北京召开 1989 年度全国能源工作会议,对我国能源工业中期(1989～2000 年)提出发展计划纲要,对我国的能源形势、发展目标、战略布局以及节能、体制改革与技术经济政策、安全和环保等方面都提出了具体的指示性意见,对煤炭、电力、核电、石油和天然气勘探、开发、节能和农村能源及电气化建设等方面提出了发展愿景。

综上所述,1979～1989 年,线损组织体系管理经历了从无到有的历史性阶段。1979 年城乡居民用电量仅为 985 万 kW·h,到 1989 年城乡居民用电量达到 13898 万 kW·h,为 1979 年的 14.11 倍。并在此期间完成对《线路损失管理条例》和《电力网电能损耗计算导则》的编制和实施,旨在努力降低线损节约能源,在计算导则中则给出了既适用于各级电力部门的能耗计算、统计、分析及降损措施效果的计算,也适用于电力系统规划、设计工作中涉及的电力网电能损耗分析及计算方法。

3.1.1.1.2 线损管理组织体系发展变革阶段(1990～2002 年)

1990 年 12 月,能源部对水利电力部 1982 年颁发的《线路损失管理条例(试行)》进行了修订和补充,并改称为《电力网电能损耗管理规定》(能源节能〔1990〕1149 号),进一步明确了电力网电能损耗管理的目的和任务,规范了电管局、省局、供电(电业)局在线损方面的管理体制和职责分工,进一步完善线损率计划指标的编制方法和各项小指标的考核内容。本次版本对线损工作提出了明确的奖惩制度,即"根据财政部、劳动人事部、国家经委(86)财工字第 17 号文《颁发国营工业交通企业原材料、燃料节约奖试行办法》和能源部有关规定实行节电奖。

1992 年 2 月,能源部印发《加快技术改造、推进技术进步的意见》(能源计〔1992〕111 号),指出现阶段应该着重改造电网框架,提高电网调度自动化水平,对重点城市电网进行升级改造,对农村电网设备进行更新,替换掉老旧简陋的高耗变压器 SJ1、SJ2、S7 等,降低线路损耗,提高供电能力,提升配电网线损率。1992 年 3 月,国务院办公厅印发《关于暂停实行夏时制的通知》,从 1992 年起暂停实行夏时制,各地区可以根据季节的变化,合理调整作息时间,以达到充分利用日光、节约照明用电的目的。

1993 年 2 月 19 日,国务院第 123 次常务会议通过《电网调度管理条例》〔中华人民共和国国务院令(第 115 号)〕。该条例分总则、调度系统、调度计划、调度规则、调度指令、并网与调度、罚则、附则共 8 章 33 条。其中电网调度是指电网调度机构为保障电网的安全、优质、经济运行,对电网运行进行的组织、指挥、指导和协调,电网运行实行统一调度、分级管理的原则。该条例自 1993 年 11 月 1 日起开始施行。电力工业部根据国务院的授权,组织编写了《电网调度管理条例》释义,提出电网经济运行理念,此理念就是指电网在供电成本率低或发电能源消耗率及网损率最小的条件下运行。

1996 年,电力部颁发《电力工业技术监督工作规定》的通知(电安生(1996)430 号),要求各电业管理局、各省(市、区)电力局、电力规划设计总院、水电规划设计总院、南方电力联营公司以及部直属科研院所，正式将线损、网损纳入监督工作。

1997年1月17日，国家电力公司成立，电力体制改革极大激发了电力投资积极性，电力工业得到了快速发展，电力装机、发电量迅速增加到2.36亿kW、1.08万亿kW·h。电力投资体制改革，极大地增加了电力投资能力，使得年新增发电装机超过1000万kW，与此同时，也造成了能源的极大浪费，促进降损体系的发展。

1998年1月1日，经第八届全国人大常委会第28次会议审议通过的《中华人民共和国节约能源法》正式实施，要求加强节能工作，合理调整产业结构和能源消费结构，挖掘节能的市场效益。这部法律是我国社会经济史上的里程碑，自此节能减排成为了我国的基本国策，为节能提供了法律保障。

1999年，国家经济贸易委员会颁布了《电力网电能损耗计算导则》，此次修编主要增加了应用电子计算机计算线损的篇幅，提出了对电网线损理论计算软件设计要求，对原来导则在试行中出现的问题进行了修改和补充。1999年3月，国家经济贸易委员会根据《中华人民共和国节约能源法》的规定，制定了《重点用能单位节能管理办法》。该办法提出重点用能单位应遵守《中华人民共和国节约能源法》及该办法的规定，按照合理用能的原则，加强节能管理，推进技术进步，提高能源利用效率，提高效益，减少环境污染。

2000年12月29日，国家经济贸易委员会、国家计划委员会制定了《节约能源管理办法》。该办法提出："节约用电是指通过加强用电管理，采取技术上可行、经济上合理的节电措施，减少电能的直接和间接损耗，提高能源效率和保护环境。国家经济贸易委员会、国家发展计划委员会应按照职责分工主管全国的节约用电工作，制定节约用电政策、规划，发布节约用电信息，定期公布淘汰低效高耗电的生产工艺、技术和设备目录，监督、指导全国的节约用电工作，推进节约用电技术进步，降低单位产品的电力消耗。并且任何单位和个人都应当履行节约用电义务，有关部门要依法建立节约用电奖惩制度。对在节电降耗中成绩显著的集体和个人应当给予表彰和奖励；对单位产品电力消耗超过最高限额的集体和个人以及生产、销售、使用、转让国家明令淘汰的低效高耗电设备的，按照《中华人民共和国节约能源法》的有关规定予以处罚"。至此，我国线损管理组织体系在发展中完成变革。

3.1.1.1.3　线损管理组织体系深度优化阶段（2002年至今）

2000年10月，十五届五中全会通过了《中共中央关于制定国民经济和社会发展第十个五年计划的建议》。2001年3月，第九届全国人民代表大会第四次会议审议通过了《国民经济和社会发展第十个五年计划纲要》。"十五计划"是中国第一次置身于全球化背景之下的经济计划。为满足新时期国民经济和社会发展对电力的要求，国家经济贸易委员会对电力工业提出：要按照《国民经济和社会发展第十个五年计划纲要》，适当加快电力发展，以保证充足可靠的电力供应；突出结构调整，加强电网建设，促进西电东送，保护环境，节约资源，坚持走可持续发展的道路；深化以市场化为取向的电力体制改革，加快技术进步和技术改造的步伐，依靠体制创新和科技创新，促进电力工业的健康发展。

2002年1月，国家电力公司按照"十五"规划中对电力工业提出的相关要求，根据《电力法》和《节能法》等有关法律制定了《国家电力公司电力网电能损耗管理规定》，对线损率做出了定义和对线损率指标实行分级管理。国家电力公司各分公司、各电力集团公司、各省（自治区、直辖市）电力公司下达年度线损率计划指标，国家电力公司各分公司、各电力集团公司、各省（自治区、直辖市）电力公司要分解下达，并且提出为了便于检查和考核线损管理工作，各电网经营企业应建立主要线损小指标内部统计与考核制度，总结线损管理经验，分析节能降损项目的降损效益，确保年度指标的完成。

2002年2月10日国务院提出了《电力体制改革方案》，加快深化电力体制改革的进程。同年12月29日，在原国家电力公司部分企事业单位基础上，国家电网公司组建成立，由中央管理。公司下设华北、东北、华东、华中和西北5个区域电网公司，赋予了区域电网公司打破电力垄断及省际壁垒的使命。其中国家电网公司主要负责各区域电网之间的电力交易与调度，参与跨区域电网的投资与建设；区域电网公司负责经营管理电网，保证供电安全，规划区域电网发展，培育区域电力市场，管理电力调度交易中心，按市场规则进行电力调度；区域内的省级电力公司改组为区域电网公司的分公司或子公司。自此，国家电网公司、南方电网公司、华能集团、华电集团、大唐集团、国电集团、电力投资集团等，厂网分开、发电侧充分竞争的格局正式形成，电网迎来快速发展的新机遇，实现了规模从小到大，输电能力从弱到强，结构从孤立到互联的历史性转变。

2003年3月，国家根据《电力体制改革方案》提出和设立国家电力监管委员会，在方案制定之初，由国家计划委员会领衔主导的电力改革领导小组组织了一次英国考察，该次考察确定了电力改革方案两个核心内容：①采用英国的厂网分离模式；②设立电监会，履行电力市场监管者的职责。

2004年，国务院办公厅发布了《关于开展资源节约活动的通知》（国办发〔2004〕30号），要求："各级财政要支持资源节约和资源综合利用，并将节能、节水设备（产品）纳入政府采购目录，有关部门和地方各级政府要对重大节能技术开发、示范和改造项目加大投资力度。"2004年6月30日，国务院总理温家宝主持召开了国务院常务会议，讨论并原则通过了《能源中长期发展规划纲要（2004年—2020年）（草案）》，会议认为能源是经济社会发展和提高人民生活水平的重要物质基础，把能源规划纳入经济社会发展总体规划，对中国未来20年的发展有着非同寻常的意义。

2005年7月，国家质检总局、国家发展改革委发布《关于印发〈加强能源计量工作的意见〉的通知》（国质检量联〔2005〕247号）指出，有关部门要引导企业加强能源计量基础工作。各级质量技术监督部门、节能主管部门要从加强能源计量管理、提高能源计量检测能力和发挥计量检测数据在节能降耗中的作用等方面入手，帮助、引导企业全面加强能源计量工作。

2006年3月，十届全国人大四次会议已表决通过并决定批准《中华人民共和国国民经济和社会发展第十一个五年规划纲要》，明确提出："十一五"期间单位 GDP 能耗降低 20%左右，主要污染物排放总量减少 10%，并把其作为具有法律效力的约束性指标。"十一五"规划纲要的硬性指标与规定极大促进了电能降损管理体系的深度发展和优化，随着"十一五"计划提出，国家颁布了一系列的政策来促进行业的节能减排和资源的可持续发展。

2006 年 4 月，国家发展改革委、国家能源办、国家统计局、国家质检总局、国务院国资委联合发布了《关于印发千家企业节能行动实施方案的通知》（发改环资〔2006〕571 号），加强重点耗能企业节能管理，促进合理利用能源，提高能源利用效率，要求企业"加大投入，加快节能降耗技术改造"。2006 年 4 月，国家发展改革委、国土资源部、铁道部、交通部、水利部、国家环保总局、中国银监会、国家电监会八部门联合发布《关于加快电力工业结构调整促进健康有序发展有关工作的通知》（发改能源〔2006〕661 号），要求："调整发电调度规则，实施节能、环保、经济调度。"

2006 年 8 月，国务院发布《关于加强节能工作的决定》（国发〔2006〕28 号），提出解决中国能源问题根本出路是坚持开发与节约并举、节约优先的方针，大力推进节能降耗，提高能源利用效率。

2006 年 12 月，国家发展改革委、科技部联合发布了重新修订的《中国节能技术政策大纲（2006 年）》，为各地区、有关部门编制节能规划提供技术支持，为企业、科研机构开展节能技术研究和开发提供技术方向，对引导企业项目投资方向和推广应用节能技术具有重要的指导意义。

2007 年 1 月，国务院下发《国务院批转发展改革委、能源办关于加快关停小火电机组若干意见的通知》，随后，国家提出"十一五"期间全国关停小火电机组 5 千万 kW，2007 年关停小火电机组 1 千万 kW 的目标。由此，在全国范围加快关停小火电机组工作的序幕正式拉开。2008 年 1 月 29 日，国家发展改革委副主任张晓强在全国电力工业关停小火电机组工作会议上宣布，全国计划关停淘汰高耗能、高污染的小火电机组 1300 万 kW。淘汰高污染、高耗能的落后小火电机组，改用大容量、能效高、环保燃煤火电机组代替，对于节能减排，建设资源节约型、环境友好型社会具有重要意义。

2007 年 8 月，国务院办公厅发布了国家发展改革委、国家环境保护总局、国家电监会、国家能源办等制定的《节能发电调度办法（试行）》（国办发〔2007〕53 号）。明确："节能发电调度是指在保障电力可靠供应的前提下，按照节能、经济的原则，优先调度可再生发电资源，按机组能耗和污染物排放水平由低到高排序，依次调用化石类发电资源，最大限度地减少能源、资源消耗和污染物排放。"2007 年 8 月财政部、国家发展改革委印发《节能技术改造财政奖励资金管理暂行办法》（财建〔2007〕371 号）。2007 年 10 月 28 日第十届全国人民代表大会常务委员会第三十次会议修订颁布《中华人民共和国节约能源法（修订）》（中华人民共和国主席令第 77 号），从法律层面将节约资源明确为基本国策，把节约能源发展战略放在首位。新的节能法进一步明确了节能执法主体，强化了节能法律责任。修订后的《节约能源法》，增加了对节能措施的"激励"政策。11月，国务院发布《关于印发国家环境保护"十一五"规划的通知》（国发〔2007〕37号），指出"强化能源节约和高效利用的政策导向，加大依法实施节能管理的力度，加快节能技术开发、示范和推广，充分发挥以市场为基础的节能新机制。"

2008年3月29日，国务院印发《国务院2008年工作要点》（国发〔2008〕15号）。其中2008年的一项重要工作就是加大节能减排和环境保护力度，做好产品质量安全工作，主要包括：建立落后产能淘汰退出机制；抓好重点企业节能，开发风能、太阳能等清洁、可再生能源；保护和合理利用资源，强化节能减排工作责任制等。2008年4月，国家电监会会同国家发展改革委、环境保护部制定了《节能发电调度信息发布办法（试行）》（电监市场〔2008〕13号）。2008年8月，国务院颁布《公共机构节能条例》（国务院令第531号），推动公共机构节能，提高公共机构能源利用效率，发挥公共机构在全社会节能中的表率作用。

2009年6月，国家电网公司发布《国家电网公司技术降损工作规定》。规定指出将降损工作纳入公司技术监督中节能监督的范围，要求各级电网公司对技术降损工作开展全过程节能监督，同时指出技术降损工作应涵盖电网规划设计、建设运行和技术改造全过程，降低电能损耗从电网网架优化、设备节能选型和电网经济运行等方面开展。

2014年，国家电网公司发布《供电电压、电网谐波及技术线损管理规定》，要求国网运检部、省公司运检部、省检修（分）公司运检部、地（市）公司运检部（检修分公司）、县公司运检部［检修（建设）工区］是供电电压工作实施、电网谐波及技术线损管理部门，均应设置专责人，并明确工作职责；电科院要为公司供电电压、电网谐波、线损技术管理提供技术支持工作。

2016年4月，工业和信息化部第21次部务会议审议通过《工业节能管理办法》，要求工业企业应当严格执行节能法律、法规、规章和标准，加快节能技术进步，完善节能管理机制，提高能源利用效率，并接受工业和信息化主管部门的节能监督管理。2016年5月，国务院发布《国家创新驱动发展战略纲要》，明确提出将"发展智能绿色制造技术，推动制造向价值链高端攀升"作为战略任务。2016年6月，国家能源局发布《中国制造2025——能源装备实施方案》，提出要"组织推动关键能源装备技术攻关，试验示范和推广运用，进一步培育和提高能源装备自主创新能力，推动能源革命和能源装备制造业优化升级。"2016年6月，国家电网公司运检部关于印发《10（20/6）kV分线线损管理工作方案的通知》，贯彻落实2016年公司工作会议和配电专业会议精神，做好10kV分线线损精益化管理，实现线损"四分"同期管理目标，扎实推进10kV同期分线线损治理。

2017年4月，科技部发布《十三五先进制造技术领域科技创新专项规划》，将"重点研究基础工业绿色化技术流程以及工业绿色工艺技术的典型通用设备产品，节能减排降耗技术"作为重点任务。

2019年6月，国家电网有限公司发布《国家电网有限公司关于开展同期线损管理提升工作的通知》（国家电网发展〔2019〕513号）。2019年7月，发布了《国网设备部关于印发10kV同期分线线损负损治理工作方案通知》。

2020年3月，国家电网公司发布《国家电网有限公司关于深化同期线损系统应用助力提质增效工作的通知》（国家电网发展〔2020〕305号），文件要求围绕"10kV线路和台区负损率控制在0.5%以内、高损数量减少50%以上，全面实现监测达标率90%以上"等年度工作目标，优化管控指标体系，强化问题治理机制，营造良好工作氛围，切实推进高损、负损治理及系统深化应用工作，进一步提升业务能力、工作效率和管理效益，提高电网经济运行水平，实现降损增效。

2021年3月1日，国家电网有限公司发布实施国内企业首个碳达峰、碳中和行动方案，方案中提出，要推动能源清洁低碳转型，在我国"碳达峰、碳中和"目标背景下，电网企业作为连接电力生产和消费的核心枢纽，还需要将降低线损、提高能源利用率作为新时期的重点工作，进一步节约动力资源，降低供电成本，提高整个电网的经济效益，从而服务好经济社会和行业减排，为实现"双碳"目标贡献智慧和力量。2021年4月，国家电网有限公司印发了《国家电网有限公司进一步开展提质增效专项行动工作方案》。方案中要求要进一步加强组织落实、督导指导和考核评价，坚持市场化运营、精益化管理和数字化转型的基本取向，将提质增效重心从效益增长进一步拓展至质量提升、效率提高、效能改善。基于此，进一步降损提质增效将是电网企业共同追求的目标，而线损治理以及管理工作的全面升级和转型将是所有电网企业面临的重要挑战。2021年12月28日，国务院印发"十四五"节能减排综合工作方案（国发〔2021〕33号），此方案旨在认真贯彻落实党中央、国务院重大决策部署，大力推动节能减排，深入打好污染防治攻坚战，加快建立健全绿色低碳循环发展经济体系，推进经济社会发展全面绿色转型，助力实现"碳达峰、碳中和"目标。

3.1.1.2 线损管理组织体系的现状及问题分析

3.1.1.2.1 线损管理组织体系的现状

线损管理关联着企业的经济效益，也反映着企业的管理水平。线损管理作为综合性工作，需要各级单位协调各方资源进行有效管理。线损管理工作坚持统一领导、分级管理、分工负责、协同合作。

以国家电网有限公司为例，线损管理组织体系主要涉及国家电网公司发展策划部、设备部、营销部、国调中心，全面负责公司线损管理工作，明确职责分工。

（1）管理体制。线损管理应坚持统一领导、分级管理、分工负责、协同合作的原则，实现对线损的全过程管理。各级单位要建立健全由分管领导牵头，发展、运检、营销、调控中心、技术支撑单位等有关部门（单位）组成的线损组织管理体系，加强线损管理的组织协调。线损归口管理部门要明确线损管理岗位，配备专职人员，其他部门应有专职或兼职人员负责线损管理有关工作。

公司线损由跨国跨区网损、跨省网损、省网网损、地市网损、县级线损五部分组成。

其中，跨国跨区网损由总部负责管理，跨省网损由分部负责管理，省网网损、地市网损和县级线损构成省公司线损，由省公司负责管理。公司总（分）部负责贯彻国家节能方针、政策和法律法规，制订节能降损管理办法、考核办法等；组织、协调节能降损工作，制订、审批节能降损规划、计划和重大降损措施；监督、检查、考核各级单位的贯彻执行情况。

国网发展部归口线损管理工作，国网设备部负责公司技术线损管理工作，国网营销部负责公司管理线损管理工作，国调中心负责网损管理工作，技术支撑机构负责线损专项研究分析、理论计算、培训等技术支持工作。

各级单位要充分利用现有调度、生产、营销等信息管理系统的数据资源，将电网损耗产生过程的相关信息进行集成，提高输、变、配、用线损率统计精度与效率，透明化线损产生过程，及时发现问题和解决问题，进一步提高线损管理水平。

（2）职责分工。

1）国网发展部是公司线损归口管理部门。负责制订公司线损管理办法、考核办法，建立健全公司线损管理组织体系与指标管理体系；组织编制公司降损规划，开展线损影响因素等专题研究工作；负责公司线损率计划管理，包括编制、下达、调整、统计、执行分析、考核等工作，监督检查各级单位线损管理工作开展情况；负责开展全网负荷实测及理论线损计算工作，编制理论线损计算分析报告；负责公司总部（分部）直调电网发电上网，跨国、跨区、跨省输电以及内部考核关口电能计量点的设置和变更工作；负责审核并批准追退电量，参与关口电能计量系统的设计审查、竣工验收、故障差错调查处理等工作；组织开展线损管理工作培训与经验交流，协调解决线损管理中的问题。

2）国网设备部是公司技术线损管理部门。参与公司线损管理办法、考核办法制订以及降损规划编制工作；负责组织开展技术降损工作，提出技术降损方案并督导实施；负责研究并推广节能新技术、新工艺、新材料与新设备；组织开展技术降损工作检查；组织开展 10（20/6）kV 线损管理，协助国调中心开展直调网损管理；负责无功补偿与调压设备管理；负责变电站（含开关站、换流站、串补站等）站用电管理；协助开展全网负荷实测及理论线损计算工作；参与公司总部（分部）直调电网发电上网、跨国跨区跨省输电以及内部考核关口电能计量点的设置和变更工作；参与关口电能计量系统的设计审查、竣工验收和故障差错处理工作。

3）国网营销部是公司管理线损管理部门。参与公司线损管理办法、考核办法制定以及降损规划编制工作；负责组织开展管理降损工作，提出管理降损方案并督导实施，组织开展管理降损工作检查；负责公司营业抄核收管理、营业普查与反窃电管理、电能计量管理、用户无功管理、办公用电统计等工作；组织开展 0.4kV 与专线用户线损管理；协助开展负荷实测及理论线损计算工作；负责公司总部（分部）直调电网发电上网、跨国跨区跨省输电以及内部考核关口电能计量方案确定、关口电能计量装置验收和故障差错调查处理等工作；参与关口电能计量点的设置和变更工作。

4）国调中心是公司网损管理部门。参与公司线损管理办法、考核办法制定以及降损规划编制；配合开展线损管理检查工作。负责直调电网网损及分元件线损统计、分析与管理，监督指导下级单位网损管理；负责直调电网经济调度、中枢点电压监测和质量管理，开展直调电网变电站及变电站母线、主变压器平衡的统计分析管理工作；配合开展负荷实测及理论线损计算工作，开展直调电网理论线损计算工作，编制理论线损计算分析报告；参与公司总部（分部）直调电网发电上网，跨国、跨区、跨省输电以及内部考核关口电能计量点的设置和变更工作；参与关口电能计量系统的设计审查、竣工验收和故障差错调查处理等工作；组织开展电能量远方终端故障处理；负责组织网损统计与分析所涉及的电网运行基础资料维护。

3.1.1.2.2 现阶段配电网线损管理组织体系问题分析

（1）跨部门协同效率低，职责分工不明确。配电网线损管理工作涉及面广、协调部门多、时间要求紧、工作强度高、工作难度大，需要多职能部门、多专业及多套源端系统间协同配合，现场排查分析和问题定位时也需要运检、营销、计量等多部门协同，经常出现职责分工不明确的问题。目前线损管理模式仍按照各专业负责各自的指标，把精力放在本专业的日常工作上，对需要协同的线损管理工作没有引起重视，对于需要跨专业、跨部门协同的工作，效率较低，闭环时间较长。

（2）组织管理体系不健全。现阶段，我国电力企业在配电网运维管理工作中仍然存在很多问题，究其原因主要是因为管理者未设立明确的管理目标，未细化各项管理内容和考核办法，在实际管理中经常出现"指挥不动"和"指挥不当"的问题，更会对员工的情绪造成一定的影响。

（3）组织管理方式单一。电力企业在配网运维管理中使用的管理方式通常都比较单一，现场人员很难及时检测配电网的运行情况，而管理人员也难以掌握现场实际情况，这样导致许多故障和问题无法及时排查出来，不仅增加了安全隐患，更是对线损管理造成了更大难度。

3.1.1.3 线损管理组织体系未来发展趋势

3.1.1.3.1 多元协同配电网线损管理

多元协同配电网线损管理是线损管理的必然要求。为进一步提升配电网线损管控能效，牢固树立"抓线损就是抓效益"的理念，线损管控多元发展、精准管控、靶向治理，并制订详细的管理措施，打下良好管理基础，实现经营质效双提升。

（1）以工单驱动，实现降损闭环管理。线损管理人员每天在工作群发布配电网同期日线损指标，当日发现问题当日处理，提升线损管控能动性数据分析，增强降损技术支持。

（2）利用信息化手段和技术措施，加强专业工作质量监督。基于线路日损供售电量数据，量化分析 10kV 线路，将异常线路电量数据进行多日对比，精准定位电量异常处，同时加强设备档案运行等数据治理。

（3）现场改造，扎实做好技术降损。对老旧线路进行线路改造，增大导线半径，提升负载能力，有效降低线路设备损耗，为线损管理打下良好设备基础。

3.1.1.3.2 加强培训教育，提升员工的综合技能

在开展配电网运维管理过程中，工作人员非常关键，是落实一切工作的直接参与者，因此，员工的综合技能关系到工作的整体效率和质量，电力企业要加强对员工的培训教育，通过培训学习使全体员工的综合技能得到有效提高。

（1）根据员工的入职时间以及岗位性质等对培训内容进行科学合理的设计。一般而言，员工的工作年限越长，对故障原因的判断越准确，为了进一步提高故障原因的分析效率，要加强对这部分员工培训，充分发挥自身优势。另外，还要对项目负责人进行专业的培训教育，提高他们的专业知识和技术水平。

（2）提前做好人员培训方案。遵守统筹兼顾原则，在开展配电网运维管理过程中，管理者要转变思想，改变传统的"出问题、排查抢修、事后分析"的管理模式，加强对故障问题的预防管理，结合线路规划情况，重点检查容易出现故障的线路设备，并定期进行维护。同时要关注天气情况，恶劣天气前要结合工作地点、时间以及流程等制订科学全面的保护对策，有效降低故障的发生，确保配电网能够正常运行。此外，要进行预备方案，这样可以掌握全局，及时发现并妥善解决管理中存在的问题，还能对管理方式进行改进和创新，使其适应社会的发展。

3.1.1.3.3 更加智能化的线损管理系统

智能电网是电网技术发展的必然趋势。通信、计算机、自动化等技术在电网中得到广泛深入的应用，并与传统电力技术有机融合，极大地提升了电网的智能化水平。

近年来，随着我国经济高速发展，电压等级和电网复杂程度也大大提高。对电网调度自动化系统可靠性、安全性、经济性和可用性提出了越来越高的要求。与此同时，随着国家智能电网战略的实施，对调配自动化集成系统提出了新的应用需求。坚强统一的智能电网需要配电侧具备接入大量分布式电源的能力，支持微电网的并网，实现智能化的调度，因此，传统的电网调配自动化集成系统已经不能满足实际需求，急需应用最新的通信、计算机、网络技术，以统一的硬件和软件平台为基础研发出一套新型的节能降损型电网调配管理系统，集调度、配电网、集控、管理于一体，满足新形势下电网调控一体化的需求，同时还能无缝应用于石化、冶金、港口、轨道交通等其他行业以及风电场、太阳能场等其他清洁能源发电的远程电力监控。研制节能降损型电网调配管理系统必将成为电网科学调度、安全稳定运行的重要保障和手段，成为电力企业实现科学发展的一个重要组成部分。

3.1.2 配电网线损管理指标体系

3.1.2.1 线损管理指标体系的发展历程

1979年5月，电力部发布《线损管理制度（试行）》。在制度中明确提出了线路损失率的概念与指标管理的要求，要求各级电力部门应根据电源和负荷的构成、网络结构的变化、系统运行方式、线损理论计算值和线损率的统计资料，按期编制，下达线损率计划指标和降低线损的措施计划，并组织其实施。要求各级电力部门应对线损率进行月统

计考核工作，按期编送统计报表。当线损率有较大变化时，必须分析查找原因。为使线损分析工作不断深入，送变电系统线损分析应分电压进行，配电系统应分区或分站进行，并逐步做到按线路分析，并规定各电业管理局、省电力局、供电局要每半年进行一次小结，全年进行一次总结，分别报送有关上级，认真总结线损管理经验和降低线损效果，为制订线损管理指标体系打下基础。

1980 年，在第五届全国人民代表大会第三次工作会议上，国务院发表了《关于 1980 和 1981 年国民经济调整的报告》，在报告中指出，电力工业在发电量增长的同时，通过加强管理，改变了多年严重低周波、低电压运行的状况。但这只是初步进展，仍需要增加生产、厉行节约、总结经验，以最少的消耗取得最大的经济效果，改变线损"吃大锅饭"的状况。通过参照《线损管理制度（试行）》并设立试点，来推动和改革线损管理工作。

1981 年，原电力部根据试点单位的经验，参照原颁《线损管理制度（试行）》起草了《线路损失管理条例》，又于年底在重庆线损会上进行了讨论、修改，自 1982 年 6 月 1 日起试行。该条例在分级管理、小指标考核等方面有了很多改进，便于检查与考核线损管理工作，为线损管理的科学性和线损率的可比性提供了经验。电业管理局、省电力局、供电局均应逐级考核根据具体情况建立的与线损管理和线损指标有关的各项小指标。

1982 年，《线路损失管理条例》线损指标见表 3-1。

表 3-1　　　　　　　　　　　　《线路损失管理条例》线损指标

序号	指标名称	指标说明	指标公式
1	降损电量完成率	实际降损电量占计划降损电量的百分数	降损电量完成率＝（实际降损电量/计划降损电量）×100%
2	电能表校前合格率	电能表修调前检验合格只数占电能表实际修调前检验只数的百分数。注：Ⅰ、Ⅱ类电能表为100%，Ⅲ类为98%，Ⅳ类为95%	电能表校前合格率＝（电能表修调前检验合格只数/电能表实际修调前检验只数）×100%
3	电能表校验率	电能表实际现场检验数占按规定周期应检验数的百分数。电能表现场检验率应达100%	电能表校验率＝（电能表实际现场检验数/按规定周期应检验数）×100%
4	电能表调换率	电能表实际轮换数占按规定周期应轮换数的百分数。电能表周期轮换数应达100%	电能表轮换率＝（电能表实际轮换数/按规定周期应轮换数）×100%
5	母线电量不平衡率	变电站母线电量不平衡率是供电企业衡量线损率高低的尺度。通过计算，可判别母线各计量装置的运行是否正常，有利于发现计量差错，减少损失	母线电量不平衡率＝（输入母线电量－输出母线电量）/输入母线电量×100%
6	月末及月末日 24 点抄见电量比重	月末抄表结算售电量占该月整体完成售电量的百分数	月末及月末日 24 点抄见电量比重＝（月末超表结算售电量/该月整体完成售电量）×100%
7	电容器投入率	投入的电容与总电容值之比称为电容器投入率	电容器投入率＝（投入的电容值/总电容值）×100%

序号	指标名称	指标说明	指标公式
8	变电站站用电指标完成率	实际指标完成数占计划指标完成数的比值	变电站站用电指标完成率=(实际完成数/计划完成数)×100%
9	各级电压监视点电压合格率	在电网运行中，一个月内监测点电压在合格范围内的时间总和与月电压检测总时间的百分比	各级电压监视点电压合格率=(一个月内监测点电压在合格范围内的时间总和/月电压检测总时间)×100%

1990 年，能源部发布《电力网电能损耗管理规定》，规定了线损率计划指标的编制是以线损理论计算值和前几年线损率统计值为基础，并根据系统电源分布的变化、负荷增长与用电构成的变化、电网结构的变化、系统运行方式和系统中的潮流分布的变化、基建、改进及降损技术措施工程投运的影响等因素进行校正。对线损率指标采取分级管理、按期考核的管理机制，便于检查和考核线损管理工作。

1990 年，《电力网电能损耗管理规定》更新线损指标见表 3-2。

表 3-2　　　　　　　　　　　《电力网电能损耗管理规定》线损指标

序号	指标名称	指标说明	指标公式
1	营业追补电量	追补的电量以客户正常月用电量为基准，按正常月与故障月的差额补收相应的电量电费，补收时间以抄表记录确定	追补电量=电能表供电电压×电能表标定电流×实际使用时间×每日窃电时间
2	故障率	设备故障指设备在其寿命周期内，由于磨损或操作使用等方面的原因，使设备暂时丧失其规定功能的状况	设备故障率=〔(停机等待时间+维修时间)/计划使用总时间〕×100%
3	高峰负荷时功率因数	功率因数是指交流电路有功功率对视在功率的比值，常用 $\cos\phi$ 表示。用户电气设备在一定电压和功率下，该值越高效益越好，发电设备越能充分利用，在高峰负荷时功率因数应不低于 0.95	
4	低谷负荷时功率因数	功率因数是指交流电路有功功率对视在功率的比值，常用 $\cos\phi$ 表示。用户电气设备在一定电压和功率下，该值越高效益越好，发电设备越能充分利用，在低谷负荷时功率因数应不高于 0.95	
5	月平均功率因数	平均功率因数是指在某一时间内的平均功率因数，也称加权平均功率因数	月平均功率因数=月有功电量/〔(月有功电量^2+月无功电量^2)开平方〕

2002 年 2 月 10 日，国务院发布了《电力体制改革方案》，方案中表示国家电力公司被拆分为国家电网公司、南方电网公司和五大发电集团、四大辅业集团，实现厂网分开，引入竞争机制。同年，为适应电力企业走向市场的需要及商业化运营要求，加强国家电力公司及各单位的线损管理，国家电力公司制定了《国家电力公司电力网电能损耗管理规定》，提出对线损指标管理的要求，将线损率指标实行分级管理，国家电力公司向有关分公司、各电力集团公司、各省（自治区、直辖市）电力公司下达年度线报率计划指标，

各有关分公司、各电力集团公司、各省（自治区、直辖市）电力公司要分解下达、确保完成。

2002 年，《国家电力公司电力网电能损耗管理规定》更新线损指标见表 3-3。

表 3-3 《国家电力公司电力网电能损耗管理规定》线损指标

序号	指标名称	指标说明	指标公式
1	母线电量不平衡率	变电站母线电量不平衡率是供电企业衡量线损率高低的尺度。通过计算，可判别母线各计量装置的运行是否正常，有利于发现计量差错，减少损失	母线电量不平衡率＝（输入母线电量－输出母线电量)/输入母线电量×100％
2	月末及月末日24点抄见电量比重	月末抄表结算售电量占该月整体完成售电量的百分数	月末及月末日24点抄见电量比重＝月末超表结算售电量/该月整体完成售电量×100％
3	高峰负荷时功率因数	功率因数是指交流电路有功功率对视在功率的比值，常用 $\cos\phi$ 表示。用户电气设备在一定电压和功率下，该值越高效益越好，发电设备越能充分利用，在高峰负荷时功率因数应不低于 0.95	
4	低谷负荷时功率因数	功率因数是指交流电路有功功率对视在功率的比值，常用 $\cos\phi$ 表示。用户电气设备在一定电压和功率下，该值越高效益越好，发电设备越能充分利用，在低谷负荷时功率因数不高于 0.95	
5	各级电压监视点电压合格率	在电网运行中，一个月内监测点电压在合格范围内的时间总和与月电压检测总时间的百分比	各级电压监测点电压合格率＝一个月内监测点电压在合格范围内的时间总和/月电压检测总时间×100％
6	10kV以下电网综合线损率及有损线损率	综合线损率指一个区域内总的线损。综合线损率是衡量供电单位管理水平的一项重要指标。10kV 为 10％	综合线损率＝（总供电量－售电量)/总供电量×100％
7	10kV以下电网有损线损率	有损线损率是指损失电量与有损供电量比值的百分率	有损线损率＝（总供电量－售电量)/（总供电量－无损电量)×100％

2003 年，国家电网公司制订了《农村电力网电能损耗管理办法》（国农电网公司〔2003〕358 号）。《农村电力网电能损耗管理办法》对农网的指标管理做出了明确的规定，要求农网线损率指标实行分级管理、逐级分解下达年度线损率计划指标的模式，确保全年度计划指标的完成。农网线损率按月、季及年度进行统计考核，并对全网线损率、高压线损率、低压线损率做出定义。

2003 年，《农村电力网电能损耗管理办法》更新线损指标见表 3-4。

表 3-4 《农村电力网电能损耗管理办法》线损指标

序号	指标名称	指标说明	指标公式
1	抄见差错率	差错户数与实抄户数之比的百分数	抄见差错率＝（抄见电量差错表数/应抄电能表数)×100％

序号	指标名称	指标说明	指标公式
2	电容器可用率	运行时间与故障时间，维修时间及运行时间总和之比	可用率=运行时间/(运行时间＋停用时间)
3	变电站站用电率	变电站本身不发电，受进电量减去变电站自用电量（还有损耗）就是转运（送出）电量。变电站自用电量除以转运电量就是站用电率	变电站站用电率＝变电站自用电量/转运电量
4	三相负荷不平衡率	是指在电力系统中三相电流（或电压）幅值不一致且幅值差超过规定范围，是电力系统电能质量的主要指标之一，国家规定的配线三相负荷不平衡率的标准是不大于15%	三相负荷不平衡率＝(最大相相负荷一最小项相负荷)/最大项相负荷×100%

2015年12月，国家电网公司明确全面实行同期线损管理，分三个阶段稳步实施。

第一阶段：2016年，全面部署同期系统，开展同期系统基础应用。要求国网系统27家省电力公司，31家大型供电企业线损系统全部上线。

第二阶段：2017年，深化应用同期系统，逐步推进"四分"同期管理。要求第一批15家省电力公司、31家大型供电企业全面实现线损"四分"管理。

第三阶段：2018年，总结经验完善提升，全面实现同期管理。要求第二批12家省电力公司全面实现"四分"管理。

2020年，国家电网公司设备部发布了《国网设备部关于做好2020年10kV同期分线线损管理的通知》，总体目标为：每月负损线路控制0.5%以内，高损线路数量二季度下降15%、三季度下降40%、年底下降50%。

各单位高损线路治理目标为：高损线路占10%以上的单位，二季度高损线路数量下降18%、三季度下降48%、年底下降60%；占比5%～10%的单位，二季度高损线路数量下降12%、三季度下降32%、年底下降40%；占比5%以内的单位，二季度高损线路数量下降9%、三季度下降24%、年底下降30%。

此后电网公司每年均依据实际情况调整线损管理指标。

3.1.2.2 线损管理指标体系的现状及问题分析

对于供电企业来讲，线损率直接决定着一个企业的能源耗费管理水平，对于电网企业的长远发展也是一项非常重要的管理工作。只有做好线损管理工作，才能促进电网企业可持续发展。

以国家电网有限公司线损管理指标体系为例，围绕"补短板、提管理、控效益"的工作思路，深入研究同期线损指标，着重分析落后指标失分原因，做到问题同步整改、指标同步提升；抓好技术、管理降损，结合同期线损监控，从降损闭环管理、计量采集异常排查、档案梳理等多方面开展排查治理。

3.1.2.2.1 配电网线损指标分级管理

线损管理过程应遵守"统一领导、归口管理、分级负责、监督完善"的原则。线损指标管理实行分级管理，国家电网有限公司负责制订年度线损率计划指标，各级电网公司将此计划指标分解下达到各省公司、地市供电局、区县/基层供电所，保证各供电公司按照省电力公司的统一部署，完成本公司降损增效任务。

3.1.2.2.2 配电网同期线损管理指标体系

（1）同期线损分析方法。线损是指电能从发电端到用电端的过程中，根据实际的电网结构，会流经输电、变电、配电各个环节的各种设备。一方面由于设备存在电阻导致电能在流经这些设备之后就会产生相应的电能损耗，并以热能的方式辐射到周围的介质中；另一方面由于管理存在问题也会导致电能损失。

线损是一个综合性指标，涉及电力规划、设计、基建、更新改造、运行维护、检修、计量、管理等各个方面，影响线损变化的因素也非常多。它主要由电网结构、电网运行方式和技术装备等因素来决定。影响线损的直接技术因素是线路的长短、导线的截面积和导线材料。

（2）同期线损管理指标体系策略。

1）同期线损管理指标体系构建目标。电网公司在不同时期设立的不同计划指标以及管理对标指标，以指标为引领、推动工作为目的，来实现指标设置、指标管控、指标监控的工作目标。同期线损指标体系采用深度融合的理念，通过将同期线损管理系统融入其中，从日常业务、数据质量和线损应用三个方面来掌控同期线损指标，快速发现管理工作中存在的问题，并且能够做到指标体系全覆盖，熟练掌握电量管理、线损管理以及规划计划业务，最终实现同期线损全过程的闭环管理。

2）同期线损管理指标体系机构的设置。根据供电公司各部门线损管理现状，开展同期线损管理指标体系机构的建设。同期线损管理工作在开展过程中，需要在公司内部建立线损领导小组和线损工作小组。领导小组要由企业主管领导担任组长，成员为各分公司领导以及下属部门主任，主要负责同期线损工作当中的监督、检查工作，促使线损闭环管理工作落实、落地。同期线损工作小组的组长要由主管部门主任担任，相关部门和专业的专工为组员，主要负责公司内部对于线损管理所提出的各种工作要求、计划、工作项目、管理内容等。

3）同期线损管理指标体系。同期线损指标设定要在传统指标体系上进行完善和改革，同期线损率统计比较依赖于现场的设备状况、系统的工作水平，只有在各种硬件和软件条件都比较成熟完善的前提下，同期线损率才能对于线损指标合理设定有帮助。因此在设定指标体系的工作中，需要对传统方式进行适当改革。根据指标所处的不同时期内容进行适当调整，才能促进同期线损管理工作能够在各个时期都能实现工作质量的提升。在初期的指标管理过程中，就需要对同期线损指标进行全面贯彻和落实。

（3）"四分"指标与闭环管理相结合。配电网降损体系管理中也提及"四分"管理（分区、分压、分线、分台区）为重点，与国网"同期线损 2.0 系统"新增降损闭环管理模块相结合，多维度汇总明细数据，用超链接精准定位明细数据并实时推送，从流程上实现从异常数据发布、核实确认、治理最终到流程归档的降损管理。按照先管理、后工程的原则，首先通过管理措施和技术措施解决电压失压、功率因数低、三相不平衡等问题，通过储备工程项目解决供电半径长、线径细、线路绝缘低、负荷分布不均匀等问题，通过解决实际问题实现节能降损的目标，提升线路设备经济运行率。

1）监测治理闭环指标见表 3-5。

表 3-5 　　　　　　　　　　　　　　　　　监测治理闭环指标表

指标	部门	权重	指标公式	说明
监测治理闭环	设备营销	8	异常设备如期核实率＝已完成核实且核实期限在当月的设备数量/当月需核实数	（1）持续高损异常。设备日线损率大于 10％且存在天数不小于 5 天为持续高损。 （2）持续负损异常。设备日线损率小于−1‰且存在天数不小于 5 天为持续高损。 （3）线路线损波动异常—风险告警。当日线损率较前一日超 1.5 倍标准差或较中位数超 1 倍标准差且当日存在失压断相。 （4）台区线损波动异常—风险告警。当日线损率较前一日超 1.5 倍标准差或较中位数超 1 倍标准差且当日存在反向电量或营配异常。 （5）当月需核实数＝异常发布清单中核实期限为当月需核实的明细合计数＋历史未核实结转至当月数
	设备营销	8	异常设备如期治理率＝已完成治理且治理期限在当月的设备数量/当月需治理数	（1）治理期限请参照《线损治理期限清单》。 （2）当月需治理数＝异常发布清单中治理期限为当月需治理的明细合计数＋历史未治理结转至当月数

2）分区线损监测指标见表 3-6。

表 3-6 　　　　　　　　　　　　　　　　　分 区 线 损 指 标 表

名称	建议部门	权重	指标公式	说明
分压月线损监测	发展	4	分区月线损监测完成情况＝市供电公司分区月线损完成情况＋县供电公司分区月线损完成情况	（1）统计报表值采用 10 号报表值。 （2）若上年完成值、基准值≤1％，允许偏差值取 0.2（0.12）％。 （3）若｜同期月度线损−基准值｜大于 min（12％×基准值，0.5％），则分区月线损异常。 （4）若分区｜同期月供电量−统计报表供电量−电铁上网电量｜/统计报表供电量＞10％，则分区月线损异常。 （5）若｜市/县公司分区同期损失电量−∑（市/县公司各电压等级损失电量）｜/市/县公司分区同期损失电量＞0.1％，则分区模型异常

3）分压线损监测指标见表 3-7。

4）分线线损监测指标见表 3-8。

5）分台区监测指标见表 3-9。

表 3-7   分 压 线 损 指 标 表

指标名称	建议部门	权重	指标公式	说明
分压月线损监测	调度	4	35kV 及以上分压月线损监测完成情况＝市供电公司分压月线损完成情况＋县供电公司压区月线损完成情况。 10、400V 分压月线损监测完成情况＝市供电公司分压月线损完成情况＋县供电公司分压月线损完成情况	（1）35kV 及以上分压线损达标。｜同期月线损－理论线损率｜≤min（40%×理论线损，0.5%）且｜同期月线损－统计报表值｜≤0.15。 （2）10kV 分压线损达标。月线损∈[0～5%]，｜线损率－基准值｜≤A%，市 A=1.2，县 A=2。 （3）400V 分压线损达标：月线损∈[0～6%]，｜线损率－基准值｜≤A%，市 A=1.2，县 A=2。 （4）若计划值<1%，允许偏差值取 0.15%；若理论线损值≤0.5%，允许偏差值取 0.2%。 （5）若分压｜同期月供电量－统计报表供电量－X｜/统计报表供电量>1%，则分压月线损异常
	设备	2		
	营销	2		

表 3-8   分 线 线 损 指 标 表

指标分类	建议部门	权重	指标公式	说明
配电网线路监测	设备	1	10kV 线路高损下降率	10kV 线路高损下降率＝(21 年同月高损数量－各单位本月高损数量)/21 年同月高损数量。 高损定义：月线损率≥6%且月损失电量≥5000kW·h
	设备	4	10kV 线路线损达标率	10kV 线路线损达标率－(10kV 线路月线损达标数量＋∑10kV 线路日线损达标数量)/(10kV 线路月度档案数＋∑10kV 线路日档案数)。 达标定义：月线损率∈[0%，6%]，日线损率∈[0%，10%]
	设备	1	负损下降率	负损下降率＝(21 年同月负损数量－各单位本月负损数量)/21 年同月负损数量。 负损定义：月线损率≤-1%

表 3-9   分 台 区 线 损 指 标 表

指标分类	建议部门	权重	指标公式	说明
配电变压器台区监测	营销	1	配电变压器高损下降率	配电变压器高损下降率＝(21 年同月高损数量－各单位本月高损数量)/21 年同月高损数量。 高损定义：月线损≥7%且月度损失电量≥500kW·h
	营销	4	配电变压器线损达标率	配电变压器线损达标率＝(台区月线损达标数量＋∑台区日线损达标数量)/(台区月档案数＋∑台区日档案数量)。 达标定义：月线损∈[0%，7%]，日线损∈[0%，10%]
	营销	1	负损下降率	负损下降率＝(21 年同月负损数量－各单位本月负损数量)/21 年同月负损数量。 台区负损：同时满足①月线损率≤-1%；②月供电量大于 300kW·h 或月售电量大于 450kW·h；③月损失电量小于－90kW·h

6）理论线损监测管理见表 3-10。

表 3-10 理论线损监测管理表

指标名称	建议部门	权重	指标公式	说明
配电线路理论线损监测	设备	2	设备可算率＝可算设备/设备总数，分别统计主网设备、10kV 线路、典型台区设备、理论线损可算率	理论线损可算：要求各设备元件参数、拓扑关系、运行数据、模型完整
台区理论线损监测	营销	2		
理论线损电量偏差监测	调度	2	电量偏差异常率＝异常设备数/设备总数，分别统计主网设备、10kV 线路、典型台区设备电量偏差异常率。电量偏差异常：（同期日供电量－理论计算供电量）/理论计算供电量｜≥20%或理论线损不可算设备为偏差异常	（1）10kV 线路同期线损日白名单同时纳入电量偏差白名单管理。（2）输电线路：T 接线路任意一段线段满足供电量偏差要求，则偏差合理；同期供电量小于 400MW·h（330kV 及以上）/100MW·h（220kV）/30MW·h（66～110kV）/10MW·h（35kV）的输电线路纳入电量偏差白名单管理
	设备	2		
	营销	2		

7）一致性监测指标见表 3-11。

表 3-11 一致性监测指标表

指标分类	建议部门	权重	指标名称	指标计算规则说明
一致性监测	调度	1	设备档案一致率	设备档案一致率＝当月同期系统与源端系统设备档案数一致的天数/当月天数。说明：设备档案含公用变电站、公用配电变压器、10kV 线路、高压用户
	设备	1		
	营销	1		
	调度	1	同期电量异常率	同期电量异常率＝当月同期电量计算异常天数/当月天数。定义：售电量无异常：每日 $T-1$ 低压分行业电量、高压用户表底数据完整上传，无异常偏差
	设备	1		
	营销	1		

针对线损指标考核奖惩方面，《电力网电能损耗管理规定》（能源节能〔1990〕1149号）规定，根据《中华人民共和国节约能源法》和财政部、国家电网公司的有关规定，各电网经营企业要建立与电力市场运营机制相适应的线损奖励制度并制订相应的奖励措施。加大线损考核管理力度，激励广大职工降损积极性、挖掘节电潜力、提高企业效益。国家电网公司、各区域电网有限公司、省（自治区、直辖市）电力公司应对节能降损工作中有突出贡献的单位和个人进行表彰、奖励；对完不成线损指标计划、虚报指标、弄虚作假的单位和个人，要给予处罚，并通报批评。

《国家电网公司线损管理办法》［国网（发展/3）476—2014］指出，各级单位应建立线损指标"四分"管理考核体系，按照分级管理的原则，分解下达指标考核目标，每年进行检查考核，各级单位应建立健全线损奖励机制，对节能降损工作中有突出贡献的单位和个人进行表彰和奖励，严禁在线损指标统计上弄虚作假，人为调整统计数据，一经查实，在要求整改的同时将给予处罚，并通报批评。

3.1.2.3 线损管理指标体系未来发展趋势

3.1.2.3.1 大数据智能化线损管控

在"数字中国"的战略引领下，电网企业在智能电网基础上，陆续确定了下一阶段的战略规划，如国家电网"能源互联网"战略、南方电网"数字电网"战略。新阶段的战略规划都强调了数据作为电网企业生产要素、核心资产的重要性，也为电力信息化行业未来若干年的发展明确了方向：在技术上，深化前沿信息技术与电力业务的融合，建设标准模型统一、开放可共享、灵活可演进的统一平台，通过为电网企业提供强大的数据采集能力、超强的数据计算分析能力、协助其建设以数据驱动业务的能力，支持电网企业数字化转型；在业务上，则是以提供"数字技术与业务、管理深度融合"的综合性解决方案，辅助电网企业提升运营管理效率、改善多元化客户用电体验、整合能源产业价值链、引领能源生态系统的协同，实现电力数据产业化，从而进一步推进线损管理信息化进程。

通过利用采集的大数据一体化信息平台，达到用户集抄全覆盖后，实现对高低压用户的同步抄表，减少人为波动，保证线损统计数据的准确，实现网损、高压线损和低压线损的自动计算和在线监测。同时依托采集到的配电网大数据研究与应用专家系统、模糊决策、神经网络等新技术相结合，通过这些新技术来分析配电网的运行状态，不仅可为电网调度管理人员提供电网各种实时的信息（包括线损率、频率、发电机功率、线路功率、母线电压等），还可根据配电系统的实时数据结合相应的数学分析方法，例如灰色关联分析法，定量分析频率、功率、母线电压等电气指标与配电网线损的关联性，挖掘出海量数据与电网线损之间的关系，利用人工智能算法强大的自学能力、推广能力以及非线性处理能力自动建立配电网线损预测模型，通过扩大神经网络的权值搜索空间，提高网络系统的学习效率和精度，进而高效、精准地预测出配电网线损，辅助管理人员制订配电网线损指标或计算配电网线损率，提高了工作效率和线损全过程智能化管控水平。

3.1.2.3.2 数字孪生的配电网业务应用

随着电力系统计算机模型的深入研究，计算机模型越来越能够逼近推演出电网运行的实际情况，利用这些新技术模拟和反演电网的各种运行状态将更加科学。在这种背景下，数字孪生技术应运而生，数字孪生（digital twin，DT）是一个多学科、多物理量、多尺度、多概率集成的仿真过程，兼容了当前热门的智能传感器、5G 通信、云平台、大数据分析和人工智能等技术，通过充分挖掘发挥海量数据资源所带来的福利，在数字空间设计虚体模型并建立数字虚体与物理实体的映射关系进而"镜像"实体。通过数字孪生技术开展设备线损典型画像研究。依据各单位档案、电量、模型等关键特征，动态跟踪持续高损、间接性高损和重损线路、台区，设计设备线损特征标签库，构建物理高损、管理高损等智能判断模型，实现关键数据全景化展示。配合网络云技术和边缘计算技术对配电线路进行实时的监控分析，深度挖掘线损问题出现的原因，甄别技术降损重点与管理薄弱环节，同时结合理论线损计算方法，制订配电网线损指标管理标准，并且进一步细化指标，通过关键数据的全景化展示与人工智能等技术分析和监视找出损失异常的设备和电量流失位置，指导基层人员精准治损，使配电网达到经济运行状态。

3.1.2.3.3 数据赋能的配电系统精益化管理

数据赋能就是利用数据实现更高水平、更高效率的业务能力。数据赋能的配用电系统精益化管理不是要代替原有的业务，而是在原有业务的基础上利用数据助力精益化管理。数据赋能就是借用大数据、态势感知来处理电力系统被实时采集并汇总的运行数据，检测、辨识及清洗配电系统中获得且含有的噪声数据、空数据、坏数据，利用人工智能（改进粒子群算法和模糊 C 均值聚类分析法等）进行训练和学习，然后进行状态估计从而获得相应的"熟数据"。利用互联网技术构建人机友好的调度监视界面，展现电力系统的态势变化提高电力系统的"可见性"，提出适用于动态风险预测的相关指标及算法，构建包括风电、光伏等可再生能源的综合出力模型，结合大数据技术预测电力系统的风险水平，从而更好地进行电力系统发展趋势预测，为管理人员制订线损指标和管理决策做支撑，辅助管理人员精益化管理配用电系统。

3.2 配电网设备管理降损研究

3.2.1 设备管理发展历史及现状

设备管理是实现配电网降损的重要部分，加强配电网的设备管理对供电企业达到降损目标、提高经济效益起着举足轻重的作用。配电网设备管理主要包括节能设备管理、电能质量管理、有序用电管理以及新能源建设管理。

3.2.1.1 节能设备管理

早在 1978 年我国就对环境保护做出法律规定，在第五次人民代表大会通过了《中华人民共和国宪法》，以根本大法形式提出："国家保护环境和自然资源，防治污染和其他公害。"的规定，为以后的《中华人民共和国环境保护法》和《中华人民共和国节约能源法》提供了立法依据。

1983 年 8 月，由国家经济委员会颁布执行的《全国供用电规则》中要求供电部门分析电能使用的经济效果，电耗升降的原因，检查节约用电措施的执行情况，找出节电潜力，总结经验，提高用电管理水平。

1986 年 1 月，国务院发布的《节约能源管理暂行条例》中提到要对能源实行开发和节约并重的方针，合理利用能源，降低能源消耗。该条例对企业的节能水平制定了综合性的考核标准，推进了节能管理法规的体系建设。

1995 年 12 月，人民代表大会常务委员会第七次会议审议通过的《中华人民共和国电力法》，对电力供应和使用上要求实行安全用电、节约用电、计划用电的管理原则，从法规层面对节约用电提出要求。为推动节能技术进步，提高需求侧能源利用效率，促进节约能源和优化用能结构推动全社会节约能源，促进经济社会全面协调可持续发展。

1996 年，国家计划委员会、国家经济贸易委员会和国家科学技术委员会联合印发《中国节能技术政策大纲》，大纲以我国目前的产业技术为依据，细化了节能领域的技术内容，阐明今后的节能目标、水平和途径。

1997 年，我国制定了《中华人民共和国节约能源法》，从法律层面把节约能源明确为基本国策，为电力需求侧管理的开展创造了很好的法律环境。

2000 年，国家经济贸易委员会和国家计划委员会联合印发了《节约用电管理办法》，提出电力企业要对终端用户进行负荷管理，推行可中断负荷方式和直接负荷控制，以充分利用电力系统的低谷能。该办法对提高终端用电效率和优化用电方式具有很大作用。

2007 年 7 月，最新修订的《中华人民共和国节约能源法》中要求有关部门要建立健全能源统计制度，按照合理用能的原则，加强用电节能管理，制定并实施节能计划和节能技术措施，降低能源消耗。

2010 年 11 月，国家发展改革委、国家电监会等六部委联合印发《电力需求侧管理办法》，确定了电力需求侧管理即提高电力资源利用效率，改进用电方式，实现科学用电、节约用电、有序用电所开展的相关活动。

2021 年，国务院签发了《关于完整准确全面贯彻新发展理念做好碳达峰碳中和工作的意见》《"十四五"节能减排综合工作方案》，提出要加快推进经济社会发展全面绿色转型，助力实现碳达峰、碳中和，构建以新能源为主体的新型电力系统，提高电网对高比例可再生能源的消纳和调控能力，大幅提升能源利用效率。在 2021 版的《电力网电能损耗管理规定》中提到各级电力部门要改善电网结构，实现电网经济运行，研究改革线损管理制度，努力降低电网电能损耗。

3.2.1.2　电能质量管理

电力系统必须时刻保持发电与用电的平衡，需要统一的质量标准和统一的运行管理，应能满足用户对用电量的连续、实时、随机以及质量的要求。一般而言，影响电力系统电能质量较为严重的因素有两个方面：①电力系统规划不合理引起，这方面可以从电网规划方面加以避免或改造；②用户用电过程中所引起的，这就需要通过用电管理手段来解决，也就是电力需求侧管理。电能质量主要包括：电压质量、不平衡、谐波、功率因数等多个方面。

1. 功率因数管理标准

用户功率因数的高低对发、供、用电设备的充分利用、节约电能和改善电压质量有着重要影响。功率因数低，说明设备的利用率降低，线路供电损失增加。所以，国家及有关部门对功率因数的管理出台了一系列的政策规定。

最早在 20 世纪 50 年代国家实行的《力率调整电费办法》，设定了不同用电等级的功率因数标准。其中 160kVA 以上的高压供电工业用户和 100kVA（kW）及以上的工业用

87

户功率因数标准分别为 0.90 和 0.85，100kVA（kW）及以上的农业用户和趸售用户功率因数标准为 0.80。并对高于或低于规定的用户按照不同的电费标准进行收费，由此减少因用电功率因数下降给电网带来的损耗影响。

1982 年 6 月 1 日，水利电力部颁发了《线路损失管理条例》，提出加强对用户无功电力的管理，提高用户无功补偿设备的补偿效果，帮助督促各用户按照《全国供用电规则》和颁布《电力系统电压和无功电力管理条例》的规定提高功率因数，有效减少了无功电力对电网稳定运行和线路损失带来的影响。

1987 年，国家修订《功率因数调整电费办法》，根据电网的具体情况，对不同功率因数标准的电费政策进行了进一步的调整。对不需增设补偿设备，或电压质量较好、用电功率因数能达到规定标准的用户可降低功率因数标准或不实行功率因数调整电费办法。

1988 年，能源部按《功率因数调整电费办法》的有关规定编订了《电力系统电压和无功电力管理条例》，进一步加强电压和无功电力的管理，切实改善电网电压和用户端受电电压。实行功率因数考核和电费调整，要求各级电力部门和电力用户都要按无功电力分层分区和就地平衡的原则，改善电能质量。

1990 年，电力部积极响应国家政策并结合各级电力部门的意见，编订《电力网电能损耗管理规定》，其中关于用电管理方面指出提高用户无功补偿设备补偿效果的降损措施计划，进一步加强了对用户无功设备的管理。

1996 年 4 月 17 日，国务院发布了《电力供应与使用条例》指出供电企业对用户应当采用先进技术、采取科学管理措施，降低电能损耗。同年 10 月电力工业部根据《电力供应与使用条例》和国家有关规定公布并实施了《供电营业规则》，提到不仅要提高用户用电自然功率因数，还要保证无功补偿设备能随其负荷和电压变动及时投入或切除，有效做到节能降损。

2007 年 10 月，第十届人民代表大会《中华人民共和国节约能源法（修订）》，其中提到要加强用户需求侧管理，实行峰谷分时电价、季节性电价、可中断负荷电价制度，鼓励电力用户合理调整用电负荷，以减少用电侧的电能损耗。

2. 其他电能质量管理管理标准

国家技术监督局依照国际电工委员会的 IEC 标准，参考我国国情在 1990～1995 年间陆续制定并颁布电压质量系列标准：《电压质量 供电电压允许偏差》（GB 12325—1990）、《电压质量 电压允许波动和闪变》（GB 12326—1990）、《电压质量 公用电网谐波》（GB/T 14549—1993）、《标准电压》（GB 156—1993）、《电压质量 三相电压允许不平衡度》（GB/T 15543—1995）、《电压质量 电力系统频率允许偏差》（GB/T 15945—1995）。电压质量标准对供电提出明确标准，有效保证用户侧电能质量状态良好。

随着电力系统中非线性、冲击性、非对称性以及敏感性负荷的不断增长，为指导电力系统和用户的电能质量控制工作。2008 年 6 月 18 日由中华人民共和国国家质量监督检验检疫总局和中国国家标准化管理委员会联合发布的《电压质量 供电电压偏差》（GB/T

12325—2008)、《电压质量 电力系统频率偏差》(GB/T 15945—2008)、《电能质量 三相电压不平衡度》(GB/T 15543—2008)、《电压质量 电压波动和闪变》(GB/T 12326—2008),以及 2009 年发布的《电能质量 公用电网谐波》(GB/T 24337—2009),对电能质量标准内容进行修订。随后国家和能源局陆续发布《电能质量技术管理规定》(DL/T 1198—2013),《电能质量技术监督规程》(DL/T 1053—2017),《电能质量规划总则》(GB/T 40597—2021)等电能质量标准,对各级发电、电网企业和电力用户电能质量做出规范。

3.2.1.3 有序用电管理

随着 20 世纪 90 年代电力需求侧管理引入国内,国家有关政府部门及部分省级政府陆续出台了多个关于有序用电管理的政策,对保障社会用电秩序,促进配电网能量降损发挥了积极的作用。

1995 年,发布的《中华人民共和国电力法》中国家对电力供应和使用,实行安全用电、节约用电、计划用电的管理原则。

1996 年 4 月,国务院颁布的《电力供应与使用条例》中提到加强电力供应与使用的管理,保障供电、用电双方的合法权益,维护供电、用电秩序,安全、经济、合理地供电和用电。

2010 年 11 月,国家发展改革委、国家电监会等六部委联合印发《电力需求侧管理办法》,确定了电力需求侧管理即提高电力资源利用效率,改进用电方式,实现科学用电、节约用电、有序用电所开展的相关活动。

2011 年 4 月,国家发展改革委印发《有序用电管理办法》,按照电力或电量缺口占当期最大用电需求比例的不同,划分四个等级的预警信号。并且各级电力运行主管部门应按照先错峰、后避峰、再限电、最后拉闸的顺序进行有序用电,不得在有序用电方案中滥用限电、拉闸措施,影响正常的社会生产生活秩序。

2012 年 6 月 1 日,国家发展改革委经济运行调节局会同国家电网公司、南方电网公司组织编写了《有序用电工作指南》,主要内容包括有序用电工作基础管理、方案编制和演练、方案实施、监督检查、发布管理、保障措施等。

2014 年,国家电网公司制订了《国家电网公司有序用电管理办法》,对有序用电的方案、管理、考核进行了详细的规定。

2022 年,为了安全迎峰度夏,不再出现"拉闸限电"等严重影响社会正常生产生活的情况,全国 28 个省发布有序用电方案。切实发挥好电网资源配置平台和需求侧资源灵活调节的作用。

3.2.1.4 新能源建设管理

新能源行业在节约能源,促进社会经济可持续发展方面发挥了重要作用。国家对新能源行业的支持政策经历了从"加快技术进步和机制创新"到"因地制宜,多元发展"再到"加快壮大新能源产业成为新的发展方向"的变化。

2008 年 3 月，国家发展改革委发布《可再生能源发展"十一五"规划》，提倡新能源大范围的开发利用，提高可再生能源的构成比重。

2015 年 7 月 13 日，国家能源局以国能新能〔2015〕265 号印发《关于推进新能源微电网示范项目建设的指导意见》，包括充分认识新能源微电网建设的重要意义、示范项目建设目的和原则、建设内容及有关要求、组织实施四部分。加快推进新能源微电网示范工程建设，探索适应新能源发展的微电网技术及运营管理体制。

2016 年 7 月 2 日，第二十届人民代表大会修订的《中华人民共和国节约能源法》，国家鼓励、支持开发和利用新能源、可再生能源，推广生物质能、太阳能和风能等可再生能源利用技术。

2017 年 7 月 19 日，国家能源局发布《可再生能源发展"十三五"规划》实施的指导意见，强调实现可再生能源转型及应对气候变化目标的重大战略举措。为扎实推动能源生产和消费革命，推进电力供给侧结构性改革，构建高效智能的电力系统，提高电力系统的调节能力及运行效率。

2018 年 3 月 23 日，国家发展改革委、国家能源局发布《关于提升电力系统调节能力的指导意见》，提出要加快新能源技术的研发，开展在风电、光伏发电项目配套建设储能设施的试点工作。

2019 年 1 月 10 日，国家发展改革委、国家能源局发布《关于积极推进风电、光伏发电无补贴平价上网有关工作的通知》，优先建设风光平价上网项目，严格落实平价上网项目的电力送出和消纳条件。

2020 年 12 月 21 日，国务院发布《新时代的中国新能源发展》白皮书，实施光伏发电领跑者计划，统筹光伏发电的布局与市场消纳。

"十四五"时期，根据 2022 年 5 月 30 日国家发展改革委、国家能源局发布《关于促进新时代新能源高质量发展的实施方案》提出坚持统筹新能源开发和利用，坚持分布式和集中式并举，突出模式和制度创新，推动全民参与和共享发展。旨在锚定到 2030 年我国风电、太阳能发电总装机容量达到 12 亿 kW 以上的目标，加快构建清洁低碳、安全高效的能源体系。

3.2.2 配电网用电管理影响线损问题分析

3.2.2.1 用户侧电压质量问题

3.2.2.1.1 电网建设与用电需求不匹配

随着经济发展，城市用电需求量不断攀升，其增幅明显大于城市电力设施建设速度，电力设施的建设资金缺乏，使得电网改造速度不能匹配现有需求，无法满足电力建设先行性的要求。若供电侧产生电压偏差和频率偏差将会对照明设备、家用电器、电动机、变压器、并联电容器的运行带来一系列的危害，增加设备和线路损耗，偏差过大甚至会造成电力系统的崩溃。另外，中低压配置网架结构薄弱、线路老化、线路过载和三相负荷不平衡状况时有发生，不仅加大线路损耗，而且会给电力系统带来安全隐患。

3.2.2.1.2　分布式电源的高渗透率

由于分布式电源和非线性波动性负荷的种类复杂多样，特别是风电、光伏发电输出功率的波动性、随机性、间歇性特点，常常导致配电网内电源与负荷之间功率难以平衡；另外由于电力电子设备大量使用，如并网逆变器、固态开关、电动汽车充电装置等，导致配电网中的多种电能质量问题（电压与电流谐波、电压暂降、电压突升、电压短时中断、电压波动与闪变、电压与电流不平衡分量、谐振等）更为复杂且突出。对多种电压质量、电流质量并存的复杂电能质量问题，迫切需要一种电能质量的综合治理技术。

3.2.2.1.3　用电设备不规范

大工业企业大量使用感性用电设备，设备在运行中吸收大量无功功率，无形中增加了电网损耗。同时由于之前的电网布局不合理，电力基础设施老化，比如大风、雷雨及酸雨的腐蚀造成电力线路元件老化。用电设备的老旧以及使用不规范会产生功率因数、谐波、三相不平衡、电压波动与闪变等方面的影响，这些现象会降低电能质量，增加设备和线路损耗，严重时会造成设备损坏和电网事故。并且当前的计量、测量装置未能对用户用电出现的谐波、三相不平衡、电压波动与闪变数据进行有效检测，供电企业也未实施定量考核，给目前的现代化管理增加了难度。

通过对用户计量装置进行升级改造，使其能够在采集用户电气量数据的同时，监视用户的谐波数据、不平衡数据、电压波动数据和闪变情况，丰富数据采集系统及分析系统，使用户数据能够直观反馈至供电公司数据平台；通过国家发展改革委、国家电网公司和南方电网公司共同制订对用户电能质量考核及接入允许标准，完善用户用电的考核机制；通过主动配电网技术灵活改变拓扑结构，"主动"对分布式能源的性能进行分析和预测，消除分布式能源对配电网产生的影响，实现分布式能源的高效率利用。

3.2.2.2　有序用电管理实施问题

3.2.2.2.1　电量供应无法满足需求

各地区之间的用电需求量也随着城市经济发展发生了变化。有些经济较发达的地区，工业发展较快，而配电网络无法满足当地的电力需求，造成各地电力资源分配不均，配电网络压力过大，致使网络损耗的增加。

2021年，作为疫情后的复苏之年和"十四五"规划开局之年，有的地方和企业"抢头彩"心切，借碳达峰，在排放上"冲高峰"，盲目上马"两高"项目，甚至未批先建，上半年全国四大高耗能行业用电量同比增长13.7%，半数省份未达到目标能耗控制进度，其中9个不降反升。2021年下半年为应对全球激增的制造业订单，国内用电需求有所增长，一些高耗能产业集中投产，电力需求比上年同期增长10%～15%。用电需求量的大幅增长，导致发电企业电量供应不足，多地不能有效实施有序用电方案，出现了"拉闸限电"现象，有的严重地区出现企业"开二停五"，甚至"开一停六"。一方面由于煤炭供给短缺，电煤价格暴涨，火电企业发电亏损，导致发电量不足；另一方面，可再生能源拖了后腿，南方丰水期水不丰，北方风电风不给力，光伏组件价格暴涨，光伏发电无法在短期内担当大任。

拉闸限电限制产业生产，会出现小型企业抵抗风险能力弱、南北经济差距进一步扩大等现象，这种利益再分配对全局不利，降低经济效率。并且限电对居民生活造成很大影响，导致经济社会秩序的混乱，影响民生。2022年上半年，政府有关部门强制管控，煤炭价格大幅回落，并网价格稍有调高，火力发电厂亏损面缩窄，少数火电企业甚至有微利，电力供应形势逐步好转。

3.2.2.2.2 需求侧管理系统建设不完善

需求侧管理系统的建设还不完善，部分用户监测不到位。目前需求侧管理系统策略的制订大多依据电网自身的特点来定制，算法没有普适性，而且管理系统在开发时所使用的是动态编程与线性规划，因而这样的系统在面对多设备、海量计算时难以应付。

3.2.2.2.3 用电跟踪不及时

从实际执行情况来看，由于难以对电力用户的用电特性进行跟踪调查，客户的用电特点、平均负荷的跟踪不及时，因而难以掌握用电方案制订的依据。目前存在对错峰用电不重视的用户，因自身用电需求增加且未在供电企业办理用电增容申请的情况下，私自增加用电容量，超过合同约定的容量进行用电。这样既会危害自身设备安全，更会危害周边用户和电网安全。目前对于用户峰值超容等情况没有有效规避方案，单一用户超容仅有处罚措施，缺乏政策引导，不利于调度负荷分配，错峰用电不能有效实施，对有序用电的管理带来了很大影响。

3.2.2.2.4 有序用电工作宣传不到位

在有序用电管理宣传工作方面，大部分电力企业都做得不到位。目前很多用户并不清楚日常避峰、紧急避峰的概念和工作要求，只是遵照经贸委的发文执行。对有序用电管理的认识存在盲区，缺乏科学的认知和了解，因而想要进一步推广和实施有序用电管理工作，相对较难。

用电信息监测不到位会对需求侧的管理增加挑战，通过优化需求侧管理系统，升级计量设备，提高用户信息智能化监测水平，以此加强对需求侧的管理。各地区若实施有序用电，应严格按照"两保两促一保限"的原则，面对重点项目、民生项目以及促进社会和谐的项目给予重点保障，而对于限制类、淘汰类以及高耗能产业则应该限电。并且完备应急管理机制，具体化限电应急预案，加强区域有序用电的反应能力。通过加强政府部门同供电企业的合作，明确有序用电双方的权力与义务，确保有序用电的顺利开展。

3.2.2.3 新能源消纳与维护问题

3.2.2.3.1 新能源消纳受限

随着我国新能源装机容量快速增长，而受系统调峰能力不足、网架限电、供电负荷增长缓慢、企业自备电厂装机占比高等多重因素影响，新能源电力消纳受限，导致我国部分地区，特别是新能源资源富余，但用电负荷增长较慢的"三北"地区，弃风、弃光率居高不下，新能源利用率也较低，制约了新能源产业的健康发展。

3.2.2.3.2 新能源维护管理体系不健全

随着新能源项目的推进，后续的管理工作中也渐开始显现出一些不可忽视的问题。对于新能源项目后期管理维护还没有形成完整的服务网络，缺乏健全的服务网络，后期维护工作不到位，管理工作权责不明，各项后期管理所需的配套设备准备不够充足。

新能源项目的后期管理维护缺乏政策支持，没有足够的资金进行后期管理维护工作。新能源建设时期投入大量资金，到后期进行管理时，往往就会压缩资金，忽视管理维护工作，很多地区都没有制订科学的政策定期、定向发放后期维护资金，而另外一些则投入很少，导致管理工作受到很大限制。

长期以来，我国新能源规划多侧重于资源开发规划，电源规划存在不合理性。对新能源消纳能力研究不够，在规划中应制订具体的消纳方案；同时，大力推动新型能源结构运行的电力市场，完善辅助服务机制，提高系统调节能力。电网外送通道，跨省跨区交易机制均为影响新能源消纳的关键因素，由于新能源富集地区用电负荷有限，电量外送是新能源消纳的有效途径。另外，通过政府引导下的新能源补贴、税收优惠政策、新能源参电力市场机制等均影响新能源企业参与市场交易，完善这些措施可从宏观调控方面促进新能源消纳。

3.2.3 配电网用电管理压降线损未来发展

3.2.3.1 网络服务平台建设

利用数字技术构建网络服务平台，建立绿色化发展信息采集反馈的闭环通道。物联网技术利用二维码、RFID、各类传感器，获取物理世界中无处不在的信息，并通过5G、互联网等各类异构网络，实现对整个电网系统进行实时数据的监控、预警和故障的处理，运行平台对配电网的动态数据进行高效的共享，通过运行平台能观察到整个系统的变化情况，提升线损的管理专业化、精确化。应用数字孪生技术优化配电网络全息监测体系平台，提供立体多元化数据及报警监视体系，应用边缘计算技术对各个供电环节提供实时数据分析，对设备运行状态、故障状态以及电量和线损做出精确分析和定位，指导运维管理、设备更新改造、故障抢修以及线损管理策略制订和指标制订。

通过智能化需求侧管理系统对用户的用电信息进行监测，挖掘网络中的用户信息和数据指标，借助深度强化学习技术来学习整合，更好地了解用户行为和网络特征，进而使每个边缘节点能够感知其网络环境，在有限存储空间中智能地选择要缓存的内容，提高负荷的管理效率。需求侧管理系统根据每天和每月生成的负荷曲线，为电力管理部门进行预测分析。供电企业可对此制订出合理的能源使用计划，优化电力公司负荷结构，使得的峰值负荷得到缓解，从而达到电网供电平稳、可持续的要求。

同时供电企业要加大对用电企业设备的维护管理，提高设备的运行效率，并结合实际情况对整个配电网线路中的所有线路、设备等元件进行充分的考量，结合每个元件的实际使用产生的线损情况制订详细的线损策略，完善管理制度。

3.2.3.2 有序用电引导和精细化管理

（1）拉大峰谷分时电价的峰谷价比。促使电力用户转移更多的用电需求到非高峰时段，或因地制宜的制订用电时段优惠政策，鼓励用户错峰用电。

（2）与用户签订可中断负荷合同。实行可中断电价，这种电价相对来说比较低，但在高峰电力供应不足时，电力公司可按照预先与用户签订的协议，减少或中断电力供应。

（3）推广蓄能技术。供电企业可开展技术咨询与合作，大力宣传使用蓄能设备的好处和优惠条件，吸引更多的用户改变用能方式，主动采用蓄能设备和技术，提高节约资源、降低消耗的技术水平和管理水平。

（4）精细化管理模式。严格执行政府制定的需求响应与有序用电方案，及时做好沟通协调工作，维护供用电秩序稳定，加强电网运行应急值守，确保安全可靠用电。定期对电力用户的用电情况进行调查和分析，从而维持区域内用电的平衡。

（5）加强有序用电跟踪服务和宣传。安排专人与企业一对一联系，确保企业负荷压降提前告知、企业困难第一时间反馈，最大限度降低有序用电对企业的影响。对不参与有序用电管理的电力用户进行充分调查，明确各个调查对象的用电习惯和消费心理，分析电力用户的消费期望，对于调查和分析所得的数据信息和资料等进行认真的统计整理，从而确定最终的用电方案；同时通过电视、广播、微信、微博等途径，持续开展节约用电、错峰用电宣传工作，倡导群众节约用电、合理用电、安全用电。

3.2.3.3　提升新能源消纳水平

3.2.3.3.1　提升电力系统的灵活调节能力

开展配电网建设改造，推动智能电网建设，满足分布式电源接入需要，全面构建现代配电系统。按照差异化需求，提高信息化、智能化水平，提高高压配电网"$N-1$"通过率，加强中压配电网线路联络率，提升配电自动化覆盖率。

科学规划、布局一批以新能源为主的电源基地和电力输送通道，实现新能源电力全局优化配置。加快储能的规模化发展，推动电力系统全面数字化，构建高效、智慧的调度运行体系。例如可充分发挥电动汽车的储能作用，灵活调节电力系统的电力。然后要加快推动充换电基础设施建设，一方面是促进新能源汽车发展，另一方面也能促进新型电力系统建设。

3.2.3.3.2　构建新能源消纳长效机制

在电网保障消纳的基础上，通过源网荷储一体化、多能互补等途径，实现电源、电网、用户、储能各类市场主体共同承担清洁能源消纳责任的机制。科学制订新能源合理利用率目标，形成有利于新能源发展和新型电力系统整体优化的动态调整机制，各个地方风光资源不一样、负荷情况不一样、系统电网结构不一样，要因地制宜，制订各地区的目标，充分利用系统消纳能力，积极提升新能源发展空间。

深入推进电力市场化交易，市场利益促使常规发电企业有意愿为新能源调峰，积极引导火电机组借鉴东北电网火电机组灵活性改造经验，使原先"风火竞争"转为"风火互补"，大力推助新能源与火电机组开展发电权交易，力促发电成本高的燃煤火电机组将计划电量转让新能源发电企业，从而促进新能源消纳。

政府的相关部门可根据自己地区的具体情况，考虑地区的长期发展规划，建立健全加大投资力度和后期管理与维护服务体系。实现管理、维修的整体服务网络，帮助新能源管理向标准化、服务专业化方向发展，改变项目覆盖面小、组织化程度低的局面。

3.3   配电网窃电防治管理与研究

3.3.1   窃电检查管理办法

随着我国科技不断发展，各行各业的发展也与电能息息相关。在如此巨量的电力使用与高额的电量消费下，一些企业为了提高经营效率和降低成本，便会产生窃电的想法。窃电是指以少缴纳电费为目的，通过非法手段来少计量用电量的行为。窃电行为不仅会使电网运行受损，造成经济损失，还会对电网的降损管理产生严重影响。为了减少这种不良现象对社会的影响，国家提出了一系列的窃电检查管理规定。

1983 年 8 月 25 日，由国家修订了《全国供用电规则》，当供电局发现窃电行为时，除当场予以停电外，应按私接容量及实际使用时间追补电费，并按追补电费的 3～6 倍处以罚金，情节严重的，应依法起诉。

1995 年 12 月 28 日，由全国人民代表大会常务委员会于第十七次会议通过并公布的《中华人民共和国电力法》中第四条提到电力设施受国家保护，禁止任何单位和个人危害电力设施安全或者非法侵占、使用电能。

1996 年 4 月 17 日，国务院令第 196 号发布《电力供应与使用条例》，指出严厉禁止在供电企业的供电设施上擅自接线用电、绕越供电企业的用电计量装置用电等窃电行为。供电局对检举、查获窃电的人员和协助查获的公安人员等均应给予奖励。

1996 年 9 月 1 日，电力工业部发布并实施《用电检查管理办法》。对于用电检查做出规定，当用电检查人员发现窃电行为应当场制止，必要时可由公安机关依法追究其法律责任。规范供电企业的用电检查行为，保障正常供用电秩序和公共安全。

1996 年 10 月 8 日，电力工业部令第 8 号公布《供电营业规则》，对窃电的制止与处理做出规定，因违约用电或窃电造成供电企业供电设施损坏的，责任者必须承担供电设施的修复费用或进行赔偿。

2009 年 8 月 27 日，全国人大常委会发布《中华人民共和国电力法（修正）》第七十一条规定："盗窃电能的，由电力管理部门责令停止违法行为，追缴电费并处应交电费五倍以下的罚款；构成犯罪的，依照刑法有关规定追究刑事责任"。

2012 年 1 月 4 日，国家能源局发布《供用电监督管理办法》要求电力管理部门严令禁止盗窃电能的行为，构成违反治安和犯罪的行为将依法对待。

3.3.2   窃电方式分类分析

根据电力工业部令第 8 号《供电营业规则》，窃电行为包括：在供电企业的供电设施上擅自接线用电；绕越供电企业的用电计量装置用电；伪造或开启法定的或授权的计量检定机构加封的用电计量装置封印用电；故意损坏供电企业用电计量装置；故意使供电企业用电计量装置不准或失效；采用其他窃电方法。

用户窃电采用的方式根据窃电的手段，可分为普通型窃电、技术型窃电与高科技窃电三种；根据计量的形式来讲，可分为与计量装置有关和与计量装置无关两种；根据窃电的时间，又可划分为连续式和间断式两种。

3.3.2.1　普通型窃电方式（与计量表无关的绕越计费电能表窃电）

（1）直接从配电变压器的低压套管上挂线用电。此方式的最大特点是不动计量装置且无一定规律，窃电后证据随之消失。因此，查获该类窃电十分困难。

（2）短接计量箱进出线。短接进入计量箱和引出与计量箱同相位的导线，多发生在进线管与出线管在墙内的相交处。该方式较能迷惑人，一般窃电者短接三相中的一相或两相，用电吹风测试法、负荷测试法查不出来，只有停掉计量装置下方的低压总开关，拉开开关下侧的闸刀，用万用表测量刀开关的下面触点是否带电，才能发现有无窃电。

（3）私自从配电线路上T接电缆。未经报装入户就私自在供电部门的配电线路上T接线用电，或有表用户私自甩表用电，其危害性也更大，不但造成供电部门的电量损失，同时还可能由于私拉乱接和随意用电而造成线路和公用变压器过负荷损坏，扰乱、破坏供电秩序，极易造成人身伤亡及引起火灾等重大事故。

（4）用户私自增容。正规的变压器增容，首先要由用电单位进行申请并征得有关部门同意，并在电力部门办理相关手续，由电力部门出具施工方案及预算书，某些用户为了节省开支可能会采用对变压器"小铭牌换大芯子"也就是大容量变压器冒充小容量变压器的方法给变压器增容，这样就达到少交变压器变损电费的不法目的。

3.3.2.2　技术型窃电方式（与计量表有关）

（1）破坏计量装置准确计量。

1）解开或伪接表尾电压线和电压跨接点接线，使电能表表尾某相电压失压。

2）解开或伪接TA的二次线，使互感器二次开路。

3）反接电流二次线或表内电流线圈极性。

4）更动二次线，使元件的电压电流配合错误。

5）更动表内接线，使表计元件的电压、电流配合错误。

6）计量回路中串并联其他表计。

7）短接TA的一次线或二次线。

8）短接表尾元件电流进出线端子。

9）短接表内电流线圈。

（2）技能窃电。

1）在用三相三线表计量不平衡负荷时，把负荷全部或大部分接到与表尾相电压同相位的相上，表不走或少走。

2）用三元件表计量照明时，私自更动表尾中性线，把其接到某相的相线上，然后把照明负荷全部或大部分接到这一相的相线上，表计不走或少走。因此，三元件计费表的表尾中性线不能在计量箱外引取。

3）用三元件表或单相表计量照明时，通过一台小型升压变压器把表尾中性线电压升高，使表内某一元件承受反向电压，把灯负荷全部接到对应相上，表倒走。

4）在单相表接线时，错将中性线进表电流线圈，相线进表中性线，当把负荷接在相线和中性线之间时，表能正常计量，但把负荷接在相线和大地之间时，由于负荷电流不经过表计电流线圈，表计不走或少走。

5）利用两元件表 U 元件和 W 元件工作原理窃电。对于 U 元件，电压电流之间相位夹角为 30°，所以当单相电感在 U 相上运行时，表倒走。对于 W 元件，电压电流之间相位夹角为 30°，当单相电容在 W 相上运行时，表倒走。

综上所述，技术型窃电危害极大，必须采取反窃电技术措施加以防止，减少损失。

（3）篡改计量结果。

1）更换 TA 铭牌，大 TA 换小铭牌。

2）更换表内字码。

3）打开表大盖倒表码。

4）将表大盖上方钻一小孔，插铁丝窃电。

3.3.2.3 高科技窃电

（1）非法制造、高价销售电磁干扰仪窃电工具，使表计不走、慢走或反走。

（2）非法制造销售永久磁铁窃电器，使表计计量不准。

3.3.2.4 连续性窃电

特点是窃电在较长时间内进行，或是一开始计量便每时每刻都在进行，常见方式有：短接 TA、短接表尾、解除电压跨接线、折断二次线、更换 TA 铭牌、更换表内字码、短接计量箱、更动计量装置接线等。

该类窃电方式对查电十分有利，掌握了各种测试方法，查电时执行严密的查电程序，便可查出。

3.3.2.5 间断式窃电

窃电时断时续，无一定规律，常见方法有挂瓷套管，公用变压器内低压线挂钩接火，打开封铅倒表码等有关的技能窃电。间断式窃电时间虽短，但危害性极大，而且许多方式在窃电后证据消失，对反窃电工作带来很大难度，这就需要我们采取相应的反窃电技术措施来防范，使其难以发生，或者一旦发生，便会留下证据，变间断式为连续式，使反窃电工作得以从容进行。

3.3.3 用户窃电的危害

据调查，我国每年由于窃电导致形成的安全事故非常多。同时很多地区由于窃电行为频发，电量损失严重，给电网企业造成了较大的经济损失，提高电价对当地居民的正常生活产生影响。因此窃电行为不仅对电力行业的发展产生了较大影响，还会阻碍国民经济的发展。

3.3.3.1 对国家和供电企业造成巨大经济损失

随着经济、科技的进步，窃电行为越来越频繁，窃电技术也逐渐向高科技转变。根据相关调查数据得到，在我国，近年来因窃电行为产生的经济损失高达200亿元以上，给国家的经济发展、社会的稳定治安带来了难以估量的不良影响。

从社会上一些调查的数据可以看出，每年的窃电次数都在上升，窃电行为对供电企业的经济效益带来影响，增加了对高损耗设备和线路的检测维护成本，消耗了大量的人力、物理、财力，增加供电企业经营的控制和服务成本，危及企业经济效益。而电力行业也会因窃电影响其他企业的发展，国家因为窃电而遭受的经济损失是极其严重的，所以这种行为对社会发展产生了严重的阻碍。

3.3.3.2 用户利益受到影响

目前人们生活质量提升，居民用电、生产用电的需求量也逐渐增大，若一些生产企业为降低产品生产成本而采取窃电行为，成本的降低，企业可通过降低市场上产品的售价来促进产品销售，导致市场经济秩序混乱。

窃电行为还会破坏供电设备的计量控制装置，使供电设备无法进行准确、有效的计量，从而造成供电企业和国家的能源损失，打破市场经济的公平性原则，扰乱了正常的电力秩序，使合法使用电力的企业和居民产生极大的利益影响。

3.3.3.3 供用电安全带来隐患

在窃电过程中，若窃电者操作不当，很容易出现触电事故，使操作者受到损害，或导致电气火灾，威胁周围居民的生命健康，引发相应的责任纠缠。

窃电对供电设备的改装，会使供电设备受到损坏。如果设备超负荷运行，极易造成台区所辖区域大面积停电，影响周边居民的正常供电。供电中断不仅会给人民群众带来经济上的损失，甚至会发生电网事故对生命安全造成一定威胁。

3.3.4 窃电防治管理措施

供电公司在应对窃电问题方面起着十分重要的作用，其不仅能够从技术上改进配电设备、计量装置和强化供电系统安全保障，还能够从管理上进行改革，提升窃电信息的管理效率，有效打击窃电行为，消减窃电对国家、人民所造成的损害。

伴随着社会环境的变化以及科学技术的进步，窃电现象也处于不断变化的趋势，具体来说有三个方面。首先，窃电者由个体发展到群体，实施主体由个人发展到企业，即窃电方式趋于组织化。其次，窃电涉案金额越来越高，从单纯的以节约生活成本为目的到以降低经营成本，获取暴利为目的，对电网公司造成的经济损失越来越大。另外，由于科技逐渐发展成熟，窃电技术越来越先进，手段也越来越复杂，隐蔽性在逐渐提高，导致用电检查人员进行检查时很难发现窃电现象，使窃电者更加猖狂，窃电行为频发。

3.3.4.1 电力企业管理措施

（1）提高制度管理水平。供电公司需要建立健全反窃电规章制度，以保证用电检查反窃电工作有章可循。在原有的管理制度基础上，结合当前实际工作和存在的问题，进一步补充和完善各项规章制度，确保企业规章制度的时效性和可操作性。

电网企业需要提高对用电检查的重视程度，按规章制度严格执行用电检查工作。同时做好用电检查的相关教育，提高工作人员的职业道德水平，端正用电检查的责任态度，防止与用户相互渔利。电力企业可采用奖惩制度来提高工作人员的检查积极性和工作效率，更好地激励大家进行反窃电工作。

（2）提高反窃电技术管理。推进反窃电系统的完善和改进。从供电公司的角度考量反窃电系统的设计与开发，并通过对用户信息的管理强化对供电量、用电量、线损率等信息的统计，将有问题的用户筛选出来，并通过对已发现窃电用户的信息对比，得出窃电用户的窃电手段、窃电特征、行业分布等数据，构建数据库实现对用电信息的管理。迅速高效地开展现场检查，有针对性地打击窃电违法行为。

1）数据收集工作。供电公司可利用具有防窃电监测功能的计量装置监测用户的用电情况，基于电力信息采集系统、负荷控制系统采集线路或台区的供电量以及用户负荷数据和用电量，获得用户历史负荷数据和累计电量等，对用户用电数据进行统计整理，建立电子档案并整理出电网企业电力销售记录与采集到的数据进行实时分析，及时发现异常数据，归纳总结出不同主体窃电行为的规律和发展趋势。

2）窃电信息的分析。通过数据挖掘技术，借助云计算实施大数据分析，构建反窃电的智能识别模型。利用模型的样本数据集提取数据特征，提取历史窃电低压用户相关信息，对数据进行清洗，实现基于用电信息采集进而实现对不同窃电事件的精准分类与预测。反窃电工作人员应对错误数据、不可补测的数据进行统计，导出统计清单安排人员进行现场检查，排除故障并进行数据补采，确保准确性和完整性。

（3）构建起反窃电平台。通过数据收集信息和窃电信息建立起窃电案例的数据库，得到用户类型、计量类型、电压的异常变化情况、电流的异常变化、用户用电的不平衡率等窃电特征指标，通过窃电特征指标的数据累积，再借助所调用的算法和函数将窃电特征指标转换成工作人员能够使用的信息，实现数据挖掘的可视化。

（4）提高反窃电检查的针对性。通过检查系统的监测数据找出异常点，对引起异常的原因进行分析，分析是否由终端故障或数据异常、变更业务办理或转供电、调负荷等原因引起。对数据异常的用电点及时进行现场检查，排查窃电或故障点，减小电量损失。同时，电力企业的用电检查反窃电工作人员要对目前主要的窃电技术进行准确的调研分析，了解窃电技术原理，并制订反窃电工作计划。

（5）积极构建警企联动机制。电能不同于其他商品，存在检查难、取证难和定量难的特点，因此电网公司必须与公安机关建立警企联动机制，在依靠公安机关打击违法窃电行为的同时，积极为其提供技术支持。通过警企联动办理窃电案件时可进行"深挖"，比如通过破获高科技窃电案件，摸清窃电工具来源和销售去向，为防窃电工作提供丰富经验。

3.3.4.2 用户管理措施

（1）加强用电审查管理。为了保证电网企业的安全运行，供电人员需要严格按照规章制度执行用电审查，加强用户办电审查和设计审查力度。并且供电企业在与客户签订用电协议，明确相关责任的同时，要进一步规范施工监理和验收工作，可利用全息影像技术将验收过程影像留存至数字化系统中，作为后期用电检查的校验依据，做到无疑点全方位验收。

（2）加强用电监控管理。可采用数字孪生技术构建电力保障系统，提高用电保障效率。通过在云端形成一个能够映射反映现实电力设备的数字孪生保障系统，形成一个"感知→传输→集成分析→智能决策→实施"的信息处理数据链，对用户的用电信息进行实时监控。一旦用户侧发生窃电、计量失误等故障时，会触发系统的安全报警，提醒相关人员立即实施用电检查，以此确保用电检查反窃电工作的有效进行。

（3）加强用电定期检查。供电企业可定期对用户计量设施、供配电装置、供电线路等进行检查，将现场实际信息与数字化系统中留存的影像资料和数据资料进行对比校验，及时发现用户的窃电行为。逐一核对营销业务系统中的用户电能表信息是否与现场智能表的信息相符，检查电表箱、接线端子盒、互感器名牌及接线、智能表外观有无人为操作，各种封印是否完好、齐全、正确。若封印有伪造的可能时，应及时鉴定封印的真伪，并使用测试设备对智能表进行现场鉴定。

（4）加强电力法律法规宣传。供电企业可通过加强用户的用电指导，对用户用电安全、用电环境和正规用电等方面进行详细的指导；同时供电企业要加强电力法律、法规的宣传力度，结合当前窃电行为纳入个人信用度，营造一个强有力的打击窃电舆论氛围。通过新闻媒体，对查处的重大典型窃电案件公开曝光，大力宣传窃电对社会的影响与危害，营造"护电光荣、窃电可耻"的社会氛围；建立举报奖励机制，形成群众性护电保电氛围，使窃电者如过街老鼠、人人喊打，使反窃电工作起到事半功倍的效果。

3.4 本 章 小 结

本章主要从配电网线损管理体系、配电网用电管理两个维度介绍了配电网线损管理的发展历程、配电网线损管理管理现阶段面临的问题分析、配电网管理未来的发展趋势研究；同时开展了配电网窃电的防治与管理，为对配电网线损管理中查处窃电问题具有一定的参考意义。

4 配电网降损技术提升方法研究

降低线损作为供电企业工作中的重点，需做好全面研究工作，只有掌握线损具体类型与影响因素，才能制订出有效的技术与管理措施，合理有效的实施包括常规的规划建设和改造方案，以及新型降损技术方案等，严格管控管理线损、压降技术线损，实现降低配电网降损目标。本章从技术线损研究、线路和变压器降损方法、配电网新技术新设备入手，采取有效技术措施，实现有效技术降损工作。

4.1 配电网技术线损研究

配电网线损率是对供电企业进行考核的重要指标，也是电力系统规划设计水平、电网管理经营水平主要体现。配电网在实际运行过程中，受到众多因素影响，其中包括电网整体规划、技术水平、经济条件等因素。

配电网的线损是依靠布置在配电线路首端降压站（如 110/220kV 变电站、20/10/6kV 配电变电站、35/66kV 变电站、20/10/6kV 变电站等）内的关口电能表和分布在配电线路中的专用/公用配电变压器计量考核电能表的数据来计算的，具体算法如下

$$W_{损失} = W_{关口} - \sum W_{专变} - \sum W_{公变} \tag{4-1}$$

数据取同步时钟下的同周期数据来计算，一般以日、月、年为计算周期，同一块电能表的单位时间数据采用本次定时采集的表底数减去上次定时采集的表底数作为本周期数据。其中专用变压器和公用变压器的不同处在于公用变压器基本都是低压侧计量，而专用变压器有较大一部分采用高压侧计量，就是说公用变压器和一部分的专用变压器因变压器运行而产生的电能损耗将被计入配电网线路损失中。

4.1.1 线损计量装置

电量和线损计量计算都是采用的电能表，在变电站的线路出口安装专用于计量电能量的智能电能表，配合专、公用变压器计量点的电能表，通过采集系统、配电自动化系统等系统的同步时钟校对，对同周期、同时刻采集的电能示值进行周期电量计算的方式来计算配电网线路线损。

智能电能表是用来测量电能的仪表，又称电度表、火表、千瓦小时表，是专用于测量各种电学量的仪表。

4.1.1.1 电能表的发展历史

电能表的出现距今已有一百多年的历史，1880 年，美国人爱迪生利用电解原理制成了直流电能表（即安时计）。

　　1889 年，第一个感应式电能表出现，匈牙利岗兹公司一位德国人布勒泰制作成总质量为 36.5kg 的世界上第一块感应式电能表，但体积非常大，重量达到 36.5kg。20 世纪初，随着技术的发展，电能表的体积和重量都在不断减小。

　　20 世纪 60 年代，随着电子技术的发展，从全机械电能表发展到电子式电能表。

　　1982～1985 年，全国许多省市和地区也相继实行了电能分时计量及与此相适应的新收费制度，并取得了非常大的成效。早期主产的第一代石英钟控分时电能表，通过导线连接石英钟各种不同时段来分别驱动峰、谷电磁计数器，分别显示出峰、谷电量及总电量，按总电量扣除峰、谷电量即为平常时段电量。由于这种分时计费电能表的可靠性较差。计时分段精度太低（最小分割为 5min），易受干扰，时段调整也比较麻烦，使用功能单一，不能适应分时计费中的一些特殊要求，目前已基本淘汰停用。

　　第二代机电一体化结构的分时电能表，采用 1.0 级感应系电能表机芯为基础，采用红外光电变换器、脉冲输出和中央处理器（CPU）、单片机电路，使用附带的键盘编程或红外无线键盘来进行各种需求量、时钟、时段、双休日的设定，可保护本月最大需求量、上月最大需求量和本月峰、平、谷最大需求量显示及存储。带有脉冲输出及 RS-232 串行通信口，便于数据远程传送与监控。

　　20 世纪 90 年代开始出现全电子式电能表，到目前为止电能表已完成了电能计量的全覆盖。电能表是智能电网数据采集的基本设备之一，承担着原始电能数据采集、计量和

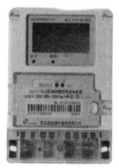 

传输的任务，是实现信息集成、分析优化和信息展现的基础。电能表除了具备传统电能表基本用电量的计量功能以外，为了适应智能电网和新能源的使用，它还具有双向多种费率计量、用户端控制、多种数据传输模式的双向数据通信、防窃电等智能化的功能。三相智能电能表见图 4-1。

图 4-1　单、三相智能电能表
（13 规范、20 规范）图

4.1.1.2　电能表的现状

　　在电能表基础上构建的高级量测体系、自动抄表系统，使用户能更好地管理用电量，以达到节省电费和减少温室气体排放的目标；电力零售商可根据用户的需求灵活地制订分时电价，推动电力市场价格体系的改革；配电公司能更加迅速地检测故障，并及时响应强化电力网络控制和管理，同时为配电网和低压配电台区的线损计量提供了可靠的数据来源。

　　目前电能表的数据采集和校时等已经形成一套完整的自动业务流程，各网省电力公司已基本普及使用电力用户用电信息采集系统，系统以云端服务器为基础，通过无线 2/4G 公网或 230M 专网、有线专网等通信信道与远程采集终端通信，由采集终端完成定期电能表数据采集、对时等任务，实现专用变压器用户、公用变压器台区考核表的数据采集，而配电线路的关口（含变电站出口、环网节点等）电能量计量，一般采用配电自动

化终端（厂站终端等）配合配电自动化主站来完成定期数据采集和校时。

单从电能表来看，当前普遍采用的技术规范如下：《智能电能表功能规范》（Q/GDW 1354—2013）、《单相智能电能表型式规范》（Q/GDW 10355—2020）、《三相智能电能表型式规范》（Q/GDW 10356—2020）、《单相智能电能表技术规范》（Q/GDW 10364—2021）、《智能电能表信息交换安全认证技术规范》（Q/GDW 10365—2020）、《三相智能电能表技术规范》（Q/GDW 10827—2020）、Q/GDW 12175《单相智能物联电能表技术规范》、Q/GDW 12178—2021《三相智能物联电能表技术规范》。

电能表型式方面从 2007～2013 年版已有了对电能表进一步的要求和提升，发展到当前阶段更是发展出了基于物联网理念的分体式结构智能物联电能表，如图 4-2 所示。而通信协议方面，电能表也从 DL/T 645—1997 规约，到 DL/T 645—2007 规约，再到 DL/T 698.45—2017 规约，不断完善和发展。

图 4-2 国网、南网单/三相物联网电能表

4.1.1.3 互感器

在交流电路中，常用特殊的变压器把大电流转换成小电流、高电压转换成低电压后再测量。所用的转换装置就称为电流互感器（TA）和电压互感器（TV）。使用互感器的优点在于使测量仪表与高电压隔离，保证仪表和人身的安全；可扩大仪表的量限，便于仪表的标准化；还可减少测量中的能耗。

4.1.1.3.1 电压互感器（TV）

电压互感器的原理和普通降压变压器是完全一样的，不同的是它的变比更准确；电压互感器的一次侧接有高电压，而二次侧接有电压表或其他表（功率表、电度表）的电压线圈。

电压互感器把高电压按比例关系变换成100V或更低等级的标准二次电压，供保护、计量、仪表装置使用；同时，使用电压互感器可将高电压与电气工作人员隔离，电压互感器虽然也是按电磁感应原理工作的设备，但它的电磁结构关系与电流互感器相比正好相反，电压互感器二次回路是高阻抗回路，二次电流的大小由回路的阻抗决定，当二次负载阻抗减小时，二次电流增大，使得二次电流自动增大一个分量来满足一次侧、二次侧之间的电磁平衡关系，可以说，电压互感器是一个被限定结构和使用形式的特殊变压器。

电压互感器在使用时应注意如下：

（1）二次绕组不许短路，以防止过大的短路电流损坏电压互感器。

（2）二次绕组及铁芯必须牢固接地，以保证安全。

（3）二次负载的阻抗值不能过小。在被测电压一定时，二次电压也一定，如果二次负载的阻抗值过小，则负载上的电流过大，二次负载的容量过大，使电压互感器的测量精度下降。

电压互感器有星型接法（三相四线制）和 VV 接法（三相三线制）两种用于计量的接线方式，必须按正确的接线方式接线，避免造成事故和计量损失。

4.1.1.3.2 电流互感器（TA）

电流互感器的结构与普通双绕组变压器相似，也有铁芯和绕组，但它的一次侧绕组匝数很少，只有一匝到几匝，导线都很粗，串联在被测的电路中，流过被测电流，被测电流的大小由用户负载决定。电流互感器根据用途不同分为计量、测量、保护几大类，不同在于精确范围和精确度不同，例如：计量型 0.2S、0.5S 互感器一般精确范围在 1%～120% 额定电流，精确度分别是 0.2% 和 0.5%；测量型 0.2、0.5 互感器一般精确范围在 5%～120% 额定电流，精确度分别是 0.2% 和 0.5%；保护型 5P10 互感器一般精确范围在 10 倍额定电流以内，精确度是 5%。

电流互感器的二次侧绕组匝数较多，它与电流表或功率表的电流线圈串联为闭合电路，由于这些线圈的阻抗都很小，所以二次侧近似于短路状态。

（1）电流互感器具有以下工作特点：

1）互感器的一次侧输入和二次侧输出都是电流，而电压几乎为零，这与普通变压器有所不同，说明它传递和改变的是电流而不是电压。

2）互感器工作在短路状态，即二次侧电流与一次侧电流所产生的总磁通几乎为零，因此二次侧不能开路，一旦开路，磁势平衡被打破，总磁势不为零，磁路将严重饱和。因为一次侧电流很大且不随二次侧的变化而变化，这样就在铁芯中产生很强的磁通，这个磁通使二次侧产生高压，可达几百伏甚至上千伏，会危及仪表和人员的安全，还会使铁芯过热、绝缘老化。因此电流互感器的二次侧是绝对不允许开路的。

（2）使用中应注意的事项。

1）运行中二次侧不得开路，否则产生高压，危及仪表和人身安全，因此二次侧不能接熔断器；运行中如要拆下电流表，必须先将二次侧短路才行。

2）电流互感器的铁芯和二次侧绕组一端要可靠接地，以免在绝缘破坏时带电而危及仪表和人身安全。

3）电流互感器的一次侧和二次侧绕组有＋、－或 ＊ 的同名端标记，二次侧接功率表或电能表的电流线圈时，极性不能接错。

4）电流互感器的二次侧负载阻抗大小会影响测量的准确度，负载阻抗的值应小于互感器要求的阻抗值，使互感器尽量工作在"短路状态"。

（3）电流互感器计量精度和范围。影响电流互感器误差有诸多因素，其中一个因素就是其误差与一次侧电流大小有关，在额定值范围内，一次侧电流增大，误差减小。电流互感器根据测量误差的大小可划分为不同的准确度级别，见表 4-1。

表 4-1 不同准确度级比值误差表

准确度级别	比值误差（±）					
	倍率因数	额定电流下的百分数值				
		1	5	20	100	120
0.5S	%	1.5	0.75	0.5	0.5	0.5
0.2S		0.75	0.35	0.2	0.2	0.2
0.1S		0.4	0.2	0.1	0.1	0.1
0.5		—	1.5	0.75	0.5	0.5
0.2		—	0.75	0.35	0.2	0.2
0.1		—	0.4	0.2	0.1	0.1

下面选出 8 种不同额定容量变压器下，建议选择的电流互感器倍率初始配置，见表 4-2。

表 4-2 建议选择互感器倍率初始配置表

序号	额定容量（kVA）	TA 变比	倍率
1	50	75/5	15
2	100	150/5	30
3	200	300/5	60
4	315	500/5	100
5	400	600/5	120
6	630	1000/5	200
7	800	1200/5	240
8	1250	2000/5	400

4.1.2 技术线损产生原因

理论线损又称技术线损，是指根据供电设备的参数、电力网当时的运行方式、潮流分布以及负荷情况，由理论计算得出的电能损耗，就是电力设备运行所产生的散热、震动等消耗的有功电能。配电网中线损产生的主要原因有以下几个方面：

4.1.2.1 阻抗作用影响线损

线路的导线、变压器都是铜或铝材料的导体，在电流通过时会产生电阻（R），交流电通过导体时，根据安培定则，会在导体周围产生交变磁场，产生感抗（X）。在变压器中的电抗，是指电流流过铁芯，使铁芯改变磁场方向所产生阻碍电流变化的感应电动势，同时相邻线路或绕组产生的磁场相互影响也需要计入电抗影响内。

电能在电力网传输的过程必须克服其阻抗，从而产生了耗能现象，常见的耗损如出

现导体发热。它与电流的平方成正比

$$P = I^2 Z \qquad (4\text{-}2)$$

式中：Z 是电阻和电抗的矢量和，数值计算公式为

$$Z = R + \mathrm{j}X \qquad (4\text{-}3)$$

4.1.2.1.1 线路阻抗作用

（1）配电网线路形式。配电网中的线路主要分为两种：①架空形式；②电缆形式。

架空线路主要指架空明线，架设在地面之上，是用绝缘子将输电导线固定在直立于地面的杆塔上以传输电能的配电线路。架设及维修比较方便，成本较低，但容易受到气象条件和自然环境（如大风、雷击、污秽、冰雪等）的影响而引起故障，同时整个线路走廊占用土地面积较多，易对周边环境造成电磁干扰。

电缆线路由导线、绝缘层、屏蔽层、保护层等构成，电缆线路的造价比架空线路高，但其不用架设杆塔，占地少，供电可靠，极少受外力破坏，对人身安全威胁较小。

（2）配电网线路阻抗计算。

1）线路阻抗损耗。配电网主要电压等级在 10/20kV，对地绝缘一般比较高，可以忽略对地电导的计算；一般情况下配电网中的架空线路长度小于 100km，电缆线路长度小于 50km，对地电容/相间电容非常小，可忽略对地导的影响。因此采用集中参数等值电路，等效分析电路如图 4-3 所示。

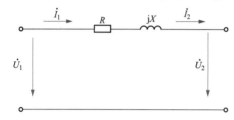

图 4-3　线路阻抗等效电路图

数学模型为

$$\begin{bmatrix} \dot{U}_1 \\ \dot{I}_1 \end{bmatrix} = \begin{bmatrix} 1 & Z \\ 0 & 1 \end{bmatrix} \begin{bmatrix} \dot{U}_2 \\ \dot{I}_2 \end{bmatrix} \qquad (4\text{-}4)$$

交流配电网中线路阻抗分为直流导线电阻、交流导线电阻和交流导线电抗。交流导线电阻是在集肤效应和临近效应影响下的直流导线电阻，在中压配电网中，架空线路间距均大于 5 倍线径，临近效应影响可忽略，在线截面积不大于 240mm² 的线路中集肤效应也可忽略，导线越粗交直流电阻比越大。

线路阻抗为

$$Z = R + \mathrm{j}X \qquad (4\text{-}5)$$

2）线路电阻。单位长度线路电阻计算公式为

$$R = \rho / S \quad (\Omega/\mathrm{km}) \qquad (4\text{-}6)$$

20℃常用电阻率：铜：18.8Ωmm²/km；铝：31.5Ωmm²/km。

ρ 为计算时，所采用的导线电阻率，它比导体材料的直流电阻率要大，原因如下：①交流集肤效应和邻近效应；②绞线的实际长度比导线长度长 2%～3%，即绞入系数一般在 1.02～1.03；③绞线的影响，导线的实际截面比标称截面略小；④常用的钢芯铝绞线，受钢芯涡旋磁场影响还会产生额外阻抗，因钢、铝芯复合情况不同而不同，较为复杂，一般在系

统设计时采用查表法确定，若忽略磁场影响可按近似算法将上述公式中 S 替换为绞线中铝线的截面积总和来参考计算；⑤受温度影响，导线的实际电阻率随温度升高而增大，温度电阻修正系数见本章 4.2 节。

3）线路电抗。铜铝绞线线路电抗计算公式为

$$X = x_1 l = \left(0.1445 \lg \frac{D_m}{r} + \frac{0.0157}{n}\right) l \tag{4-7}$$

$$D_m = \sqrt[3]{D_{12} D_{23} D_{31}} \tag{4-8}$$

式中：D_m 为三相导线间的互几何均距；n 为每相分裂导线数，非分裂导线 $n=1$；r 为导线的计算半径，参考 $r = \sqrt{\dfrac{S}{2\pi}}$ 或出厂检测数据。

分裂导线的计算半径 r 为

$$r = \sqrt[n]{r D_m^{n-1}} \tag{4-9}$$

$$D_m = \alpha_1 a \tag{4-10}$$

式中：α_1 为分裂间距，若分裂导线作正多边形排列时，为正多边形的边长，cm；a 为分裂系数，与每相导线的排列有关，正多边形排列方式的值 a 见表 4-3。

表 4-3　　　　　　　　　　　　　　分 裂 导 线 系 数 表

n	2	3	4	5	6
a	1	1	1.12	1.27	1.4

4）线路阻抗引起的损耗。由上述给出的电阻、电抗计算方法可得到线路阻抗

$$Z = R + jX \tag{4-11}$$

按线路电流的方均根值 I_{rms}（有效值，A）可计算出时间 T（h）内的电能量损耗为

$$\Delta A = I_{rms}^2 Z = I_{rms}^2 (R + jX) \tag{4-12}$$

（3）电缆线路绝缘损耗。电缆线路阻抗计算方法与架空线路基本相同，绝缘损耗计算方法将在第五章中介绍，这里直接给出公式和速查表（见表 4-4、表 4-5）并举例说明。

表 4-4　　　　　　　　　　　　　　电 缆 参 数 表

电缆形式		ϵ	$\tan\delta$
油浸纸绝缘	黏性浸渍不滴流绝缘电缆	4	0.01
	压力充油电缆	3.5	0.0045
丁基橡皮绝缘电缆		4	0.05
聚氯乙烯剧院电缆		8	0.1
聚乙烯电缆		2.3	0.004
交联聚乙烯电缆		3.5	0.008

绝缘介质损耗公式为

$$\Delta A = U^2 \omega C \tan\delta \, T l \times 10^{-3} \tag{4-13}$$

式中：ΔA 为绝缘介质的电能损耗，$kW \cdot h$；U 为电缆运行线电压，kV；ω 为角频率，$\omega = 2\pi f$，rad/s；C 为电缆每相的工作电容，$\mu F/km$，$C = \varepsilon A/(r_e - r_1)$，其中 ε 为绝缘介质的介电常数（见表 4-4），r_e 为绝缘层外半径，r_1 为线芯半径；$\tan\delta$ 为介质损耗角的正切值，见表 4-4；T 为运行时间，h；l 为电缆长度，km。

表 4-5   3.6/6-26/35kV XLPE 绝缘电缆参数表

截面积（mm²）	各额定电压等级绝缘厚度表（kV）						
	3.6/6	6/10	8.7/10/15	12/20	18/30	21/35	26/35
25	2.5	3.4	4.5				
35	2.5	3.4	4.5	5.5			
50	2.5	3.4	4.5	5.5	8	9.3	10.5
70	2.5	3.4	4.5	5.5	8	9.3	10.5
95	2.5	3.4	4.5	5.5	8	9.3	10.5
120	2.5	3.4	4.5	5.5	8	9.3	10.5
150	2.5	3.4	4.5	5.5	8	9.3	10.5
185	2.5	3.4	4.5	5.5	8	9.3	10.5
240	2.6	3.4	4.5	5.5	8	9.3	10.5
300	2.8	3.4	4.5	5.5	8	9.3	10.5
400	3	3.4	4.5	5.5	8	9.3	10.5

【例 4-1】 一条 20km 长的铜质交联聚乙烯 240mm² 电缆（三根线芯间距按 10cm 计算），按均衡 100A 电流统计（全线路等值电流），计算单条线路日损失电量。

阻抗损耗计算：线路电阻为 $18.8 \times 20/240 = 1.567$（$\Omega$），线路电抗为：$0.1445 \div \lg(100/8.74) + 0.0157 = 0.169\Omega$，阻抗为 $\sqrt{1.567^2 + 0.169^2} = 1.576$（$\Omega$）。

其日阻抗损耗为

$$\Delta A_Z = 1.576 \times 100^2 \times 24 = 374.4 (kW \cdot h)$$

绝缘介质损耗计算为

$$\Delta A_介 = 10^2 \times 2 \times 3.14 \times 50 \times \{3.5/[18 \times \ln(13.22/8.72)]\} \times 0.008 \times 24 \times 20 = 6.5 (kW \cdot h)$$

单根电缆的日总损耗为

$$\Delta A = \Delta A_Z + \Delta A_介 = 380.9 (kW \cdot h)。$$

4.1.2.1.2 配电变压器阻抗作用

（1）变压器发展史。1831 年 8 月 29 日，法拉第采用实验装置进行磁生电实验（见图 4-4），因此法拉第被公认为是电磁感应现象的发现者和变压器的发明人。

1835 年，美国物理学家佩奇（C. J. Page）制成感应线圈，是世界上第一台自耦变压器。

1851 年，德国鲁姆科尔夫（H. D. Ruhmkorff）提出第一个感应火花线圈（变压器）的专利。

1856 年，英国电工技师瓦里（C. F. Varley，1828～1883）也对卡兰变压器作了改进，他采用一只双刀双掷开关来回改变电流方向，使线圈 A 中的电流交替改变方向，从而线圈 B 中感应出一个交变电流，因此可以说，瓦里感应线圈是交流变压器的始祖。

图 4-4　法拉第和电磁感应线圈图

1862 年，莫里斯（Morris）、魏尔（Weave）和蒙克顿（Moncktom）取得一个将感应线圈用于交流电的专利权。

1868 年，英国格罗夫（W. R. Grove）制作了格罗夫感应线圈实际上是世界上第一台交流变压器（见图 4-5）。

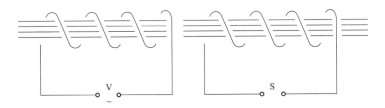

图 4-5　格罗夫感应线圈原理图

1876 年，俄国物理学家雅勃洛奇科夫（Л. Н. Яблочков，1847～1894）发明"电烛"，采用一只两个绕组的感应线圈，一次与交流电源相连，为高压侧，二次低压侧的交流电向"电烛"供电。这只感应线圈实际上是一台不闭合磁芯的单相变压器。

1882 年，俄国工程师乌萨金在莫斯科首次展出了有升压、降压感应线圈的高压变电装置。

（2）配电变压器。指用于配电系统中根据电磁感应定律变换交流电压和电流而传输交流电能的一种静止电器，通常是指运行在配电网中电压等级为 10～35kV、容量为 6300kVA 及以下直接向终端用户供电的电力变压器。

配电变压器是用来将某一数值的交流电压（流）变成频率相同的另一种数值不同的电压（电流）的设备。额定容量是它的主要参数，当对变压器施加额定电压时，根据它来确定在规定条件下不超过温升限值的额定电流。较为节能的配电变压器是非晶合金铁芯配电变压器，其最大优点是空载损耗值很低。

变压器损耗中的空载损耗，即铁损，主要发生在变压器铁芯叠片内，主要是因交变的磁力线通过铁芯产生磁滞及涡流而带来的损耗。随着中国"节能降耗"政策的不断深入，国家鼓励发展节能型、低噪声、智能化的配电变压器产品。在网运行的部分高能耗配电变压器已不符合行业发展趋势，面临着技术升级、更新换代的需求，未来将逐步被节能、节材、环保、低噪声的配电变压器所取代。

中国变压器节能标准政策发展起步虽晚，但步伐很快，随着配电变压器能效标准的进一步修订和推进，已与国际上发达国家的最高能效标准处于同一水平。

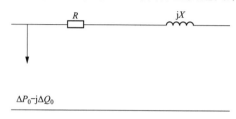

图 4-6 变压器阻抗等效电路图

（3）变压器损耗。配电线路中的配电变压器目前基本大多采用双绕组形式，双绕组变压器的等值电路如图 4-6 所示，其中参数主要有电阻、电抗、空载损耗（ΔP_0）和空载时电源侧的励磁功率等。

双绕组变压器主要参数计算公式为

$$R = \frac{P_k U_N^2}{S_N^2} \times 10^3 \tag{4-14}$$

$$X = \frac{U_k\% U_N^2}{S_N} \times 10 \tag{4-15}$$

$$\Delta Q_0 = \frac{I_0\% S_N}{100} \tag{4-16}$$

式中：R 是变压器绕组的电阻，Ω；P_k 是变压器的额定负载损耗，kW；U_N 是归算侧（10kV 侧）的额定电压，kV；S_N 是变压器的额定容量，kVA；X 是变压器绕组的电抗，Ω；$U_k\%$ 是变压器的短路阻抗百分数；ΔQ_0 是变压器空载时电源侧励磁功率，kvar；$I_0\%$ 是变压器的空载电流百分数。

由上述关系式可见

$$Z = R + jX = \frac{P_k U_N^2}{S_N^2} \times 10^3 + j\frac{U_k\% U_N^2}{S_N} \times 10 \tag{4-17}$$

变压器损耗功率为

$$\Delta P_{耗} = \left(\frac{P_k U_N^2}{S_N^2} \times 10^3 + j\frac{U_k\% U_N^2}{S_N} \times 10\right) I_{rms}^2 + (\Delta P_0 - j\Delta Q_0) \tag{4-18}$$

对时间积分后，与第五章变压器损耗公式相同。

注1：短路电压百分数又称为阻抗电压百分数，当变压器二次绕组短路（稳态），一次绕组流通额定电流而施加的电压称阻抗电压 U_z，通常以额定电压 U_0 的百分数表示，即 $U_k\% = (U_z/U_0) \times 100\%$。

注2：空载电流百分数是指变压器空载时一次侧电流 I_z 与额定电流的比值，即 $I_k\% = (I_z/I_0) \times 100\%$。

变压器空载损耗、负载损耗及空载电流参数对照表见表 4-6、表 4-7。

表 4-6   **变压器行业 10kV 级 S9、S11、S13 系列变压器损耗参数对照表**

产品容量 （kVA）	S9			S11			S13		
	空载损耗（W）	负载损耗（W）	空载电流（%）	空载损耗（W）	负载损耗（W）	空载电流（%）	空载损耗（W）	负载损耗（W）	空载电流（%）
30	130	600	2.10	100	600	2.10	65	600	0.63
50	170	870	2.00	130	870	2.00	85	870	0.60
63	200	1040	1.90	150	1040	1.90	100	1040	0.57
80	250	1250	1.80	180	1250	1.80	125	1250	0.54
100	290	1500	1.60	200	1500	1.60	145	1500	0.48
125	340	1800	1.50	240	1800	1.50	170	1800	0.45
160	400	2200	1.40	280	2200	1.40	200	2200	0.42
200	480	2600	1.30	340	2600	1.30	240	2600	0.39
250	560	3050	1.20	400	3050	1.20	280	3050	0.36
315	670	3650	1.10	480	3650	1.10	335	3650	0.38
400	800	4300	1.00	570	4300	1.00	400	4300	0.30
500	960	5100	1.00	680	5100	1.00	480	5100	0.30
630	1200	6200	0.90	810	6200	0.90	600	6200	0.27
800	1400	7500	0.80	980	7500	0.80	700	7500	0.24
1000	1700	10300	0.70	1150	10300	0.70	850	10300	0.21
1250	1950	12000	0.60	1360	12000	0.60	975	12000	0.18
1600	2400	14500	0.60	1640	14500	0.60	1200	14500	0.18

表 4-7   **S13-M 型全密封电力变压器主要技术参数表**

型号	容量 （kVA）	电压组合			联结 组别	损耗（W）		空载 电流	阻抗（%）
		高压 （kV）	分接范围 （%）	低压 （kV）		空载 损耗	负载 损耗		
S13—30	30					80	600	0.28	4
S13—50	50					100	870	0.25	
S13—63	63					110	1040	0.23	
S13—80	80					130	1250	0.22	
S13—100	100					150	1500	0.21	
S13—125	125	6				170	1800	0.20	
S13—160	160	6.3	±2×2.5%		Dyn11	200	2200	0.19	
S13—200	200					240	2600	0.18	
S13—250	250	10	或	0.4	或	290	3050	0.17	
S13—315	315					340	3650	0.16	
S13—400	400	10.5	±5%		Yyn0	410	4300	0.16	
S13—500	500	11				460	5100	0.15	
S13—630	630					580	6200	0.15	4.5
S13—800	800					700	7500	0.14	
S13—1000	1000					830	10300	0.13	4.5
S13—1250	1250					980	12000	0.12	
S13—1600	1600					1180	14500	0.11	

[**例4-2**]　三台容量均为 315kVA 的 S11、S13、S13-M 配电变压均处于 60%负载率（平均负载率）平衡运行状态，高压侧电压为标准 10kV，低压侧抽头均为中间挡位（400V 挡），计算其日均损失电量。未知三种变压器出厂试验值，均采用标准值进行计算。

S11：日空载电能损耗为 $\Delta A_0 = 0.48 \times 12 \times 24 = 11.52$（kW·h）

日负载电能损耗为 $\Delta A_R = 3650 \times (10.91/18.19)^2 \times 24 = 31.51$（kW·h）

S11 变压器日电能量损耗为 $\Delta A = \Delta A_0 + \Delta A_R = 43.03$（kW·h）

S13：日空载电能损耗为 $\Delta A_0 = 0.335 \times 12 \times 24 = 8.04$（kW·h）

日负载电能损耗为 $\Delta A_R = 3650 \times (10.91/18.19)^2 \times 24 = 31.51$（kW·h）

S13 变压器日电能量损耗为 $\Delta A = \Delta A_0 + \Delta A_R = 39.55$（kW·h）

S13-M：日空载电能损耗 $\Delta A_0 = 0.34 \times 12 \times 24 = 8.16$（kW·h）

日负载电能损耗 $\Delta A_R = 3650 \times (10.91/18.19)^2 \times 24 = 31.51$（kW·h）

S13-M 变压器日电能量损耗为 $\Delta A = \Delta A_0 + \Delta A_R = 39.67$（kW·h）

4.1.2.1.3　电气连接点老化和绝缘子爬电

电气连接点老化问题，这里不对氧化层击穿、散热、触电风险以及所引起的故障、灾害等做详细介绍，仅对接触点、连接点等导电体连接处受环境、工艺、维护等方面影响引起的氧化、腐蚀、松动等造成的电阻值增加，进而造成线损量的增大做出具象化描述。

绝缘子爬电这里不但指电气意义上的绝缘子爬电，还包括类似等效的多种情况，包括但不限于：阴雨天引起的绝缘水平下降、绝缘子老化开裂等情况造成的绝缘水平降低、裸导线树灾、单相高阻抗接地等情况。等效分析电路如图 4-7 所示。

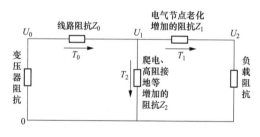

图 4-7　电器连接点阻抗分析等效电路图

增加的额外损耗 $\Delta P_{额外} = I_2^2 Z_2 + I_1^2 Z_1$，而此部分损耗是能通过运维检修等日常工作使之保持在一个最低值，因此线路运维检修工作亦是线损管理的重点环节。

4.1.2.2　电能质量影响线损

4.1.2.2.1　电压质量

电压质量包括：电压偏差、电压波动、闪变、暂降、中断、暂升等，其中与线损关系密切的主要在电压偏差方面。

近年来，经济发展迅速，生活水平整体提高。在这种背景下，电力需求也呈现出逐年增加的趋势。尤其是用电设备应用数量及用电负荷的增加，电网运行中的滞后表现使得速配电网中的低电压问题更加严重，如果电压低的问题严重，将会使整个电力系统难以正常运行。

低电压的问题主要归结于配电线路的问题，本身供电半径长容易导致电压不稳定。配网线路引起的低电压问题表现在以下几方面：

（1）农村配电网线路随着农村整体建设规模的扩大而逐渐延伸，如果在线路建设过程中不及时改造配网线路，将会出现配电网停电的情况。

（2）配电网中变压器的设置不够合理，供电线路的设置主要以单向辐射的形式，或电力负荷中心难以保证 10kV 线路的功能。

（3）电气设备通常基于感性负载，这需要更高的无功功率，尽管一些地区不断推出电容器等器件，但普及率较低，配电变压器通常很难补偿这些设备的无功功率，因此，在传输大量无功功率的过程中，线路会逐渐降低其电压。此外，目前对电力负荷的管理仍然薄弱。

（4）容量问题。如果安装容量一旦高于配电变电站区域的标准容量，就可能出现电压低的问题，所有这些因素都会导致线端电压持续下降的现象。

在供给视在功率不变的条件下，由 $S=UI$ 可知，供电电压和电流成反比关系，而线路和变压器损耗电量 $\Delta P=I^2Z$，由此可推导出：电压下降 5% 时，电流增加 5.26%，损耗增加 10.8%；电压下降 10% 时，电流增加 11.11%，损耗增加 23.46%。

4.1.2.2.2　谐波

谐波电流是非线性负载产生的，这些非线性负载从电源吸取非正弦波的电流，这些非正弦波电流中包含了谐波电流，谐波电流流过线路阻抗时，在线路的两端产生了谐波电压（欧姆定律），谐波电压是由谐波电流产生的。

谐波电流和谐波电压经过傅里叶分解后可得到几波频次不同倍数频次的各次谐波，例如我们的基频是 50Hz，那么经过傅里叶分解后得到的 100Hz 分量称为 2 次谐波，150Hz 分量称为 3 次谐波，以此类推（0 次谐波代表直流分量）。当然系统中还会含有一些无法被基频的整数倍分解的谐波，称为间谐波，相对于谐波，间谐波在系统中较少，对线损的影响效应微乎其微，所以此处也不加以赘述。

（1）谐波电流和谐波电压的等效分析。谐波电流在配电系统中除特定的补偿装置（例如：电容器、有源型无功补偿装置等），很难被消除或被利用，只能流向电源侧，并且在特定情况下还很容易引起串联谐振或并联谐振引起故障，谐波的危害在此不加以详细叙述，仅对谐波引起的线损问题加以分析。等效电路模型如图 4-8 所示。

这里所说的阻抗包含了电阻和电抗两部分，电抗部分包含了电感的感抗和电容的容抗。按这个概念，将图 4-8 进一步细化，就得到了图 4-9 所示的网络拓扑。

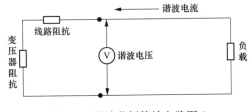

图 4-8　谐波分析等效电路图 1

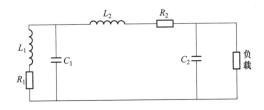

图 4-9　谐波分析等效电路图 2

L_1—变压器绕组电感；R_1—变压器绕组电阻；
L_2—配电线路分布电感，大约每米 1μH；R_2—配电线路分布电阻；C_1—变压器绕组电容＋补偿电容，有系统有补偿电容时，可以忽略绕组的电容；
C_2—配电线路分布电容：大约每米 100pF，当系统有补偿电容时，由于其数值很小，可忽略

如果不考虑系统有补偿电容的情况，并且仅考虑谐波电流（频率较低），则可忽略 C_1、C_2，这时系统的阻抗可以简化为

$$Z = R_1 + R_2 + j\omega(L_1 + L_2) \tag{4-19}$$

中压配电线路并不涉及降压站内变压器的阻抗，因此简化为

$$Z = R_2 + j\omega L_2 \tag{4-20}$$

式中：ω 为电流的角频率，等于 $2\pi f$，f 是电流频率。

从式（4-20）可看出，配电线路对于基波和谐波，以及不同次数的谐波具有不同的阻抗值，谐波的次数越高，阻抗值越大。电网的阻抗越高，谐波电流产生的谐波电压越大。需要特别注意的是，配电线路的感抗是不容忽视的。

（2）谐波电流、谐波电压的国家允许标准。特定频率的电流谐波和电压谐波通过系统时根据系统的阻抗和容抗会发生共振，引起供电系统故障甚至事故，因此必须对谐波电流和谐波电压加以限制。

系统共振特性为：当 $\omega^2 L = \dfrac{1}{C}$ 时，系统将发生 LC 共振。

式中：$\omega = 2\pi f$，f 即为谐波频率；L 为系统电感值，H；C 为系统电容值，F。

系统电抗为 $X = j\omega\ (L - 1/C)$，利用此式也可推导出已知系统电感和电容值，容易发生系统共振的谐波频率值，通过调整系统感抗和容抗值以避免发生谐振的风险。谐振频率计算公式为

$$f = \frac{1}{2\pi\sqrt{LC}} \tag{4-21}$$

国家标准 GB/T 14549—1993《电能质量》公用电网谐波中给出的标准如下：

1）谐波电压允许值见表 4-8。

表 4-8   **谐波电压允许值表**

电网标称电压（kV）	电压总谐波畸变率（%）	各次谐波电压含有率（%）	
		奇次	偶次
0.38	5.0	4.0	2.0
6	4.0	3.2	1.6
10			
35	3.0	2.4	1.2
66			
110	2.0	1.6	0.8

谐波电压含量 U_H 为

$$U_H = \sqrt{\sum_{h=2}^{\infty}(U_h)^2} \tag{4-22}$$

式中：U_h 为第 h 次谐波电压（方均根值）。

电压总谐波畸变率 THD_u 为

$$THD_u = \frac{U_H}{U_1} \times 100(\%) \qquad (4\text{-}23)$$

2) 谐波电流限值见表 4-9。

表 4-9　谐波电流允许值表

标准电压 (kV)	基准短路容量 (MVA)	谐波次数及谐波电流允许值（A）											
		2	3	4	5	6	7	8	9	10	11	12	13
0.38	10	78	62	39	62	26	44	19	21	16	28	13	23
6	100	43	34	21	3.4	14	24	11	11	8.5	16	7.1	13
10	100	26	20	13	2.0	8.5	15	6.4	6.8	5.1	9.3	4.3	7.9
35	250	15	12	7.7	12	5.1	8.8	3.8	4.1	3.1	5.6	2.6	4.7
66	500	16	13	8.1	13	5.4	9.3	4.1	4.3	3.3	5.9	2.7	5.0
110	750	12	9.6	6.0	9.6	4.0	6.9	4.3	3.2	2.4	4.3	2.0	3.7

标准电压 (kV)	基准短路容量 (MVA)	谐波次数及谐波电流允许值（A）											
		14	15	16	17	18	19	20	21	22	23	24	25
0.38	10	11	12	9.7	18	8.6	16	7.8	8.9	7.1	14	6.5	12
6	100	6.1	6.8	5.3	10	4.7	9.0	4.3	4.9	3.9	7.4	3.6	6.8
10	100	3.7	4.1	3.2	6.0	2.8	5.4	2.6	2.9	2.3	4.5	2.1	4.1
35	250	2.2	2.5	1.9	3.6	1.7	3.2	1.5	1.8	1.4	2.7	1.3	2.5
66	500	2.3	2.6	2.0	3.8	1.8	3.4	1.6	1.9	1.5	2.8	1.4	2.6
110	750	1.7	1.9	1.5	2.8	1.3	2.5	1.2	1.4	1.1	2.1	1.0	1.9

当电网公共连接点的最小短路容量不同于表 4-9 基准短路容量时，按式（4-24）修正表中的谐波电流允许值

$$I_h = \frac{S_{k1}}{S_{k2}} I_{hp} \qquad (4\text{-}24)$$

式中：S_{k1} 为公共连接点的最小短路容量，MVA；S_{k2} 为基准短路容量，MVA；I_{hp} 为表 4-9 中的第 h 次谐波电流允许值，A；I_h 为短路容量 S_{k1} 时第 h 次谐波电流允许值。

谐波电流含量 I_h 为

$$I_H = \sqrt{\sum_{h=2}^{\infty} (I_h)^2} \qquad (4\text{-}25)$$

式中：I_h 为第 h 次谐波电流（方均根值）。

电流总谐波畸变率 THD_i 为

$$THD_i = \frac{I_H}{I_1} \times 100(\%) \qquad (4\text{-}26)$$

（3）谐波引起的线损分析。某供电公司为某煤矿供电的 10kV 线路进行了谐波测试，该矿为 24h 连续生产作业，除煤矿外该线路还带载线路沿线村庄供电，生活用电负荷量

较少，线路为 240 架空线，大约 20km 具体数据见表 4-10。

表 4-10   谐 波 测 量 值 举 例 表

次数	电流谐波（A）			谐波标准	结论
	I_{Arms}	I_{Brms}	I_{Crms}		
0	1.749	2.373	6.343		
1	196.421	199.875	195.962		
2	0.799	1.074	0.755	12	合格
3	1.024	1.275	1.211	9.6	合格
4	0.504	0.381	0.568	6	合格
5	1.487	0.784	0.707	9.6	合格
6	0.407	0.284	0.0144	4	合格
7	0.324	0.224	0.278	6.8	合格
8	0.182	0.264	0.347	3	合格
9	0.388	0.252	0.372	3.2	合格
10	0.102	0.220	0.134	2.4	合格
11	1.584	1.255	1.551	4.3	合格
12	0.097	0.115	0.092	2	合格
13	1.455	1.052	1.246	3.7	合格
14	0.055	0.090	0.147	1.7	合格
15	0.314	0.203	0.075	1.9	合格
16	0.058	0.072	0.089	1.5	合格
17	0.225	0.095	0.133	2.8	合格
18	0.120	0.077	0.105	1.3	合格

对于配网 10kV 架空线加设成品字排列间距 1m，其等效电阻、电抗分别为

$$R = 31.5 \times 20/240 = 2.625(\Omega)$$

$$X = 0.1445 \times \lg(1000/8.74) + 0.0157 = 0.313(\Omega)$$

线路电抗值 $L = X/2\pi f = 0.313/314 = 0.9968$（mH）

H0 损耗为 $P_0 = (1.749^2 + 2.373^2 + 6.434^2) \times 2.625 = 131.48$（W）

H2 损耗为 $P_2 = (0.779^2 + 1.074^2 + 0.755^2) \times \sqrt{2.625^2 + (0.9968 \times 10^{-3} \times 2 \times 3.14 \times 100)^2}$
           $= 6.87$(W)

H3 损耗为 $P_2 = (1.024^2 + 1.275^2 + 1.211^2) \times \sqrt{2.625^2 + (0.9968 \times 10^{-3} \times 2 \times 3.14 \times 150)^2}$
           $= 6.90$(W)

H5 损耗为 $P_2 = (1.487^2 + 0.784^2 + 0.707^2) \times \sqrt{2.625^2 + (0.9968 \times 10^{-3} \times 2 \times 3.14 \times 250)^2}$
           $= 10.16$(W)

H11 损耗为 $P_2 = (1.584^2 + 1.255^2 + 1.551^2) \times \sqrt{2.625^2 + (0.9968 \times 10^{-3} \times 2 \times 3.14 \times 550)^2}$

$$=28.10(\text{W})$$

H13 损耗为 $P_2=(1.455^2+1.052^2+1.246^2)\times\sqrt{2.625^2+(0.9968\times10^{-3}\times2\times3.14\times750)^2}$

$$=25.71(\text{W})$$

仅取其中 H0、H2、H3、H5、H11、H13 次谐波在线路中一日消耗的有功电量就有

$$W=(131.48+6.87+6.9+10.16+28.10+25.71)\times24=5.02(\text{kW}\cdot\text{h})$$

估计 0、2~51 次谐波总共造成的损失功率在 0.209kW 左右，而基波供功率 $(196.421+199.875+195.962)\times10/1.732=3419.5$ （kW），谐波造成的电量损失占比很小。但随着谐波含量的增加，例如 2、3、5、7、11 按标准限值计算，H2 损失 1.17kW，H3 损失 0.77kW，H5 损失 0.84kW，H7 损失 0.47kW，H11 损失 0.24kW，总计损失 3.5kW，占比总供电功率的 0.1%，而谐波超标时其损耗功率占比将更大。

4.1.2.2.3 功率因数

功率因数是指交流电路有功功率对视在功率的比值，在交流电路中，电压与电流之间的相位差（φ）的余弦叫作功率因数，用符号 $\cos\varphi$ 表示，在数值上，功率因数是有功功率和视在功率的比值，即 $\cos\varphi=P/S$。功率因数表示了总功率中有功功率所占的比例。

而无功功率是电磁感应类设备（如变压器、电动机等）建立交变电磁场所必需的，在没有无功补偿装置提供必需无功的情况下，无功将在电源和用电设备之间流转，额外增加了线路电流，也引起了额外的损耗

$$\Delta P=I^2(1-\cos^2\varphi)Z$$

例如：在供电电压 U 和输送的有功功率 P 相同情况下，功率因数分别在 1、0.9 和 0.7，其分别通过的电流以及线路损失电量分别为

$$I_1=\frac{P}{U}\qquad P_{损1}=\frac{P^2}{U^2}Z$$

$$I_{0.9}=\frac{P}{0.9U}\qquad P_{损0.9}=1.23\frac{P^2}{U^2}Z$$

$$I_{0.7}=\frac{P}{0.7U}\qquad P_{损0.7}=2.04\frac{P^2}{U^2}Z$$

即

$$P_{损}=P_{损\cos\varphi=1}\cos^{-2}\varphi$$

由此可见，随着功率因数的降低线损量与功率因数的平方成反比例升高。

4.1.2.2.4 三相不平衡

（1）三相不平衡对配电变压器的影响。当三相负荷不平衡运行时，变压器的负荷损耗可看成三只单相变压器的负荷损耗之和。从数学定理中可知，假设 a、b、c 三个数都大于或等于零，那么

$$a+b+c\geqslant3\sqrt[3]{abc}$$

当 $a=b=c$ 时，代数和 $a+b+c$ 取得最小值为

$$a+b+c=3\sqrt[3]{abc}$$

因此，可假设变压器的三相损耗分别为

$$P_a = I_a^2 Z \qquad P_b = I_b^2 Z \qquad P_c = I_c^2 Z$$

式中：I_a、I_b、I_c 分别为变压器二次负荷相电流；Z 为变压器的相阻抗，$Z = R + jX$，而变压器单相等效电抗相对整体阻抗变化影响较小，在此分析中暂时忽略其变化，则可认为 Z 为一个常数。则变压器的损耗表达式为

$$\Delta P_a + \Delta P_b + \Delta P_c \geqslant 3\sqrt[3]{(I_a^2 Z)(I_b^2 Z)(I_c^2 Z)}$$

可知，变压器的在负荷不变的情况下，当三相负荷达到平衡时，即

$$I_a = I_b = I_c = I$$

变压器的损耗最小，变压器损耗为

$$\Delta P_{平衡} = \Delta P_a + \Delta P_b + \Delta P_c = 3I^2 Z$$

当变压器运行在最大不平衡时，即 $I_a = 3I$，$I_b = I_c = 0$ 时

$$\Delta P_{不平衡} = \Delta P_a + 0 + 0 = (3I)^2 Z = 9I^2 Z = 3\Delta P_{平衡}$$

即最大不平衡时的变损是平衡时的 3 倍。

（2）对高压线路的影响。低压侧三相负荷平衡时，6～10kV 高压侧也平衡，设高压线路每相的电流为 I，其功率损耗为

$$\Delta P_1 = 3I^2 Z$$

低压电网三相负荷不平衡将反映到高压侧，在低压侧达到最大不平衡时，按变压器磁通回路分析，高压对应相的电流为 $1.5I$，另外两相都为 $0.75I$，功率损耗为

$$\Delta P_2 = 2 \times (0.75I)^2 Z + (1.5I)^2 Z = 3.375 I^2 Z = 1.125 \Delta P_1$$

即高压线路上电能损耗增加 12.5%。

4.1.2.3 其他因素影响线损

4.1.2.3.1 负荷率对配电线路电能损耗的影响

上文阻抗作用章节中已提到了配电线路和配电变压器的损耗计算方法，其中使用的电流值均是 I_{rms}，即是方均根值，这个值是需要连续高密度数据监测，才能够准确算出 I_{rms} 值。相对获取平均电流和最大电流值难度要低很多，但在配电系统中负荷变化的实时性很强，很难在仅有平均电流或最大电流的情况下计算出系统的损耗。因此，引入负荷率的概念，负荷率是一定时间内的平均负荷与最高负荷之比的百分数，用以衡量平均负荷与最高负荷之间的差异程度，是反映供用电设备是否得到充分利用的重要技术经济指标之一。从经济运行方面考虑，负荷率越接近 1，表明设备利用程度越好，用电越经济

$$线路负荷率 = [线路平均负荷/线路最大负荷] \times 100\% \tag{4-27}$$

线路的负载率是指线路出现的最大负荷与线路本身最大载容量之比，主要用于测算线路是否有超载情况和线路利用率等问题

$$线路负载率 = [线路最大负荷/线路最大载容量] \times 100\% \tag{4-28}$$

本章节的介绍以"日电能损耗"为基础，若需要换算成月、年损耗量，需要将运行周期时间 T 以及相应的电流曲线数据更换为月、年即可。

（1）均方根电流法。日电能损耗公式为

$$\Delta A = 3I_{rms}^2 ZT \times 10^{-3} \tag{4-29}$$

均方根电流计算公式为

$$I_{rms} = \sqrt{\frac{\sum_{t=1}^{n} I_t^2}{n}} \tag{4-30}$$

式中：ΔA 为日损耗电量，kW·h；T 为运行时间（对于代表日 $t=24$），h；I_{rms} 为均方根电流，A；Z 为线路电阻，Ω；I_t 为实时采样电流值，近似计算也可用 24 点或 96 点负荷电流，A。

在未获得负荷曲线电流数据，但已获得三相电压曲线和有功功率、无功功率或视在功率的负荷曲线时

$$I_{rms} = \sqrt{\frac{\sum_{t=1}^{n} \frac{(P_t^2 + Q_t^2)}{U_t^2}}{3n}} = \sqrt{\frac{\sum_{t=1}^{n} \frac{S_t^2}{U_t^2}}{3n}} \tag{4-31}$$

式中：P_t 为 t 时刻通过元件的三相有功功率，kW；Q_t 为 t 时刻通过元件的三相无功功率，kvar；U_t 为 t 时刻同端电压，kV。

（2）平均电流法。利用均方根电流与平均电流的等效关系进行电能损耗计算，令均方根电流 I_{rms} 与平均电流 $I_{均}$（日负荷电流平均值）的等效关系为 K（亦称负荷曲线形状系数）

$$I_{rms} = KI_{均} \tag{4-32}$$

日电能损耗公式为

$$\Delta A = 3K^2 I_{均}^2 ZT \times 10^{-3} \tag{4-33}$$

平均电流计算公式为

$$I_{均} = \frac{1}{n} \sum_{t=1}^{n} I_t \tag{4-34}$$

系数 K_2 应根据负荷曲线、平均负荷率 f 及最小负荷率 α 确定。

1）当 $f > 0.5$ 时，按直线变化的持续负荷曲线计算 K_2 为

$$K_2 = \frac{\alpha + \frac{1}{3}(1-\alpha)^2}{\left[\frac{1}{2}(1+\alpha)\right]^2} \tag{4-35}$$

2）当 $f < 0.5$ 且 $f > \alpha$ 时，按二阶梯持续负荷曲线计算 K_2 为

$$K_2 = \frac{f(1+\alpha) - \alpha}{f^2} \tag{4-36}$$

式中：f 为日平均负荷率，$f = I_{均}/I_{max}$，I_{max} 为最大负荷电流值；α 为日最小负荷率，$\alpha = I_{min}/I_{max}$，I_{min} 为最小负荷电流值。

（3）最大电流法。当只具有最大电流的资料时，可采用均方根电流与最大电流的等效

关系进行能耗计算，令均方根电流平方与最大电流的平方的比值为 F（亦称损失因数）。

损失因数为

$$F = \frac{I_{rms}^2}{I} m \tag{4-37}$$

损耗电量计算公式为

$$\Delta A = 3 I_{max}^2 F Z T \times 10^{-3} \tag{4-38}$$

式中：F 为损失因数；I_{max} 为代表日最大负荷电流，A。F 的取值根据负荷曲线、平均负荷率 f 和最小负荷率 α 确定。

1）当 $f > 0.5$ 时，按直线变化的持续负荷曲线计算 F 为

$$F = \alpha + \frac{1}{3}(1-\alpha)^2$$

2）当 $f < 0.5$ 且 $f > \alpha$ 时，按二阶梯持续负荷曲线计算为

$$F = f(1+\alpha) - \alpha$$

4.1.2.3.2 负载率对配电变压器电能损耗的影响

不同于线路负载率和负荷率，变压器的负载率指该变压器实际承担的负荷与其容量之比，即一定时间内，变压器平均输出的视在功率与变压器额定容量之比，用于反应变压器的承载能力；而变压器的容载比指变压器容量与所负责区域的最高运行负荷之比（有些类似于线路的负载率）。

配电变压器在长期运行中，由于实际情况的错综复杂，用电规模的不断扩大，使得电负荷组件增大，造成有些配电变压器处于重负荷运行，有些处于轻负荷运行，同时根据用电时段、季节不同，负荷波动较大，给配电变压器经济运行带来了较大影响。

实际工作中，配电变压器的负荷率 β 与变压器的实际容量 S 以及额定容量 S_N 有着密切的关系，而负荷率是一个统计数据，这里以"年负荷率"来加以分析。

（1）利用变压器年最大负荷利用小时数计算。配电变压器的年电能损耗 ΔA 年与各参数的关系为

$$\Delta A_{年} = \Delta A_0 + \Delta A_k = (\Delta P_0 + K_w I_0\% S_N)T + (\beta^2 \Delta P_k + K_w \beta^2 U_k\% S_N)\tau \tag{4-39}$$

式中：ΔA_0 为变压器空载无功和有功损耗；ΔA_k 为变压器短路无功和有功损耗；β 为变压器的平均负载率；S_N 为变压器额定容量，kVA；ΔP_0 为变压器空载损耗，kW；ΔP_k 为变压器负载损耗，kW；$U_k\%$ 为变压器的短路阻抗百分数；$I_0\%$ 为变压器的空载电流百分数；T 为运行周期时长，以年负载率计算采取 $T = 8760$，h；K_w 是变压器无功当量，$6 \sim 10$kV 降压变压器取系统最小负荷时，$K_w = 0.1$kW/kvar；τ 为变压器最大负荷年损耗小时数。

注：这里 $U_k\%$、$I_0\%$ 是按百分数取值，例如变压器标称 $U_k\% = 4.5$，则取其值为 4.5%。

变压器的损耗包括有功和无功两部分，由于无功功率的存在，使功率因数降低，在输出功率一定时，系统电流将增大

$$I \uparrow = \frac{P}{U_{\rm N} \cos\varphi \downarrow}$$

从而使系统的有功损耗增大，故无功损耗将引起有功损耗的一个变化量。因此，引入一个无功损耗换算为有功损耗系数 $K_{\rm w}$，一般情况下配电变压器的 $K_{\rm w}$ 取值在 0.1 左右。

（2）利用负载波动系数近似计算方法

有功损耗为 $\qquad\qquad \Delta P = P_0 + K_{\rm T}\beta^2 P_{\rm K}$

无功损耗为 $\qquad\qquad \Delta Q = Q_0 + K_{\rm T}\beta^2 Q_{\rm K}$

综合功率损耗为 $\qquad\qquad \Delta P_{\rm Z} = \Delta P + K_{\rm w}\Delta Q$

而空载和满载时的无功损耗 Q_0、$Q_{\rm K}$ 满足

$$Q_0 \approx I_0\%S_{\rm N}, \ Q_{\rm K} \approx U_{\rm K}\%S_{\rm N}$$

因此

$$\Delta P_{\rm Z} = P_0 + K_{\rm T}\beta^2 P_{\rm K} + K_{\rm w}(I_0\%S_{\rm N} + K_{\rm T}\beta^2 U_{\rm K}\%S_{\rm N}) \tag{4-40}$$

$$\Delta A = \Delta P_{\rm Z}T = [\Delta P_0 + K_{\rm T}\beta^2 P_{\rm K} + K_{\rm w}(I_0\%S_{\rm N} + K_{\rm T}\beta^2 U_{\rm K}\%S_{\rm N})]T \tag{4-41}$$

式中：$K_{\rm T}$ 是负载波动系数，一般取值 1.05。

4.1.2.3.3　温度对损耗的影响

配电线路、配电变压器的主要构成部分就是导体，无论是构成变压器的感应线圈还是线路，从本质上都是导体，除却特种材料的高温临界超导现象和低温超导现象外，一般的导体电阻率与温度之间均有一定的变化关系，当温度改变 1℃时，电阻值的相对变化我们称之为电阻温度系数（temperature coefficient of resistance，TCR），单位为 ppm/℃。

计算过程中应考虑负荷电流引起的温升及环境温度对导线电阻的影响，具体计算方式为

$$R = R_{20}(1 + \delta_1) \tag{4-42}$$

$$\delta_1 = \frac{0.2I_{\text{均}}^2}{I_{20}^2} = \alpha(T_{\text{均}} - 20) \tag{4-43}$$

因此

$$R = R_{20}[1 + \alpha(T_{\text{均}} - 20)] \tag{4-44}$$

式中：R_{20} 为每相导线在 20℃时的电阻值，可查表获得，Ω；δ_1 为导线温升对电阻的修正系数；I_{20} 为环境温度为 20℃时，导线达到允许温度时的允许持续电流，A；$I_{\text{均}}$ 为计算周期内平均电流，A；$T_{\text{均}}$ 为计算周期内平均气温，℃；a 为导线电阻温度系数，对铜、铝、钢芯铝绞线，也可采用近似取值 $\alpha = 0.004$。

4.1.2.3.4　其他因素对损耗的影响

计量装置失误、档案管理问题和窃电等因素造成的线损属于管理线损，但对线损管理造成的影响不比技术线损低，日常管理中仍需要针对相关技术手段进行查处和改正。

（1）计量装置。

1）计量装置（包括电能表、电压互感器、电流互感器等）超量程、欠量程，接线错

误以及计量装置错误使用造成的计量损失。

2）计量装置故障。例如电能表快走、倒走、清零、时钟错误；电流互感器倍率错误等。

3）计量装置采集、冻结数据时钟不同步造成的偏差。

（2）档案管理问题。线损分析、数据采集、设备管理等各系统数据交互档案不同步，或系统与现场运行状态、负荷分布情况不一致等造成的损失。

（3）窃电行为。窃电行为引起的线损。

4.1.3 配电网降低技术线损主要途径

4.1.3.1 电网建设规划

做好电网负荷增长预测和电网设备增、扩、改造的规划，避免设备满、过载造成的过大损失，确保设备安全经济运行和持续可靠供电，特别是 110、220kV 电压级变电站和中低压配电网的建设规划。其中，2000～2020 全国发电量和装机容量增长图如图 4-10 所示。

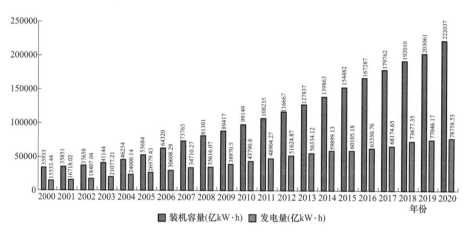

图 4-10　2000～2020 年全国发电量和装机容量增长图

更换直径过小的旧线路和变压器，扩大线路承载能力，增加出线线路数量，扩大网络容量，合理调配重负荷线路负荷，可减少线路热损失。

合理规划供电线路路径，依据负荷增长预测合理选择线缆、开关、变压器型号，避免满、过载高损耗或过度投资浪费。

4.1.3.2 负荷潮流调度

有效利用配电自动化调度，依据潮流合理预测、精细化调度线路负荷供应，使线路、主变压器处于经济运行。

4.1.3.3 广泛安装无功补偿设备

针对城市电网公共配电网中加工工业和商业用电规模小的特点，能充分满足用户无功需求，就地进行无功补偿，广泛采用动态无功补偿系统，提高配电变压器输出功率，降低有功功率损耗，提高供电质量。

4.1.3.4 替换高耗能设备

淘汰高耗能变压器、开关、电容器等老旧设备，使用新型节能设备替代。

4.1.3.5 新技术应用

引入新型电力电子技术、储能技术、分布式能源等，合理调配电量，使配电网系统处于最经济状态运行。

4.2 配电网线路降损技术研究

4.2.1 配电网技术降损

4.2.1.1 技术降损管理要求

4.2.1.1.1 技术降损管理思路

（1）合理分布配电网功率。电网结构、布局是配电网技术耗损的重要原因之一，首先应针对配电网内部的功率分配。在环形配电网和电阻成反比的基础上调整全部的网络功率目标，从而将调整配电线路、网络功率因数当作调整的主要方向。配电网运行功率是指科学配置线路有功功率、合理分布无功功率，其实就是通过缩短配电线路的无功输电长度；同时，引入无功补偿装置并进行合理配置，以提高负荷功率因数，并调整无功分布，从而有效降低线路的耗损，进而有效改善供电质量和电网配电，提高配电网输电效率。

（2）配电网运行方式的调整。调整配电网运行方式主要就是及时协调、改变运行中的负荷曲线和三相负荷。当配电网运行负荷过大时，峰谷差距就会越大，尤其要注意三相不平衡的负荷，要合理分配用电时间及负荷布局，也可采用双回路供配电方式，调整回路供配电与负荷平衡的方法，降低回路中的线损，保证配电和变电回路的安全运行，也包括通过技术改造、大修等方案优化配电网运行方式。

（3）变压器运行管理的完善。变压器损耗在配电网总损耗占比达 30%～60%，应科学合理、适时调整变压器运行方式，以控制配电网线损。

（1）依据配电网特点、线损率大小计算出临界负荷以及变压器数量要求，按照计算结果调整变压器的数量，将其运行中的损耗控制在合理范围内且保证最小。以合理运行中的变压器台数为基础，按照其运行中产生的负荷及负荷关系选择变压器运行方式（单独运行或联动）。

（2）开展变压器应急储备，保证在运行中出现问题可以及时替换。

（3）开展高耗能老旧变压器更换。

（4）计量装置的优化。优化配电网中的计量装置，如电能表等，按照配电网运行中的负荷准确算出系统中的标定电流，同时依据二者的特点和配电网中互感器的特点进行匹配选择。

（5）无功补偿。无功线损主要出现在配电网中的线路环节，线损特点、分布状况经过全面的分析、计算之后。在符合配电网系统的基础上，选择合理的无功补偿方法，进而使得配电网运行中线损降低。通常情况下，根据不同的电压等级和不同负荷分区，实时进行就地无功补偿，并依据系统负荷进行自动投切。比如，夏季用电量大，造成配电网运行的线损率加大，此时必须测定出准确的线损率并进行末端无功补偿使得功率因数提高，进而使线损降低。

4.2.1.1.2 技术降损常规路线

（1）导线电流密度和电阻率的降低。可通过选择截面积较大的线路架设干线和主分支线路，以确保各线路电流密度的经济性。特别要注意的是安全电流在高负荷阶段的管理，有效调和负荷曲线峰谷间的差值大小，通过选择低电阻率的导线，以实现配电网电阻率的减低。

（2）输电线路长度的缩短。在考虑配线网中的线损率以及经济效益的基础上，加大三相平衡的配电比例。一般若控制 10kV 线路的输电，距离通常在 2km 以下；如果是 0.4kV 的线路输电，距离保持在 250m 之内就可以。

4.2.1.1.3 合理提高电压

电力企业在配电网系统中调节电压时，要注意符合配电网实际运行的情况以及电压的实际状况。在合理的前提下，适当地调升电压（抬升 $a\%$），依据公式

$$\Delta W\% = [1 - (1 + a\%)^2] \times 100\% \tag{4-45}$$

即配电网线损和电压关系，能有效控制线损。

4.2.1.2 线路调压器

随着国民经济的发展，负荷波动问题逐年加剧，电力系统末端的电压总会随着负荷的变化而产生波动，为了防止工农业生产的质量和产量受到影响、用电设备受到损害，就必须使供电电压保持相对稳定。在无功功率充足的情况下，变压器调压是最直接、有效的调压手段，通过改变调压绕组分接抽头的位置以调整变压器变比来实现，从而稳定变压器二次侧电压，减少因电压波动和低电压造成的损耗和事故危害。电压波动和低电压造成的线路、变压器损耗增加以及供电可靠性的降低部分，在此不再赘述。

线路调压器和有载调压变压器原理基本一致，区别仅在于有载调压变压器二次侧与一次侧电压等级不同，主要用于降压使用；而线路调压器一、二次侧电压等级相同，主要用于过长线路中末端提升线路电压。

从变压器问世以来，几乎所有的变压器都是通过改变一、二次绕组匝数来进行电压调节的。变压器调压有两种方式：无励磁调压和有载调压。

无励磁调压是在变压器脱离电网、停止运行的状态下，根据不同负荷对应的输出电压要求设定变压器调压绕组分接抽头位置的调压方式。无励磁调压只适用于用电负荷季节性波动、无需经常调压的情况，并且调压过程必须停电。然而电力系统所维持的平衡是动态平衡，电压与无功的平衡需求必须得到快速的满足，存在较频繁、大幅度的负荷波动时必须能在不断电的前提下及时调整变压器变比调整电压，在此条件下，有载调压变压器应运而生。

美国和日本以及一些欧洲国家在 20 世纪初已经开始了有载调压变压器的研究和使用。

我国于 20 世纪 50 年代由上海电机厂制造出 35kV 的有载调压变压器，使我国从无载调压开始过渡到有载调压。机械式的有载分接开关，是至今技术最成熟、工程应用最广泛的有载调压方式，是由带过渡电抗器或电阻的切换开关与选择开关构成，通过齿轮的传动完成操作的，但切换过程中的电弧问题一直是制约机械式有载调压变压器发展的重要因素。

国外最早在 1990 年，英国的 Cook G H 基于传统分接开关的结构提出了一种采用晶闸管辅助分流的有载调压装置。在 1997 年，美国伦斯勒理工学院的 Degeneff R C 教授提出新的结构，采用少量的晶闸管代替了部分开关。奥地利的伊林公司于 1999 年生产了一种 TADS 的装置，是由晶闸管辅助的切换开关和选择器构成的有载分接开关。2001 年 Hao Jiang，Roger Shuttleworth 等学者提出了一种采用 GTO 作为辅助器具的机械式有载分接开关，将损耗尽可能降低，一定程度上解决了传统机械装置的电弧和开关响应慢的问题。2003 年 Mailah N F 提出了通过微机控制电力电子开关实现无触点自动调压的方案，由此开始了电力电子型无触点分接开关的研究。2012 年 Daniel J R 与 Green T C 提出了"主动分流"的设计思路，其设计采用了低电压、大电流开关模式放大器来转移输出电流，达到快速无弧调压的目的。

国内，万凯等人在 2002 年发表了一种无电弧、无过电压、无过电流、不中断线路的机械式改进型（晶闸管辅助）有载调压方案。2006 年，中国电力科学研究院的王金丽等人提出了应用反并联晶闸管来实现配电变压器有载调压的设计方案，并通过仿真和实验，验证调压时配电侧可以实现连续供电。李星龙等人在 2008 年提出了一种基于电力电子技术的变压器有载分接开关的实现方案，采用晶闸管等相应器件代替分接头的机械调压开关，用单片机作为驱动控制单元，通过控制晶闸管的导通次序，实现平滑的有载调压。

随着电力电子器件的发展，各国对有载调压变压器的研究也有了进一步的发展，主要分为两个方向：①利用电力电子器件和过渡电阻解决机械式切换过程中的电弧问题（见图 4-11）；②基于电力电子器件的配电变压器无触点有载调压装置（见图 4-12）。

4.2.1.3　其他技术降损方案

4.2.1.3.1　中压侧线路无功补偿及电压补偿

（1）中压侧无功补偿。中压线路的无功补偿一般常见柱上式并联电容型无功补偿，一般采用跌落式熔断开关控制投切，较少见自动控制或远程控制投切型无功补偿装置，设计中此种无功补偿形式更多用于补偿架空线路的分布电抗。而电缆线路由于电缆运行时的分布电容较大，一般较少有电缆线路加装无功补偿装置情况。

（2）中压线路电压补偿。对于供电半径过长的线路，较多在线路中后段增加线路调压器装置，用于调节线路电压，10kV 线路调压器（以下简称调压器）是一种可以自动调节变比来保证输出电压稳定的装置。其可以在额定电压 20% 的范围内对输入电压进行自动调节。在线路中端或是末端安装调压器可使整个线路的电压质量得到保证；对负载较重的线路，负荷较大引起线路压降大，在线路中端加装调压器也可改善整条线路的电压质量。

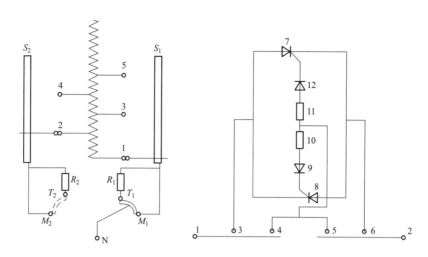

图 4-11 电阻型分解开关和晶闸管辅助分解开关原理图

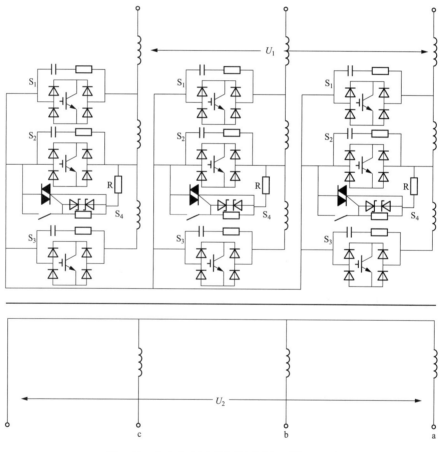

图 4-12 全电力电子型有载调压变压器原理图

调压器具有装置容量大、体积小、损耗低、便于安装维护、跟踪电压变化自动调整有载分接开关挡位，以及动作可靠、电压调整精度高的特点，可根据需要调整电压基准值、动作延时、允许范围、次数限定，参数设置灵活、方便，是目前当中压线路中线路过长时推荐使用的一种装置，如图 4-13 所示。

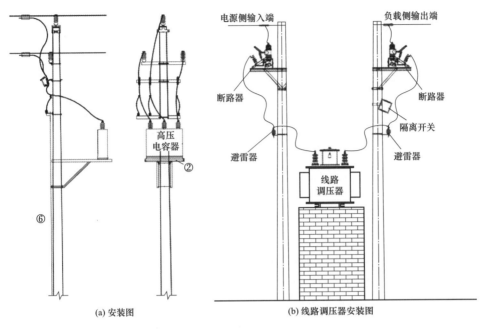

(a) 安装图　　　　　　　　　　(b) 线路调压器安装图

图 4-13　中压无功补偿（并联电容器）

4.2.1.3.2　中压线损分段定位监控方案

中压线损分段定位方案主要是反窃电监测终端应用方案，其工作方式如图 4-14 所示。

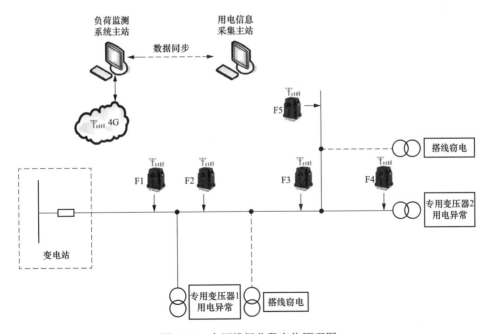

图 4-14　中压线损分段定位原理图

反窃电监测终端是一种安装方式类似于故障指示器的装置，能测量线路电流并通过无线公网传输至反窃电监控系统,由监控系统调取专用变压器、配电变压器以及变电站出口电流曲线数据,与终端上报数据按配置的档案关系对视在功率或电流进行计算,来确定线路中各段落所损失的视在功率电量。若某段落损失量超标,则提示该段落存在窃电或计量问题,可快速定位线路线损超标区段,提升反窃电稽查速度和准确度。

在反窃电稽查监控平台的基础上,中国电力科学研究院反窃电中心主导开发了"反窃电监控子系统"的标准设计,这个子系统是反窃电稽查监控平台的一个功能模块。目前,部分省份电力公司基本功能已开发完成,并开始布置。

4.2.1.3.3 配电变压器低压侧无功补偿和三相不平衡补偿方案

三相不平衡是指在电力系统中三相电流、电压的幅值或相位差不一致且超过规定范围。特别是在低压配电台区,低压电力用户多为单相负荷或单相和三相负荷混用,并且任意相负荷大小随时间、季节等因素随时变化,难以通过调整供电相别方式彻底改善,从而导致了低压供电系统中三相负载长期存在不平衡问题,继而引起低压配电线路、配电变压器、中压配电线路的额外线损产生。

目前低压配台区中常用的补偿装置还是电容器为主流,有智能控制投切型、智能电容器型等多种,此外还有少量SVG装置。

电容器补偿装置价格较低廉,但只能补偿感性无功且电容投切智能一次性投入或退出,连续性很差,分钟级的响应速度更是差强人意。而SVG设备属于电力电子型设备,价格略贵,能补偿感性和容性无功且能够治理谐波,连续性和响应速度均很快;但其缺点是不能补偿零序电流,即很难起到三相不平衡补偿的作用。

有源不平衡补偿装置(Active Unbalance Compensation Device,AUC)是专用于提升配电网台区电能质量的新型电力电子装置。该装置可有效治理电网三相不平衡,补偿无功功率和谐波,实时稳定系统电压。其原理如图4-15所示。

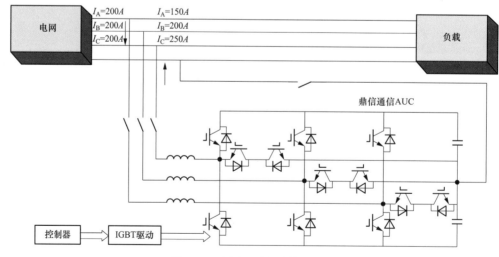

图 4-15 有源不平衡补偿原理图

考虑到低压配电线路的不平衡和无功引起的线损问题，建议使用 AUC 设备采取近负荷侧分布式安装，从而降低低压配电网的线损。

4.2.2 新能源消纳助力降损

4.2.2.1 分布式能源接入

分布式电源的接入对于配电网线损管理是一把双刃剑，利用得好可作为远距离配电的补充，就近发电就近消纳，减少线路上的损耗；利用不好则有可能增加线路远距离电能调配量，增加线路损耗，分布式能源接入与消纳如图 4-16 所示。

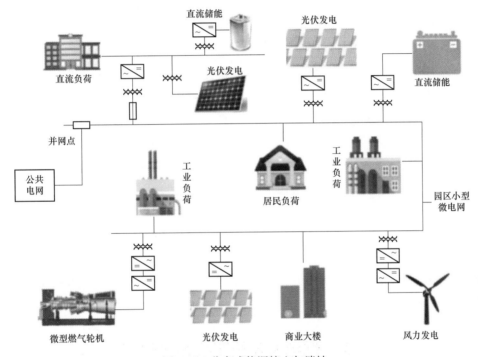

图 4-16 分布式能源接入与消纳

无论是光伏发电、风力发电还是潮汐发电，都与外界环境因素有密切关系。例如：光线的强弱和昼夜交替、风力强弱、潮汐时间等，而用户的负荷曲线在无外力影响情况下基本趋于稳定，用户负荷的地理分布更不受电网公司控制，因此想要做到就近发电、就近消纳、减少线路负荷损耗，就要做好政策引导和合理规划。

例如：小规模低压分布式电源接入，尽量遵循台区内本地消纳的原则，建设初期按照分布式电源的发电特征曲线和该台区的负荷曲线作为参照依据控制分布式电源的建设量和发电量，同配电台区内无法消纳的尽量以直流调配方式跨台区消纳；对于集中较大规模的分布式能源接入，可采取专用变压器、专线等架构形式向负荷集中区域调配，以避免因有功倒送而产生的低压配电台区过电压。

目前关于分布式电源的有序接入问题还处于摸索探讨和试验阶段，这里仅从线损角度提供部分参考意见，仍需具体问题具体分析。

4.2.2.2 储能电站

储能电站是通过电化学电池或电磁能量存储介质进行可循环电能存储、转换及释放的设备系统。电力储能技术可提高常规电力系统运行效率、安全性、经济性和可再生能源的利用效率。供电公司在配电网中建设储能电站，特别是分布式储能电站，其主要目的是调节峰谷用电问题，更有利于电力调度，以免供电容量不足，也能降低峰值负荷，从而降低线路损失。

现阶段储能电站主要的存储手段包括压缩空气储能、抽水储能电站、电池组、热储能等，而目前只有电池组比较适合配电网分布式建设（抽水储能电站受地理条件限制较高），各类电池组转化效率：铅酸电池 70%~90%、钠硫电池 80%~90%，锂离子电池 85%~90%。

目前已有不少售电公司和大型企业自行建设储能电站，其目的是赚取峰谷差价，从线损角度来思考，由公式 $\Delta P = I^2 Z$ 可知，损耗电量与电流的平方成正比。储能电站削峰填谷的同时又有降低线损的效果。

例如：假设某线路峰时段供电电流为 100A，谷时段供电电流为 20A，其中临近负荷侧的一储能电站能在谷时段吸纳 10A 的电流（持续 2h），在峰时段释放等量的 10A 电流 2h，那么根据公式计算（仅计算吸纳和释放的总计 4h 内的损失部分）

$$\Delta W_{原4h} = 100^2 Z \times 2 + 20^2 Z \times 2 = 20400Z$$

$$\Delta W_{储4h} = 90^2 Z \times 2 + 30^2 Z \times 2 = 18000Z$$

在此 4h 内降低了 11.76% 的电量损耗。

因此，合理规划建设储能电站并鼓励和引导大用户建设储能电站，特别是分布式储能电站对配电网线损提升具有相当大的意义。

4.3 配电变压器降损技术研究

4.3.1 节能型配电变压器

变压器（Transformer）是利用电磁感应原理来改变交流电压的装置，主要构件是一次绕组、二次绕组和铁芯（磁芯）。主要功能有：电压变换、电流变换、阻抗变换、隔离、稳压（磁饱和变压器）等。

变压器可按电压等级、绝缘散热介质、铁芯结构材质分类，还可以按相数与容量来分类，因此规格型号也是多种多样的。

（1）变压器的分类标准。

1）按电压等级分：1000、750、500、330、220、110、66、35、20、10、6、0.66、0.38、0.22kV 等，配电变压器主要应用于中压线路，因此只涉及 20kV 和 10kV 两个电压等级，如图 4-17 所示。

2）按绝缘散热介质分。可分为干式变压器和油浸式变压器。

图 4-17 不同电压等级的变压器

3）按铁芯结构材质分。可分为硅钢叠铁芯变压器、硅钢立体卷铁芯变压器、非晶合金铁立体卷铁芯变压器等，如图 4-18 所示。

图 4-18 硅钢叠片（左） 平面卷铁芯（右）

4）按设计节能序列分。可分为 SG、SJ、S7、S9、S11、S13、S15、S17、S20、SBH21、S22 等。目前常见的变压器均为节能型变压器，S7 及以前产品基本已经淘汰，S9 也基本淘汰。节能型变压器是指性能参数中的空载、负载损耗均比 GB/T 6451 平均下降 10％以上的三相油浸式电力变压器。

5）按相数分。可分为单相变压器和三相变压器。

6）按容量分。我国现在常见的配电变压器额定容量有：30、50、80、100、160、200、250、315、400、500、630、800、1000、1250kVA 等。

（2）变压器的规格型号。变压器的规格型号较多，不同种类规格其含义也有所不同。

例如：干式变压器 SCB12-2500/10/0.4 表示的含义，如图 4-19 所示。

S 表示该变压器为三相变压器，若为 D 则表示此变压器为单相。

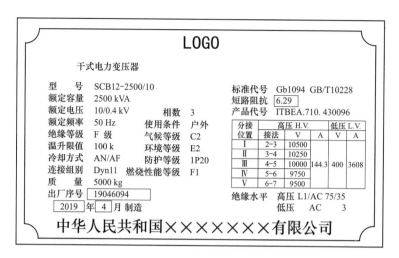

图 4-19　变压器铭牌

C 表示（干式变压器）绕组为树脂浇注成形固体，油式变压器不标。

B 是箔式绕组，如果是 R 则表示为缠绕式绕组，如果是 L 则表示为铝绕组，如果是 Z 则表示为有载调压，铜绕组不标。

12 表示设计序号，也称技术序号。

2500 表示此台变压器的额定容量（1000kVA）。

10 表示一次额定电压。二次额定电压 0.4kV 等级有时不标。

4.3.1.1　节能型变压器

随着中国"节能降耗"政策不断深入，国家鼓励发展节能型、低噪声、智能化的配电变压器产品。在网运行的部分高能耗配电变压器已不符合行业发展趋势，面临着技术升级、更新换代的需求，未来将逐步被节能、节材、环保、低噪声的变压器所取代。

主流的节能配电变压器主要有节能型硅钢叠铁芯变压器、硅钢立体卷铁芯变压器、非晶合金立体卷铁芯变压器三种。设计序列包括 S20、SBH21、S22 等。

随着配电变压器节能要求不断推进。最新通过的 GB 20052—2020《电力变压器能效限定值及能效等级》，取代了原 GB 24790—2009《电力变压器能效限定值及能效等级》和 GB 20052—2013《三相配电变压器能效限定值及能效等级》，于 2021 年 6 月 1 日起实施。该国家标准在 10kV 配电变压器范围内，1 级能效限定值较 2013 版空载损耗平均降低 20%，负载损耗平均降低 10%。特别是 1 级能效，如果采用传统的叠片式结构，势必造成高性能电工钢带的大量消耗且叠片式变压器占地面积大、土建成本高。在此情况下，采用立体卷铁芯结构更适宜批量化生产 1 级能效配电变压器。

4.3.1.2　立体卷结构

立体卷铁芯变压器、立体组合式卷铁芯变压器、立体组合式三相卷铁芯变压器、三角形立体卷铁芯变压器、立体三角形卷铁芯变压器等说法均是指立体卷铁芯变压器，用字母 RL 来表示该型号，如 S13-MRL-100/10、SCB11-RL-1000/10，其中，R 表示卷铁芯，L 表示立体结构。

立体卷铁芯变压器是一种节能型电力变压器，它创造性地改革了传统电力变压器的叠片式磁路结构和三相布局，使产品性能更为优化，如图 4-20 所示。

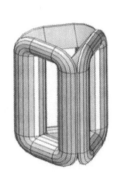

图 4-20　立体卷铁芯变压器和立体卷铁芯图

4.3.1.2.1　结构特点

（1）磁路优化。

1）三维立体卷铁芯层间没有接缝，磁路各处分布均匀，没有明显的高阻区，没有接缝处磁通密度的畸变现象。

2）磁通方向与硅钢片晶体取向完全一致。

3）三相磁路长度完全相等，三相磁路长度之和最短。

4）三相磁路完全对称，三相空载电流完全平衡。

（2）损耗低，节电效果显著。

1）三维立体卷铁芯的磁化方向完全与硅钢片的轧制方向一致且铁芯层间没有搭头接缝，磁路各处的磁通分布均匀，没有明显的高阻区，没有接缝处磁通密度的畸变现象。在材质相同的前提下，卷绕式铁芯与叠片式铁芯相比，其铁损工艺系数从 1.3～1.5 下降到 1.05 左右，仅此一项可使铁芯损耗降低 10％～20％。

2）由于特殊的三维立体结构，使铁芯的铁轭部分用材量比传统叠片铁芯减少 25％且减少的角重量占铁芯总重约 6％。

3）对硅钢片的剪切处理会使其导磁性能恶化，三维立体卷铁芯经高温（800℃）真空充氮退火处理，不仅消除了铁芯的机械应力，而且细化了硅钢片的磁畴，提高了硅钢片二次再结晶能力，使硅钢片的性能大大优于其出厂时的性能。

4）经检测认定，三维立体变压器的空载损耗较国标降低 25％～35％，空载电流最高可降低 92％。

（3）噪声低。变压器本体振动产生噪声的根源在于：

1）硅钢片的磁致伸缩引起铁芯振动，产生噪声。

2）硅钢片接缝处和叠片之间存在着因漏磁而产生的电磁吸引力，引起铁芯振动，产生噪声。

3）变压器工作磁密选取过高，接近或达到饱和点，漏磁太大，产生噪声。

由于三维立体卷铁芯是将硅钢片条料在专用的铁芯卷绕机上不间断、紧密连续卷制而成，没有接缝，不会产生如叠片式因磁路不连续而发出的噪声；同时，三相磁路、磁通完全对称，工作磁密设计合理，因而产品噪声大大降低。

SGB10-RL-2000/10 型产品的型式试验声级测定只有 47dB，比国标规定的 66dB 降低了 19dB，几乎达到环保静音状态，最适合室内和居民小区使用。

（4）过载能力强。

1）产品本身的发热量很低。卷铁芯变压器其空载损耗、空载电流都非常小，产品本身发热量就很低。

2）三相线圈呈"品"字形排布，在绕组圈间形成一条上下贯通的中心天然气道——"抽风烟筒"。由于上下铁轭温差 30～40℃，产生强烈的空气对流，冷空气从下面往中心通道补充，热量从上铁轭内斜面辐射出去，自然循环中迅速带走变压器产生的热量。

（5）结构紧凑、占地小。特殊的三维立体铁芯使产品结构紧凑、布局合理，器身平面占用面积比传统产品减少 10%～15%，器身高度降低 10%～20%，若安装在箱式变电站中可缩小箱式变电站体积近 1/4。

4.3.1.2.2　平面卷和立体卷铁芯的比较

卷铁芯分为平面卷铁芯与立体卷铁芯，两者存在很大的不同。

我国在 20 世纪 60 年代开始研制立体结构的变压器，如渐开线式铁芯、立体叠铁芯等，限于材料和技术的原因，到了 20 世纪 90 年代末，国内的一些厂家才研发出合理的立体卷铁芯变压器。2003 年以后，卷铁芯变压器才逐步得到用户的认可。

（1）立体卷铁芯特征。立体卷铁芯变压器的关键部件是立体卷铁芯，它是由三只尺寸完全相同的单框铁芯拼合而成。每个单框铁芯的心柱、铁轭截面相等，接近半圆形，拼合后铁芯的三只心柱呈等边三角形立体排列，铁芯心柱的横截面接近圆形，三只铁芯磁路长度一致且铁轭长度均最短，所以铁芯质量轻、空载损耗小。

（2）椭圆截面叠铁芯（平面卷铁芯）特征。椭圆截面叠铁芯变压器的关键部件是椭圆截面叠铁芯。出于工艺和结构的考虑，通常铁芯截面中间部位呈矩形，两侧分别由一个以矩形的片宽为直径的半圆组成。中心距 M0 的大小由最大片宽、绕组辐向尺寸、套装间隙及绝缘距离等因素决定，铁芯角重由片宽、截面形状及大小决定。通过改变椭圆截面铁芯片宽、叠厚和截面形状，可降低中心距和角重，进而减轻铁芯质量，降低变压器空载损耗相当的情况下，立体卷铁芯变压器比椭圆截面叠铁芯变压器主要材料成本略低，其他性能、生产工艺等各有优缺点。

4.3.1.3　非晶合金变压器

非晶合金铁芯配电变压器的最大优点是空载损耗值特低。用以变压器铁芯制作的非晶合金材料的合金基主要有铁、镍、硌、钴、锰等金属，同时加入少量的硼、碳、硅、磷等元素合成，具有良好的铁磁性。在同等磁通密度下，硅钢片材料铁芯的损耗为非晶合金材料铁芯的 4 倍，电阻率为非晶合金材料的 1/3，励磁功率约为非晶合金材料的 1 倍。非晶合金薄带的生产过程能源消耗较低，所耗能源不足硅钢片材料生产的 1/4。另外，非晶合金生产效率高，成材率可达 90%，远高于硅钢片 45% 左右的成材率。

美国加利福尼亚大学 P·Duwez 教授于 1960 年在实验室发明用快淬工艺制备非晶态合金，可用于变压器上的铁基非晶合金于 1974 年由美国 Allied 公司研制出。1978 年美国 Allied 公司制造出第一台非晶合金铁芯变压器，其容量为 10kVA。1989 年 AlliedSignal 公司在美国南卡罗来纳州康威市建立了世界首个非晶合金材料专业生产厂，具备年产 6 万吨非晶带材的能力。2003 年，日立金属通过收购美国 Honeywell 公司的子公司 Metglas 取得非晶合金带材技术，到 2015 年日立金属的产能达到了 15 万 t。

美国是研发非晶合金变压器最早的国家，同时也是非晶合金变压器应用最早的国家，其政府采取了一系列措施用以推广应用非晶合金变压器。另外，美国电力公司在采购配电变压器时，充分考虑到非晶合金变压器的节能效益，计算变压器的总拥有费用进行综合评估。据不完全统计，美国 2012 年在电网上运行的配电变压器中非晶合金配电变压器占比已达 20%。

日本政府同样非常重视应用节能型配电变压器，于 1999 年重新修订了配电变压器损耗标准，并于 2002 年正式开始实施。日本电网投入运行的非晶合金变压器占新的节能型配电变压器约 30%，同时全球投入运行的容量最高的非晶合金变压器也在日本。

1986 年，我国利用进口非晶合金材料研制成功国内第一台自主生产的非晶合金铁芯变压器。1998 年从美国引进非晶合金变压器生产技术。随着技术进步，非晶合金变压器生产的技术门槛越来越低，国内进行非晶合金变压器生产制造的企业也越来越多，非晶合金变压器制造行业已逐渐形成了规模。目前，我国电网也加大非晶合金变压器的投入使用等。在非晶合金变压器的诸多型号中，10kV 系列 SBH15-M 型非晶油浸配电变压器为投运数量最多的品类。10kV 系列 SBH16-M·D 型非晶地埋变压器在一些发达城市的大桥、隧道等重点项目中得到广泛使用。

非晶合金变压器空载损耗仅为同型硅钢变压器的 25%，因此将其用于配电网可带来降低电网线损、减少电网系统配电损耗、节约电能、提高经济效益等诸多好处。

4.3.2 无功补偿技术

由于电网中变电设备、用电设备都是以感性负荷为主，例如变压器、电动机等，产生的无功功率也是以感性无功功率为主，因此投入容性无功来抵消电网中的感性无功即是无功补偿的基本原理。在此理念下，最早出现了机械投切电容器无功补偿装置（Mechanical Switching Capacitor，MSC）。又因为单纯的电容器在投切瞬间出现的冲击浪涌经常使开关设备出现误动和一些精密设备的损坏，在此基础上增加了电抗器进行冲击浪涌抑制（Mechanical Switching of Reactance Series Capacitor，MSRC）。之后，基于对无功线性调节和更小冲击浪涌的要求，出现静止型动态无功补偿（SVC）。基于瞬时无功理论进行控制的使用全控型功率半导体器件 IGBT 作为主要器件，以整流逆变形式而非依托于电容器的静止型无功发生器（Static Var Generator，SVG），以其更高效的无功补偿能力及对各项电能质量优异的治理能力走入了无功补偿装置市场。

4.3.2.1 并联电容器

机械投切电容器（MSC）具有工作原理简单，安装、运行和维护方便的优点。但是，并联电容器只能向系统注入固定的容性无功功率，其输出的无功功率不能平滑、连续的调节；而且它具有负电压效应，即当电网电压下降时，电容器输出的容性电流也跟着下降，其注入系统的容性无功功率骤降，导致电网电压下降大等影响，形成恶性循环。当电网电压出现畸变时，电容器还可能与系统内阻抗发生并联谐振现象，烧毁电容器。

因此，除了中压线路上常使用单独并联电容器补偿外，一般中高压系统都采用电容器串联小电感值电抗器的形式作为容性无功源（Filter Capacitor，FC），MSRC 串联电抗器仅用于抑制冲击电流保护电容器，FC 串联电抗器不仅能抑制冲击电流，还具有滤除特定频率谐波的功能，根据

$$f = \frac{1}{2\pi\sqrt{LC}} \tag{4-46}$$

式中：f 为谐振频率（也是滤除谐波的频率）；L 为电抗值，H；C 为电容值，F。

滤除电力系统中的谐波（例如 2、3、5、7、11 次等），系统谐振点设置因需要避免与基波（50Hz）谐振，一般会设置在谐波频率点略小范围内。例如：3 次谐波频率为 150Hz，设置滤除谐振频率为 147～149Hz，5 次 250Hz 设置 247～248Hz 等。

FC 型无功补偿装置可根据需要投入不同的组次，实现无功按需阶梯型调整，但由于中压电容器机械投切较难做到过零投切，电容充放电需要时间间隔（新型电容器含内置放电电阻，放电一般需要 20～30s），很难实现快速跟踪补偿。中压 FC 占地略大，一般较常见于变电站等有开阔场地的使用场景。FC 型无功补偿装置方案如图 4-21 所示。

4.3.2.2 饱和电抗器型无功补偿

静止型的饱和电抗器（Magnetic Controlled Reatance，MCR）又称磁控电抗器，是利用直流助磁的原理，即利用附加直流励磁，磁化电抗器铁芯，通过调节磁控电抗器铁芯的磁饱和程度，改变铁芯的磁导率，实现电抗值的连续可调，比同步调相机响应速度快。磁控电抗器（MCR）只能提供连续实时可调的感性无功，因此一般配置与电抗器最大补偿容量相等的分为多个支路的电容器组（FC）提供容性无功，在 MCR 和 FC 的共同作用下实现连续实时的无功补偿且自身产生的谐波较小，补偿容量普遍在 20Mvar 以内。

MCR 的响应速度受电抗器铁芯磁化速度的影响，一般响应速度只有 300ms 且其铁芯磁化到饱和状态的过程中会产生很大的损耗和噪声，同时非线性电路的存在使得它不能分相调节补偿负荷的不平衡，由于体积较大，一般安装于变电站内。磁控电抗器型无功补偿如图 4-22 所示。

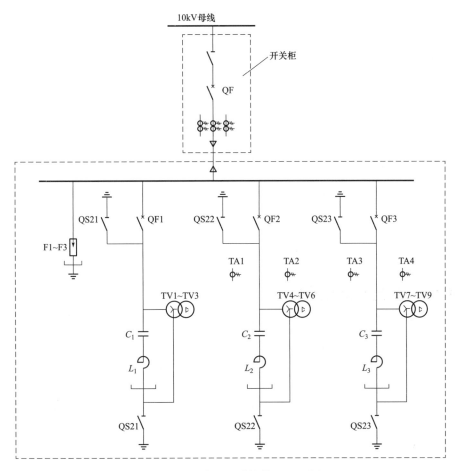

图 4-21 电容型无功补偿（FC）图

4.3.2.3 静止无功补偿器

静止无功补偿器 SVC 包括晶闸管控制电抗器（Thyristor Controlled Reactor，TCR）和晶闸管投切电容器（Thyristor Switching Capacitor，TSC）两种形式，国内常见为 TCR＋FC 型 SVC，一般安装于变电站内，如图 4-23 所示。

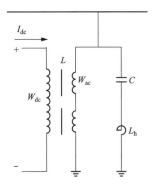

图 4-22 磁控电抗器型无功补偿装置（MCR）图

静止无功发生器向系统注入的无功功率是连续可调的，能较好地稳定系统公共接入点的电压，具有很好的静态和动态补偿性能，响应时间能达到 20ms 以内，补偿容量也可从几兆乏到百兆乏。

但是，在公共接入点电压的波动超出一定的范围时，静止无功发生器表现出恒阻抗特性，补偿能力和补偿效果下降。并且采用相控原理工作的 TCR 在动态调节向系统注入无功功率的同时也注入了大量的谐波电流，影响了配电网的电能质量，因此必须合理配置 FC 滤波支路。

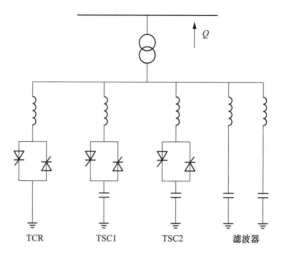

图 4-23　TCR＋TSC＋FC 型无功补偿装置（SVC）图

4.3.2.4　静止型无功发生器

静止型无功发生器（SVG，也叫 STATCOM）是一种并联型无功补偿装置，它能发出或吸收无功功率，并且其输出可灵活变化以控制电力系统中的特定参数。它是一种固态开关变流器，当其输入端接有电源或储能装置时，其输出端可独立发出或吸收可控的有功功率和无功功率。应用不同算法作为三相不平衡补偿的产品称为 AUC（Active Unbalance Compensator），采用高频器件作为谐波补偿的产品称为 APF（Active Power Filter）。SVG 原理如图 4-24 所示。

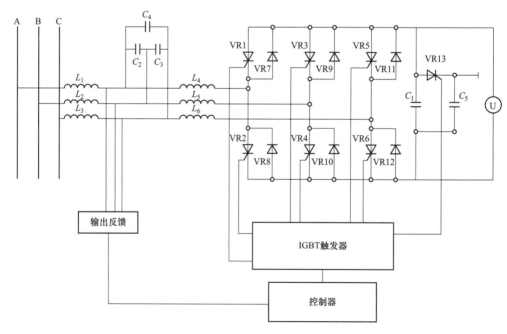

图 4-24　SVG 原理图

静止同步补偿器采用新一代的电力电子器件，如绝缘栅双极型晶体管（IGBT）、集成门极换向晶闸管（IGCT），并且采用现代控制技术，其在电力系统中的作用是补偿无功，提高系统电压稳定性，改善系统性能。与传统的无功补偿装置相比，具有调节连续、谐波小、损耗低、运行范围宽、可靠性高、调节速度快、体积小等优点，自问世以来，便得到了广泛关注和飞速发展，目前从低压系统到中高压系统均有应用。

4.3.3　有载调容变压器

有载调容控制器通过监测变压器低压侧的电压、电流，来判断当前负荷电流大小，如果满足前期整定的调容条件，控制器则发出调容指令给有载调容开关进行容量切换，实现变压器内部高、低压线圈的星角变换和串并联转换。在带励磁状态下，完成变压器的自动容量转换；在无励磁状态下，完成变压器的电压调节，如图 4-25 所示。

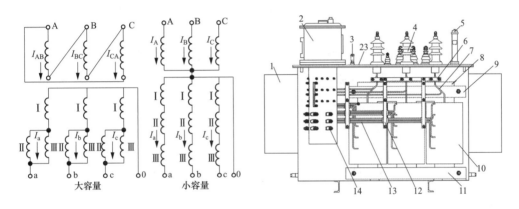

图 4-25　有载调容变压器原理图

有载调容变压器由大容量调为小容量时，高压绕组由三角形接法变为星形接法，相电压变为原来的根 1/3，阻值不变，则电流变为原来的根 1/3，容量 $P = UI$，故容量变为原来的 1/3。低压侧通过串联电阻增加匝数，匝数增加与电压降低的倍数相当，从而保证输出电压不变，在保证电压不变的情况下，通过增加阻值、改变电流形成容量的改变。

有载调容变压器由大容量调为小容量时，由于低压侧匝数增加，铁芯磁通密度降低，使硅钢片单位损耗变小，空载损耗和空载电流降低，达到降损节能的目的。

有载调容变压器是一种新技术节能型配电变压器，该产品具有大小两种额定容量且两种额定容量运行方式可自动转换，它解决了 10kV 配电网季节性负荷变化幅度比较大而造成变压器损耗大的问题，克服了无载调容变压器断电手动调节容量而导致的运行维护难题。除适用于季节性负荷变化幅度比较大的农村电网，还适用于一些昼夜负荷变化显著的城市商业区、开发区、工业区等电台区。

有载调容变压器通过智能控制器对调容开关进行调整，从而完成变压器高、低容量的切换过程，具体工作原理如下：智能控制器通过监测变压器低压侧的电压、电流判断当前负荷大小，根据容量整定值判定相关约束条件，满足设定条件则发出相应调节控制命令给有载调容开关，有载调容开关根据控制指令可靠开合动作，完成变压器内部高、低压绕组的星角变换和串并联转换，在不需要停电的状态下，完成变压器容量调节过程。

例如：采用 S11-ZT 型有载调容变压器相比两台 S11 型子母变压器，首先降低了设备购置和安装成本费，而且占地空间缩小、建设周期缩短，运行维护工作量明显减少；同时 S11-ZT 型同有载调容变压器 S11 型普通变压器相比，变压器空载损耗下降 50％以上。

4.4　配电网降损新技术、新设备应用研究

4.4.1　中压线路柔性互济方案

中压配电网特别是线路较长的中压线路，由于所带负荷的用电性质、用电习惯不同，经常会出现容量不足、电压低等供电问题，而若临近的另一条线路负荷特性与这条线路存在互补关系，可在两条线路间适当调配能量供给关系，从而达到两条线路均处于经济运行状态，解决供电容量不足和低电压等问题，从而降低线损。

两条或多条中压线路的能量互济，其难点在于交流直接并网时可能存在电压差、频率差、相位差等，线路来源和阻抗的不一致，容易导致并网后一系列故障，例如：反向潮流、系统谐振，甚至短路故障，并且双线的并网需要频繁的倒闸操作，实时性、安全性均无法保障。

因此引入中压线路柔性互济方案，方案采用交直流变换方式，即两条交流中压线路经过直流变换汇集与母线，即可按负荷需要的方向实现能量的互济，如图 4-26 所示。

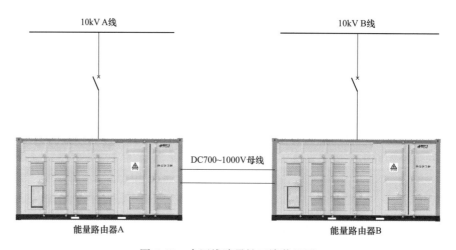

图 4-26　中压线路柔性互济装置图

此方案引入中压能量路由器装置，是一种电力电子型设备，能根据需要将中压交流电源调节成直流 24～1000V 任意电压等级直流电源，也能将低压直流电源逆变至 10kV 交流，柔性并入电网，容量亦可通过并组实现无限扩容。根据设置组并网方式，可采用电压调节或负载量调节等方式，同时余量容量能用于电能质量治理调节功能（类似于 SVG、AUC 等）。

结合低压柔性直流配电基础方案和实际现场常见问题，引入以下两种新型解决方案。

4.4.2 低压柔性直流综合调压方案

在当今新型电网迅速发展的情况下，低压台区内光伏等分布式电源、充电桩、储电站等负荷的接入，已经引起了低压配电网的技术革新，原有低压配电网的辐射状结构和线路配比已不能满足新型低压电网的需要，例如随着用户容量的普遍增加而台区改造跟不上会导致低压台区末端低电压问题，分布式电源接入而导致台区末端高电压问题等。

低压柔性直流综合调压装置（Flexible DC integrated Voltage Regulator，FVR），是针对低压配电网系统进行低电压治理的设备。设备由整流装置和逆变装置组成，分别安装于线路前端和末端，整流装置与逆变装置之间线路采用直流输电，设备并联在电网中，安全性更高，同时具备不平衡补偿、无功补偿等功能，适用绝大部分场景，如图 4-27 所示。

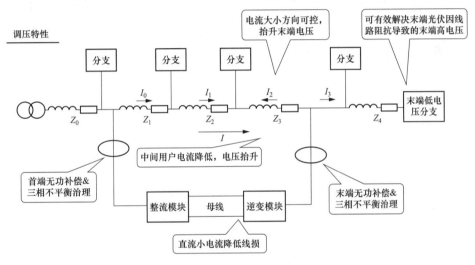

图 4-27　低压柔性直流综合调压原理图

交直流混配方案由整流设备和逆变设备组成，分别安装于线路前端和末端，在原有的线路基础上同杆架设直流线路，采用 ±375V 直流配电，交流与直流回路同时给线路负荷供电，快速动态跟踪响应，实时响应速度达到 5ms 以内，全响应速度在 0.1s 以内，确保负载投入瞬间电压不波动，持续保持正常。FVR 响应输出波形如图 4-28 所示。

低压柔性直流综合调压装置具有线路电压矫正功能，通过控制逆变模块的输出电流大小和方向来调节整条线路的电压高低，能补偿功率因数和治理三相不平衡，同时采用并网接入方式，不影响整体可靠性，负荷轻载时可采用休眠模式降低自身损耗，另外，直流母线可接入光储充等直流负荷，减少 AC-DC 转换环节，提高效率。

4.4.3 低压跨台区柔性直流电能互济方案

随着经济快速发展，城市配电网的负荷急剧上升，呈现区域密集且不均衡状态，商圈、居民区、老城区、游览景区等负荷密集型区域受限于地理位置，线路走廊容量不足，末端供电容量受限；农村负荷主要由民用电、机井、灌溉、小工业、旅游业等构成，呈

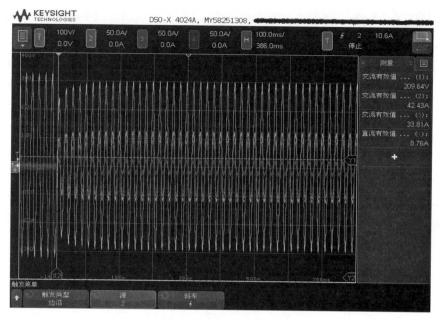

图 4-28　FVR 响应输出波形图

现很强的季节和周期性波动，因经济结构不同导致部分台区出现重载。这些因素使线路和变压器很难达到经济运行状态，从而影响线损。

　　同时，分布式发电、储能、电动汽车、煤改电等负荷侧资源增速迅猛，配电网电能质量受到严重影响，如快速充电桩对同一台区其他常规负荷的冲击、谐波的大量产生，进一步对线损造成影响且城市重要负荷的涉及面越来越广，对不停电的要求越来越高，因此引入低压跨台区柔性直流电能互济方案来解决此类问题。

4.4.3.1　台区柔性直流电能互济方案

　　台区柔性直流电能互济方案是采用柔直变流器将两个或多个台区通过 ±375V 直流母线相连接，同时直流母线可直接接入充电桩、储能设备和光伏等直流设备，方案架构图如图 4-29 所示。

4.4.3.2　台区柔性直流电能互济方案适用场景

　　（1）典型场景 1。煤改电等导致有供热需求的小工业用电负荷上升，通过与邻近无煤改电的台区互联，并合理配置储能实现动态增容。

　　（2）典型场景 2（大规模分布式能源分散式接入）。通过柔直互联配置储能，对不同台区内的源网荷储进行并、离网统一管控，优化系统运行工况，提高清洁能源消纳效率。

　　（3）典型场景 3（充电桩等冲击性负荷接入）。无序充电使得电网负荷峰值攀升，峰谷差扩大，配电变压器过载风险提升，对其他负荷冲击很大；规模化的充电增加了电网的控制难度和失稳风险；建设充储、光储充电站，采用柔直互联的多电源供电方式可有效缓解台区尖峰负载率和应对负荷冲击。

　　（4）典型场景 4（日负荷特性互补）。工商业台区与相邻居民台区之间，工商业负荷高峰在 9：00～17：00，居民负荷高峰在 19：00～22：00，通过多端柔性互联实现动态增容，功率互补互济。

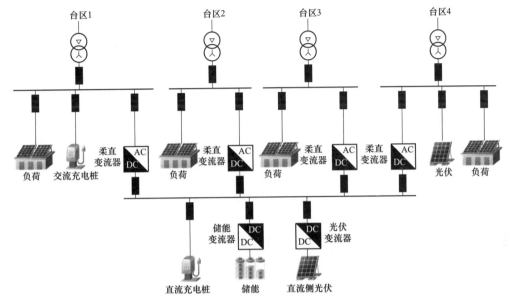

图 4-29　柔性直流电能互济方案架构图

（5）典型场景 5（季节性负荷特性互补）。由养殖、机井、灌溉、小工业负荷、旅游等导致（在重负荷时期，台区最大负荷可达相邻台区的 2～3 倍），采用多端柔性互联实现相邻台区功率转供，均衡负载，缓解台区过载。

（6）典型场景 6（特定时间负荷波动）。节假日负荷攀升，学校的寒暑假负荷下降等情况下、可合理配置相邻台区互联互供，缓解负荷尖峰，均衡负载，提高剩余容量的利用率。

4.4.3.3　台区柔性直流电能互济方案组件

（1）柔直变流器。交流变直流或直流变交流（AC/DC）。

（2）直流断路器。毫秒级分断直流故障电流。

（3）直流变压器。实现直流电压变换（DC/DC）。

柔直协调控制与保护装置：网源荷储协调控制、区域协调控制和快速保护。

4.4.3.4　台区柔性直流电能互济方案控制逻辑

（1）分布式光伏消纳。柔性互联协调控制系统通过对不同台区内的源网荷储进行统一管控，优化系统运行工况，提高清洁能源消纳效率。原则上不限制光伏功率，当光伏功率过剩时，根据光伏功率消纳的效率，按如下优先级进行功率调度：台区间光伏功率转供＞共享储能存储＞光伏逆功率上送。

1）过剩光伏功率转供。台区间光伏功率转供逻辑如图 4-30 所示，当台区 1 光伏功率过剩出现逆功率时，将多余的光伏功率转移给台区 2 和台区 3，台区 2 和台区 3 根据自身负载率按比例吸收台区 1 的光伏功率：台区 2 的负载率大于台区 3，则台区 2 吸收台区 1 的光伏功率大于台区 3。

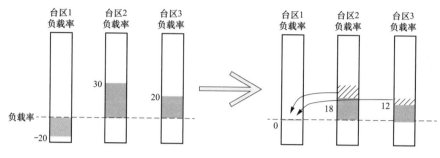

图 4-30　分布式光伏转供逻辑

2）过剩光伏功率储能存储。储能充放电逻辑如图 4-31 所示，分为计划性和非计划性两种逻辑。

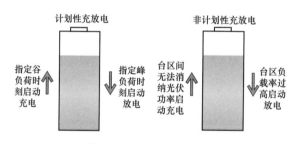

图 4-31　电池充放电逻辑

计划性充放电：根据实际的负荷曲线设置储能的充放电计划，在谷负荷时启动储能充电，在峰负荷时启动储能放电。

非计划性充放电：当台区间无法消纳光伏功率时启动储能充电，当台区负载率过高时启动储能放电。

（2）台区间功率互济。

1）台区间功率时空互补。负载率低的台区给负载率高的台区提供功率援助，以图 4-32 为例说明。

白天台区 1 负载率高，将其越过经济负载率上限（65%）的负载转移给台区 2 和台区 3，台区 2 和台区 3 根据自身负载率按比例承担台区 1 的转移负载功率：台区 3 的负载率小于台区 2，台区 3 承担台区 1 的负载大于台区 2。

晚上台区 2 和台区 3 负载率高，将其越过经济负载率上限（65%）的负载转移给台区 1。

从而均衡各台区的负载率，最大化需量，延缓配电网增容需求。

2）台区配电变压器季节性启停。对于台区负载率持续一段时间偏低的季节，为了减小台区变压器长时间低载运行产生的损耗，可通过停止部分低载变压器，由其他台区来给低载台区带载的方式，降低系统的损耗。

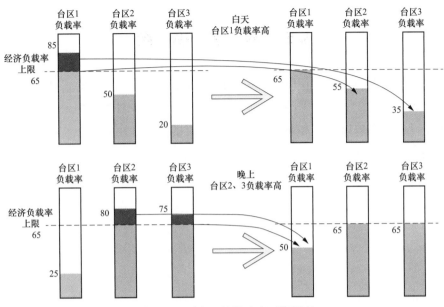

图 4-32　时空互补性功率互济原理

（3）尖峰负荷抑制。台区柔性直流电能互济系统除了当台区进线或区外发生故障导致失电时，能提供电能量转供功能外，将大功率充电桩安装在直流侧，通过快速控制各柔性变流器功率，实现各台区均摊充电桩的冲击电流，最大限度降低充电桩接入对台区的影响，有效缓解台区尖峰负载率。台区转供运行潮流如图 4-33 所示。

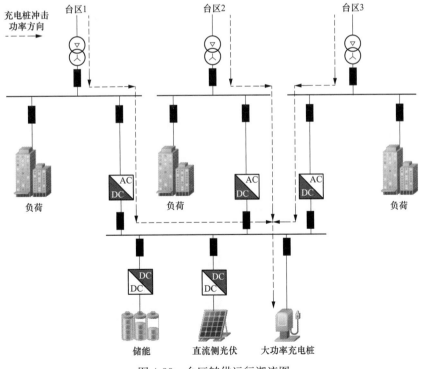

图 4-33　台区转供运行潮流图

4.5　本　章　小　结

　　本章主要从配电网降损途径以及配电网降损方法研究介绍了线路技术降损、变压器技术降损、无功补偿技术降损等的理论支撑和实践方案，并对配电网经济运行调度管理和新技术新设备降损加以介绍和研究，提供出不同场景下适用的降损方案，以供线损管理人员查阅参考使用。

5 配电网理论线损计算

加强线损管理，提高线损管理人员的业务素质和工作效率是电力企业的一项长期工作，而线损理论计算是线损管理工作的基础。为了方便线损管理相关专业人员快速掌握线损理论计算方法，提高工作能力与效率，结合参考各种线损计算相关资料汇集成线损理论计算的多种计算方法。本章从配电网理论线损计算的发展史、中低压线路损耗计算、变压器损耗计算、配电网电能损耗计算和改造量化计算等几个方面来介绍。

5.1 配电网理论线损计算发展历程

5.1.1 发展历程

19 世纪末期，国外专家、学者、科研人员开始研究线损计算，随着用电市场等飞速发展，降损增效的研究层出不穷。20 世纪 30 年代外国学者提出了理论线损，他们通过对电力系统运行情况以及配电网系统内部的每一种设备在运行中造成损耗机理进行分析，构建了严谨的数学分析模型，分析配电网损耗量的产生过程以及统计策略。理论线损计算发展经历了三个阶段：

（1）第一个阶段是 20 世纪 70 年代。这一阶段主要以手工计算为主，因为数据较大且非常复杂，导致了统计需要非常多的时间，几天的时间往往只能运算一条线路，计算跟实际数额差距也比较大；1973 年美国成立电力研究协会（Electric Power Research Institute，EPRI），组织、协调并统一规划发电、输电、配电、用电等方面的科研活动，以及核能发电、新技术开发利用、环境保护等方面的研究、科技信息的交流等。在计算机出现以后，因技术的快速发展，以其作为辅助工具，使各种计算方法的研究得到飞速发展，而渐渐应用于实际的工程当中。

（2）第二个阶段是 20 世纪 80 年代。随着计算机技术的飞速发展，超大规模集成电路和微处理器技术的进步，使得这一个阶段运算的工具主要依靠小型微型计算机，相对于 20 世纪 70 年代纯手工计算，计速度大大的提升，但是依旧存在着人机对话烦琐、获得信息量少的问题；相关专家把有关的理论、技术与配电网理论线损的统计分析结合起来分析的结果普遍运用在电力公司统计配电网理论线损的具体实践中，并且获得了巨大的成就。

（3）第三个阶段是 20 世纪 90 年代，这一阶段运算的工具是依赖电子计算机，计算的速度得到飞跃、计算的周期大幅缩短、计算结果的精度得到提高。各种理论线损计算的方法都已趋近成熟，随着互联网的大力发展，综合线损系统开始并广泛地应用在实际工作中。目前世界各国电力市场都是建立在实时电力网理论线损计算的基础上达到资源优化配置的效果，实时理论线损计算已为当今学术界及电力工业所接受并普遍应用于电力市场的设计和营运中。2008 年美国市场营销协会（American Marketing Association/AMA）1 项调查研究显示，配电线损管理为美国电力公司节能带来显著成效，每年电力公司的配电线损可达 10%～15%，成本为几百万美元。提高配电系统能源效率和表计测量的准确性，是保持能量损耗最低的重要步骤。为此而开发的线损管理项目通过系统协调电力公司购买转售电力及其向下配售给变电站及馈电线路的电力，综合解决线损问题。

新中国自成立以来，一直在着力研究电力网络损耗，各供电企业为了降损增效，也投入了大量的人力物力计算理论线损，随着计算机技术的发展，也开始进行了利用计算机语言来实现电力网络理论线损计算。但是在 20 世纪 70 年代，企业电力网络理论线损计算工作仍然处于空白状态或停留在手工计算过程，由于电网结构较为复杂，电网线路型号多样，负载变压器型号及性质复杂，给手工计算统计带来很大的难度，并且存在计算误差，不能起到指导管理降损的作用。

1988 年，能源部能源司发布了《电力网电能损耗计算导则（试行）》，对指导和规范电力网电能损耗计算，更好地开展电力网降损节能工作起到了较好的作用。进入 20 世纪 90 年代以后，国内许多研究机构和企业纷纷投入对电网理论线损计算的研究，并有多种理论线损计算系统陆续问世，这标志着我国理论线损计算系统技术应用的起步，早期的理论线损计算系统主要用于大电网线损指标小测算和考核。经过十几年的发展，通过数十亿元资金投入，做了很多可贵的探索，取得了一定的经验，各种在线理论线损计算系统的研究，理论线损数据的分析处理，运用在指导供电企业如何优化电网和电力营销工作。1999 年国家经贸委颁发了《电力网电能损耗计算导则》（DL/T 686—1999），增加了应用电子计算机进行线损计算的篇幅。

随着我国特高压、超高压交直流输电网及配电网规模迅速发展，各类用户用电量不断增加，厂网分开、售电侧放开、发用电计划放开等电力体制改革工作深入推进，新能源发电、绿色用能等节能减排措施大力推广，以及信息化、网络技术的创新应用，电力系统结构和特性以及技术管理水平发生了较大变化。按照国家能源局相关要求，国家电网有限公司组织中国电力科学研究院等相关单位，在总结电能损耗理论计算与节能措施管理经验、多形式调研、广泛收取意见的基础上，对 1999 年颁发的《电力网电能损耗计算导则》（DL/T 686—1999）进行了修订，制定了《电力网电能损耗计算导则》（DL/T 686—2018）。目前，该规程是开展理论计算的依据。

5.1.2 理论计算的意义

根据《电力网电能损耗计算导则》（DL/T 686—2018），理论线损（theoretical line loss）是根据供电设备的参数、电力网当时的运行方式、潮流分布以及负荷情况，由理论计算得出的电能损耗。

理论线损计算具有以下意义：

（1）为判断一个配电网的完整性和合理性提供数据依据。

（2）在线路中存在线损量很大的元件，可进行针对性查找。

（3）对于无法通过计算可知的管理线损电量，可借助数据分析找到管理中存在的漏洞与确定，从而进行针对性改善。

（4）基于对每条供电线路都进行线损计算，能得到及时的线损数据，可清晰明确地发现线路中存在弊端的部分。

（5）在配电网实施改造和更新换代时能做出数据支持。

（6）可根据线损真实情况来确定目标更加明确的降损指标。

（7）通过进行实时线损监测能及时发现改造过程中改善状况较好的线路，能为其他线路提供参考经验。

（8）能综合提高配电网关于计算线损电量与降低线损量的能力。

5.2　中、低压线路的电阻损耗计算方法

5.2.1　中、低压架空线路的电阻损耗计算方法

配电网架空线路均为三相制，根据《电力网电能损耗计算导则》（DT/L 686—2018），主要依据以下算式进行电阻损耗计算：

5.2.1.1　计算方法

根据《电力网电能损耗计算导则》（DT/L 686—2018），架空线路主要受线路阻抗、环境温度、有功功率、无功功率等因素的影响。在不同技术条件下，可使用不同的电网电阻损耗计算方法，依托均方根电流，引入形状系数、损失因数，形成平均电流法、最大电流法等多种算法。

5.2.1.1.1　利用微积分计算电阻损耗

$$\Delta A = 3\int_{0}^{T} i^2(t) R \mathrm{d}t \times 10^{-3} \tag{5-1}$$

式中：$i(t)$ 为通过导线电流的瞬时值，A。

5.2.1.1.2　利用均方根计算电阻损耗

从架空线路基于环境温度修正系数的线电能损耗计算，利用等值电阻法计算 10kV 配电线路的电能损耗，其表达式为

$$\Delta A = 3I_{\mathrm{ms}}^2 R t \times 10^{-3} \tag{5-2}$$

式中：ΔA 为架空线电阻的电能损耗，kW·h；3 为三相制，假定线路处于三相负荷平衡状态；t 为运行时间，h；R 为导线的电阻，Ω；I_{ms} 为通过线路一相导线的均方根电流，A。

其中，均方根 I_{ms} 计算公式为

$$I_{\mathrm{ms}} = \sqrt{\sum_{i=1}^{N} I_i^2 / N} \tag{5-3}$$

式中：I_{ms} 为计算周期内的均方根电流，A；N 为计算周期所确定的电流测点数；i 为测点电流编号；I_i 为第 i 个测点的电流，A。

若计算代表日 24 个测点电流（每小时一个测点）的均方根电流时，则式（5-3）变为

$$I_{ms}=\sqrt{\sum\nolimits_{i=1}^{24} I_i^2/24}=\sqrt{(I_1^2+I_2^2+\cdots+I_{24}^2)/24} \tag{5-4}$$

式中：I_1、I_2、$\cdots$、I_{24} 为计量点代表日 24 个整点电流值，A。

注：I_1、I_2、$\cdots$、I_{24} 等整点电流代表三相电流平衡状态下任意一相的整点电流值，当线路 A、B、C 三相整点电流值不相等时，则该值表示对应 A、B、C 三相电流之和的平均值。

当代表日负荷曲线测点以三相有功功率（或有功电量 A_P）、无功功率（或无功电量 A_Q）表示时，代表日均方根电流为

$$I_{ms}=\sqrt{\sum\nolimits_{i=1}^{24}\frac{P_i^2+Q_i^2}{U_i^2}/72} \tag{5-5}$$

式中：P_i 为计量点 24 个整点中第 i 点的有功功率，kW；Q_i 为计量点 24 个整点中第 i 点的无功功率，kvar；U_i 为与 P_i、Q_i 对应的线电压，kV。

注：当采用每小时电量计算时，将 P_i、Q_i 用 A_{Pi}、A_{Qi} 替代即可。

当简化计算时，可采用平均电流法或最大电流法。

5.2.1.1.3　平均电流法计算电阻损耗

平均电流法是利用均方根电流和平均电流法的等效关系进行电能损耗计算的一种方法，当电网元件及其负荷相对恒定时，其形状系数可认为是不变的。电能损耗的公式为

$$\Delta A=3k^2 I_{av}^2 Rt \times 10^{-3} \tag{5-6}$$

式中：ΔA 为架空线电阻的电能损耗，kW·h；t 为运行时间，h；R 为导线的电阻，Ω；I_{av} 为导线的平均电流，A；k 为形状系数，其定义为：令均方根电流与平均电流 I_{av} 的等效关系即

$$k=\frac{I_{ms}}{I_{av}} \tag{5-7}$$

代表日平均电流 I_{av} 的计算公式为

$$I_{av}=\sum\nolimits_{i=1}^{24} I_i/24=(I_1+I_2+\cdots+I_{24})/24=A_P/(\sqrt{3}U\lambda \times 24)=P/(\sqrt{3}U\lambda) \tag{5-8}$$

式中：$I_1 \sim I_{24}$ 为代表日 24 个整点的电流值，A；A_P 为代表日元件首端有功电量，kW·h；U 为代表日元件首端电压，kV；λ 为代表日元件首端平均功率因数；P 为代表日元件首端平均功率，kW。

5.2.1.1.4　利用平均负荷率的平均电流法计算电阻损耗

在实际计算中，一般需要计算 k_2，k_2 应根据负荷曲线的平均负荷率 f 与最小负荷率 β 确定。其中，平均负荷率 f 为平均负荷（电流）I_{av} 与最大负荷（电流）I_{max} 的比值，即

$$f=I_{av}/I_{max} \tag{5-9}$$

最小负荷率 P 为最小负荷（电流）I_{min} 与最大负荷（电流）I_{max} 的比，即

$$\beta=I_{min}/I_{max} \tag{5-10}$$

当平均负荷率时，可按直线变化的持续负荷曲线计算 k_2 的值，即

$$k^2 = \frac{\beta + \frac{1}{3}(1-\beta)^2}{\left(\frac{1+\beta}{2}\right)^2} \tag{5-11}$$

当平均负荷率时，可按二阶梯持续负荷曲线计算 k_2 的值，即

$$k^2 = \frac{f(1+\beta) - \beta}{f^2} \tag{5-12}$$

5.2.1.1.5　利用最大电流法计算电阻损耗

利用均方根电流与最大电流的等效关系进行损耗计算的方法。令均方根电流 I_{rms} 的平方与最大电流 I_{max} 平方的比值为 F，称之为损耗因数，即

$$F = \frac{I_{rms}^2}{I_{max}^2} \tag{5-13}$$

则代表日损耗电量为

$$\Delta A = 3F I_{max}^2 Rt \times 10^{-3} \tag{5-14}$$

式中：F 为损耗因数；I_{max} 为导线最大电流，A。其他符号同式（5-2）。

其中，F 值的确定可根据负荷曲线的平均负荷率 f 与最小负荷率 β 确定。当平均负荷率时，可按直线变化的持续负荷曲线计算 F 值，即

$$F = \beta + \frac{1}{3}(1-\beta)^2 \tag{5-15}$$

当平均负荷率时，可按二阶梯持续负荷曲线计算 F 值。

$$F = f(1+\beta) - \beta \tag{5-16}$$

5.2.1.2　电阻的温度修正与损耗

导体对电流的阻碍作用称为电阻。导体的电阻越大，表示导体对电流的阻碍作用越大。不同的导体，电阻一般不同，电阻是导体本身的一种性质。电阻的量值与导体的材料、形状、体积以及周围环境等因素有关。因此用公式表示为

$$R = \rho \frac{L}{S} \tag{5-17}$$

式中：ρ 为导体材料的电阻率；L 为导体的长度；S 为导体的截面积。

导体电阻与温度有关，随着温度的变化，导体的电阻也随之变化，对于金属导体，每升高 1℃，其电阻值增大的百分数，称之为电阻温度系数 α。

由于 GB/T 3956—2008 给出的导线电阻值是在空气温度为 20℃时的测量值，因此，在实际工作中，应考虑负荷电流引起导线的温升及周围空气温度对电阻变化的影响，进行如下修正

$$R = k_\theta R_{20} \tag{5-18}$$

或

$$r_0 = k_\theta r_{20} \tag{5-19}$$

式中：R、r_0 为导线实际工况条件下的电阻、每千米电阻，Ω、Ω/km；k_θ 为电阻温度修正系数；R_{20}、r_{20} 为导线在温度 20℃时的电阻值、每千米电阻值，Ω、Ω/km。k_θ 的计算公式为

$$k_\theta = 1 + 0.2 \times \left(\frac{I_{rms}}{nI_{yx}}\right)^2 + \alpha(T_{av} - 20) \tag{5-20}$$

式中：I_{rms} 为通过线路某相导线的均方根电流值，A；n 为线路每相的分裂导线条数（针对 220kV 及以上有分裂导线结构的输电线路，中、低压配电网一般 n 取 1）；I_{yx} 为环境温度为 20℃时导线达到允许温度时的允许持续电流（其值可由有关手册查取，若手册给出的是空气温度 25℃时的允许持续电流，则 I_{yx} 应乘以 1.05，换算 20℃时的允许持续电流），A；α 为导线电阻的温度系数，对铜、铝、铝合金、钢芯铝绞线，$\alpha \approx 0.004$（1/℃）；T_{av} 为代表日（或计算期）的平均气温，℃。

由不同型号导线构成的线路电阻的修正计算

$$R = \sum_{i=1}^{m} \frac{r_{i(20)}}{n} l_i \left[1 + 0.2 \times \left(\frac{I_{rms}}{nI_{yxl}}\right)^2 + 0.004 \times (t_{av} - 20)\right] \tag{5-21}$$

式中：$r_{i(20)}$ 为环境温度为 20℃时，第 i 种型号导线的每千米电阻值，Ω/km；l_i 为 m 种导线型号中第 i 种型号导线型号的长度，km；I_{yxl} 为环境温度为 20℃时，第 i 种型号导线容许的持续电流，A。其他符号同式（5-20）。

5.2.1.3 计算举例

【例 5-1】 10kV 马道岭线传输距离 10km，导线型号 JKLYJ-240（20℃时的直流电阻 0.125Ω/km）。当日环境温度 20℃，线路首端运行电压为 10.5kV，功率因数为 0.98，根据现场实时电流采集每 15min 采集一次，见表 5-1，利用积分法、方均根电流法、平均电流法、最大电流法分别计算该线路的电能损耗及线损率。

表 5-1 　　　　　　　10kV 马道岭线 24h 电流值表　　　　　　　(A)

分	时											
---	1	2	3	4	5	6	7	8	9	10	11	12
15	98.96	93.52	94.22	78.03	93.52	92.46	92.63	101.33	110.92	121.66	131.83	130.95
30	101.26	96.15	90.35	87.89	94.04	81.92	97.03	101.78	116.89	126.92	134.47	131.31
45	97.38	98.62	89.82	92.63	88.73	78.36	100.72	89.73	118.83	126.92	134.37	131.31
60	92.11	94.57	93.16	94.75	90.35	87.53	99.49	104.94	120.94	128.67	121.99	136.05

分	时											
---	13	14	15	16	17	18	19	20	21	22	23	24
15	131.46	129.03	121.86	126.21	125.33	137.46	142.75	124.10	122.33	115.13	119.46	108.98
30	131.78	126.73	122.69	123.75	121.36	130.59	122.52	122.11	122.17	112.85	113.21	107.05
45	134.30	123.57	121.11	122.33	134.31	134.33	124.45	121.66	122.17	111.97	115.83	101.89
60	130.96	137.46	121.11	123.05	117.77	116.89	123.75	119.88	117.77	116.89	111.79	102.66

解： 根据运行情况，线路首端电压 $U = 10.5$kV，功率因数 0.98，运行时间 24h，最

大运行电流 I_{max}＝137.46A，I_{min}＝78.03A。

线路单相电阻 $R＝r_0 L＝0.125×10＝1.25$ （Ω）

积分时间 t 间隔度为 15min：$\mathrm{d}t＝15/60＝0.25$ （h）

5.2.1.3.1　积分电流法

（1）10kV 马道岭线日供电量 A 的计算

$$A＝\sqrt{3}U\lambda\int_{t_1}^{t_{288}} i(t)\mathrm{d}t＝1.732×10.5×0.98×10880.82×0.25＝48480.26(\mathrm{kW·h})$$

（2）10kV 马道岭线日损耗电量 ΔA 计算

$$\Delta A＝3\int_{t_1}^{t_{288}} i^2(t)R\mathrm{d}t×10^{-3}＝3×1258182.14×1.25×0.25×10^{-3}＝1179.55(\mathrm{kW·h})$$

（3）10kV 马道岭线日损耗率 $\Delta A\%$ 计算

$$\Delta A\%＝\frac{\Delta A}{A}×100\%＝\frac{1179.55}{48480.26}×100\%＝2.433\%$$

5.2.1.3.2　均方根电流法

（1）均方根电流计算

$$I_{rms}＝\sqrt{(I_1^2＋I_2^2＋\cdots＋I_{24}^2)/24}＝\sqrt{(92.11^2＋94.57^2＋\cdots＋102.66^2)/24}＝113.66(\mathrm{A})$$

（2）10kV 马道岭线日供电量 A 的计算

$$A＝\sqrt{3}I_{rms}U\lambda t＝1.732×113.66×10.5×0.98×24＝48616.33(\mathrm{kW·h})$$

（3）10kV 马道岭线日损耗电量 ΔA 的计算

$$\Delta A＝3I_{rms}^2 Rt×10^{-3}＝3×113.66^2×1.25×24×10^{-3}＝1162.67(\mathrm{kW·h})$$

（4）10kV 马道岭线日损耗率 $\Delta A\%$ 的计算

$$\Delta A\%＝\frac{\Delta A}{A}×100\%＝\frac{1162.67}{48616.33}＝2.391\%$$

5.2.1.3.3　平均电流法

（1）平均电流计算

$$I_{av}＝(I_1＋I_2＋\cdots＋I_{24})/24＝(92.11＋94.57＋\cdots＋102.66)/24＝112.69(\mathrm{A})$$

（2）形状系数 k 的计算

$$k＝\frac{I_{rms}}{I_{av}}＝\frac{113.66}{112.69}＝1.0086$$

（3）10kV 马道岭线日供电量 A 的计算

$$A＝\sqrt{3}kI_{av}U\lambda t＝1.732×1.0086×112.69×10.5×0.98×24＝48615.96(\mathrm{kW·h})$$

（4）10kV 马道岭线日损耗电量 ΔA 的计算

$$\Delta A＝3k^2 I_{av}^2 Rt×10^{-3}＝3×1.0086^2×112.69^2×1.25×24×10^{-3}＝1162.66(\mathrm{kW·h})$$

（5）10kV 马道岭线日损耗率 $\Delta A\%$ 的计算

$$\Delta A\%＝\frac{\Delta A}{A}×100\%＝\frac{1162.66}{48615.96}×100\%＝2.391\%$$

5.2.1.3.4 基于平均负荷率的平均电流法

（1）k_2 根据负荷曲线的平均负荷率（f）与最小负荷率（β）确定平均负荷率（f）为

$$f = \frac{I_{av}}{I_{max}} = \frac{112.69}{137.46} = 0.820 > 0.5$$

最小负荷率（β）为

$$\beta = \frac{I_{min}}{I_{max}} = \frac{78.03}{137.46} = 0.568$$

则，按直线变化的持续负荷曲线计算 k_2

$$k_2 = \frac{\beta + (1-\beta)^2/3}{\left(\frac{1+\beta}{2}\right)^2} = \frac{0.568 + (1-0.568)^2/3}{\left(\frac{1+0.568}{2}\right)^2} = 1.025$$

（2）10kV 马道岭线日供电量 A 的计算

$$A = \sqrt{3}\, k I_{av} U \lambda t = 1.732 \times 1.025 \times 112.69 \times 10.5 \times 0.98 \times 24 = 49406.46(\text{kW}\cdot\text{h})$$

（3）10kV 马道岭线日损耗电量 ΔA 的计算

$$\Delta A = 3 k^2 I_{av}^2 R t \times 10^{-3} = 3 \times 1.025^2 \times 112.69^2 \times 1.25 \times 24 \times 10^{-3} = 1200.77(\text{kW}\cdot\text{h})$$

（4）10kV 马道岭线日损耗率 $\Delta A\%$ 的计算

$$\Delta A\% = \frac{\Delta A}{A} \times 100\% = \frac{1200.77}{49406.46} \times 100\% = 2.43\%$$

5.2.1.3.5 最大电流法计算

（1）损耗因数 F 的计算。由于 $f > 0.5$，则

$$F = \beta + (1-\beta^2)/3 = 0.568 + (1-0.568^2)/3 = 0.774$$

（2）10kV 马道岭线日供电量 A 的计算

$$A = \sqrt{3}\, F I_{max} U \lambda t = 1.732 \times 0.774 \times 137.46 \times 10.5 \times 0.98 \times 24 = 45508.42(\text{kW}\cdot\text{h})$$

（3）10kV 马道岭线日损耗电量 ΔA 的计算

$$\Delta A = 3 F^2 I_{max}^2 R t \times 10^{-3} = 3 \times 0.774^2 \times 137.46^2 \times 1.25 \times 24 \times 10^{-3} = 1018.77(\text{kW}\cdot\text{h})$$

（4）10kV 马道岭线日损耗率 $\Delta A\%$ 的计算

$$\Delta A\% = \frac{\Delta A}{A} \times 100\% = \frac{1018.77}{45508.42} \times 100\% = 2.243\%$$

5.2.1.3.6 算法计算结果比较

根据不同算法计算的架空导线供电量、损耗电量、线损率，计算结果（见表 5-2），可得出如下结论：

表 5-2 不同算法计算结果比较表

算法	积分电流法	均方根电流法	平均电流法	基于平均负荷率的平均电流法	最大电流法
供电量（kW·h）	48480.26	48616.33	48615.96	49406.46	45508.42
损耗电量（kW·h）	1179.55	1162.67	1162.66	1200.77	1018.77
线损率（%）	2.433	2.391	2.391	2.433	2.243

基于平均负荷率的平均电流法计算的供电量、线损率均较大，积分电流法计算的供电量较小，损耗电量、线损率也较大，最大电流法计算的供电量、损耗电量、线损率均较小，每种计算方式相差不大，现场可根据实际情况进行选择。

5.2.2　中、低压电缆线路电能损耗计算方法

电线电缆是用以传输电（磁）能、信息和实现电磁能转换的线材产品。以国家电网有限公司为例，2020 年底，6~20kV 配电线路 427.3 万 km，其中电缆线路 82.1 万 km，占比达到 19.21%。因此电缆损耗同样是理论线损计算的重点。

电缆电能损耗包括电阻损耗和绝缘介质损耗。电阻损耗计算与 4.2 节所列方法一致，绝缘介质损耗方法如下。

5.2.2.1　电缆的介质损耗

电介质在外电场作用下，由于介质电导和介质极化的滞后效应，其内部会有发热现象，这说明有部分电能已转化为热能耗散掉，电缆绝缘介质（XLPE）也不例外。电介质在电场作用下，在单位时间内因发热而消耗的能量称为电介质的损耗功率，即介质损耗（diclectric loss），简称为介损。介质损耗的大小是衡量绝缘介质电性能的一个重要指标。介质损耗不但消耗了电能，而且使绝缘发热引发热老化。如果介电损耗较大，甚至会引起介质的过热而绝缘破坏，所以从这种意义上讲，介质损耗越小越好。

按照电介质的物理性质通常有以下三种电介质损耗形式：

5.2.2.1.1　漏导损耗

实际使用中的绝缘材料都不是理想的电介质，在外电场的作用下，总有一些带电粒子会发生移动而引起微弱的电流，这种微小电流称为漏导电流，漏导电流流经介质时使介质发热而损耗了电能。这种因电导而引起的介质损耗称为"漏导损耗"。

对于全绝缘电缆，在直流及交流电压下都存在漏导损耗，通常直流电压用泄漏电流的大小或绝缘电阻的大小来反映介质的这一损耗情况。

5.2.2.1.2　极化损耗

在介质发生缓慢极化时（松弛极化、空间电荷极化等），带电粒子在电场力的影响下因克服热运动而引起的能量损耗。对于全绝缘电缆，只有在交流电压下才存在极化损耗，而且随着交流频率的增大，极化损耗通常也增大。

5.2.2.1.3　局部放电损耗

通常在固态电介质中由于存在气隙或油隙，当外施电压达到一定数值时，气隙或油隙先放电而产生损耗，这一损耗在交流电压下要比直流电压时大得多。对于全绝缘电缆，在直流电压下，可用泄漏电流的大小来反映电介质的损耗，而在交流电压下，介质损耗不能只用泄漏电流来表示，通常用介质损耗角正切来表示，即在一定的交流电压下，电缆绝缘所表现出的等效电阻大小值。

5.2.2.1.4　介质损耗角正切

介质损耗角正切又称介电损耗角正切，是指电介质在单位时间内每个单位体积中将

电能转化为热能而消耗的能量，是表征电介质材料在施加电场后介质损耗大小的物理量，以 $\tan\delta$ 表示，δ 为介损角。介质损耗值（角）试验就是在被试绝缘设备两端施加交流电压，测量所产生的交流电流有功分量和无功分量的比值。

5.2.2.2　计算公式

根据《电力网电能损耗计算导则》（DT/L 686—2018），电缆绝缘介质损耗计算公式为

$$\Delta A = U^2 \omega C \tan\delta tl \times 10^{-3} \tag{5-22}$$

式中：U 为电缆运行线电压，kV；ω 为角频率，$\omega = 2\pi f$（f 为频率，Hz），rad/s；C 为电缆每相的工作电容，$\mu F/km$；$\tan\delta$ 为介质损耗角正切值，可取常规值，也可按 GB/T 3048.11—2007 规定的方法实测；t 为运行时间，h；l 为电缆长度，km。

5.2.2.3　计算举例

【例 5-2】 以 10kV 交联聚乙烯绝缘聚氯乙烯护套电力电缆（YJV22-10/3* 150）为例。其运行电压取 11.5kV，其介质损耗角正切值 $\tan\delta = 0.001$，其每千米工作电容为 $0.052\mu F/km$，计算每千米 10kV 交联聚乙烯绝缘聚氯乙烯护套电力电缆的日电能损耗。

解： 根据算式（5-22）计算

$\Delta A = U^2 \omega C \tan\delta tl \times 10^{-3} = 10.5^2 \times 2 \times 3.14 \times 50 \times 0.052 \times 0.001 \times 24 \times 1 \times 10^{-3}$

$= 0.043(kW \cdot h)$

5.2.3　电容器的电能损耗计算方法

5.2.3.1　并联电容器

并联电容器（Shunt Capacitor）原称移相电容器，主要用于补偿电力系统感性负荷的无功功率，以提高功率因数，改善电压质量，降低线路损耗。单相并联电容器主要由心子、外壳和出线结构等几部分组成。用金属箔（作为极板）与绝缘纸或塑料薄膜叠起来一起卷绕，由若干元件、绝缘件和紧固件经过压装而构成电容心子，并浸渍绝缘油。电容极板的引线经串并联后引至出线瓷套管下端的出线连接片。电容器的金属外壳内充以绝缘介质油。

5.2.3.1.1　并联电容器损耗

（1）电容器损耗。电容器所消耗的有功功率就是电容器的损耗，试验报告中的损耗是在额定频率和额定电压下电容器的有功损耗。电容器的损耗反映了电容器在电场作用下因发热而消耗的能量，包括介质损耗（介质漏电流引起的电导损耗、介质极化引起的极化损耗）和金属损耗（金属极板和引线端的接触电阻引起的损耗），即所有部件产生的损耗。

（2）并联电容器的损耗角正切值标准。由于电容器损耗的存在，使得加载电容器上的贡品交流电压与通过电容器的电流之间的相位角不是 $\pi/2$，而是稍小于 $\pi/2$，形成偏离角 δ，称为电容器的损耗角。电容器的损耗值与无功功率（实测容量）之比就是电容器的损耗角正切值（$\tan\delta$），在规定正弦交流电压和频率下，它等于电容器的等效串联电阻与容抗之比。电容器单元在其电介质允许最高运行温度下的损耗角正切值应不超过表的标

准值。

5.2.3.1.2　计算公式

并联电容器电能损耗的计算公式为

$$\Delta A = 3I_{\text{rms}}^2 \frac{1}{\omega C}\tan\delta T \tag{5-23}$$

式中：I_{rms} 为通过串联电容器的均方根电流，A；C 为投运的电容器容量，kvar；ω 为角频率，$\omega = 2\pi f$（f 为频率，Hz），rad/s；δ 为电容器介质损耗角的正切值，可取出厂试验值；T 为运行时间，h。

5.2.3.2　串联电容器

串联电容器是一种无功补偿设备，通常串联在 330kV 及以上的超高压线路中，其主要作用是从补偿（减少）电抗的角度来改善系统电压，以减少电能损耗，提高系统的稳定性。

5.2.3.2.1　串联电容器损耗

根据《串联电容器补偿装置设计导则》（DL/T 1219—2013）中的 8.2 规定，进行损耗评估。在串补装置设计的运行范围内，对串补装置在不同运行方式下的总损耗分别计算并取平均值作为最终结果。在损耗评估中，母线、电缆等的损耗没有包括在内，并忽略了与谐波电流相关的损耗。

5.2.3.2.2　计算公式

串联电容器电能损耗的计算公式为

$$\Delta A = 3I_{\text{rms}}^2 \frac{1}{\omega C}\tan\delta T \tag{5-24}$$

式中：I_{rms} 为通过串联电容器的均方根电流，A；ω 为角频率，$\omega = 2\pi f$（f 为频率，Hz），rad/s；T 为运行时间，h。

串补装置中的电容器功率损耗 P_{L} 计算式为

$$P_{\text{L}} = 3R_{\text{L}}I^2 \tag{5-25}$$

式中：R_{L} 为电容器的直流电阻值，可从电抗器试验报告中查得；I 为流过电抗器的电流，A。

5.3　配电变压器的电能损耗计算方法

变压器主要为双绕组变压器和三绕组变压器，其电能损耗包括负载损耗（可变损耗）和空载损耗（固定损耗）。

5.3.1　双绕组变压器损耗计算
5.3.1.1　变压器电能损耗的计算公式

$$\Delta A = \Delta A_0 + \Delta A_{\text{R}} \tag{5-26}$$

式中：ΔA_0 为空载电能损耗，kW·h；ΔA_{R} 为负载电能损耗，kW·h。

5.3.1.2　负载电能损耗计算公式

$$\Delta A_{\text{R}} = P_{\text{k}}\left(\frac{I_{\text{rms}}}{I_{\text{N}}}\right)^2 t \tag{5-27}$$

式中：P_k 为变压器的额定负载损耗，kW；I_{rms} 为负载侧均方根电流，A；I_N 为负载侧额定电流，A；t 为运行时间，h。

5.3.1.3 空载电能损耗计算公式

$$\Delta A_0 = P_0 \left(\frac{U_{av}}{U_{tap}}\right)^2 t \tag{5-28}$$

式中：ΔA_0 为空载电能损耗，kW·h；P_0 为变压器的额定负载损耗，kW；U_{av} 为平均电压，kV；U_{tap} 为变压器的分接头电压，kV；t 为变压器运行时间，h。

（1）变压器的负载损耗。变压器额定负载损耗 P_k 近似等于额定电流 I_N 流过变压器高低绕组（RT）时总的铜损耗（变压器的负载损耗也称为铜损），即

$$P_k = 3I_N^2 R_T \times 10^{-3} \text{(kW)} \tag{5-29}$$

变压器运行时的动态负载损耗 P_R 算式为

$$P_R = 3I_{rms}^2 R_T \times 10^{-3} \text{(kW)} \tag{5-30}$$

式（5-29）、式（5-30）两个算式两端分别相除，得到如下算式

$$P_R = \frac{I_{rms}^2}{I_N^2} P_k \text{(kW)} \tag{5-31}$$

将式（5-31）两端分别乘以变压器运行时间 t，即得到式（5-27）。

（2）变压器的负载损耗率。设变压器的平均负载系数（平均输出的视在功率 S 与变压器额定容量 S_N 之比）为 β，变压器运行功率因数为 λ，则变压器首端输出功率 P 为

$$P = \beta S_N \lambda \tag{5-32}$$

变压器的负载损耗率 P_R（%）为

$$P_R(\%) = \frac{P_R}{P} \times 100\% = \frac{(I_{rms}/I_N)^2 P_k}{\beta S_N \lambda} \times 100\% = \frac{(kI_{av}/I_N)^2 P_k}{\beta S_N \lambda} \times 100\% = \frac{k^2 \beta^2 P_k}{\beta S_N \lambda} \times 100\%$$
$$= \frac{k^2 \beta P_k}{S_N \lambda} \times 100\% \tag{5-33}$$

（3）变压器的空载损耗。变压器空载损耗与加在变压器上的电压和变压器工作的分接头电压有关。当变压器的分接电压 U_{tap} 等于平均运行电压 U_{av} 时，变压器的空载损耗功率为 P_0。当变压器的分接电压 U_{tap} 不等于平均运行电压 U_{av} 时，可根据算式（5-28）得出变压器的实际空载损耗功率与标准空载损耗 P_0 的关系。

（4）变压器的空载损耗率。变压器的空载损耗率为

$$P_R(\%) = \frac{P_0}{P} \times 100\% = \frac{P_0}{\beta S_N \lambda} \times 100\% \tag{5-34}$$

式中：变压器空载损耗率的大小与变压器平均负载系数 β、额定容量、功率因数成反比。对于某一台变压器，其平均负载系数 β 越高，功率因数越大，变压器的空载损耗率越小；反之，变压器的空载损耗率越大。

（5）变压器综合损耗率。根据式（5-32）、式（5-34），变压器的综合损耗式为

$$\Delta P(\%)=\frac{P_R+P_0}{P}\times100\%=\frac{P_0+k^2\beta^2P_k}{\beta S_N\lambda}\times100\% \tag{5-35}$$

式中：变压器的空载损耗率与变压器平均负载系数 β 成反比，变压器的负载损耗率与变压器平均负载系数 β 成正比。

当变压器额定负载（$\beta=1$）、恒定负载（$k=1$）、标准有功功率（$\lambda=0.95$）运行工况（额定工况）时，变压器的损耗率算式为

$$\Delta P(\%)=\frac{P_0+P_k}{0.95S_N}\times100\% \tag{5-36}$$

（6）变压器的经济负载系数。对于某一台变压器，当负载损耗与空载损耗相等（$k_2\beta_2P_k=P_0$）时，变压器的有功损耗率 ΔP（%）最小，此时的平均负载系数为经济负载系数 β_{jz}，计算式为

$$\beta_{jz}=\sqrt{\frac{P_0}{k^2P_k}}=\frac{1}{k}\sqrt{\frac{P_0}{P_k}} \tag{5-37}$$

按照本章介绍的主要公式，能计算出各类变压器的主要损耗指标，见表5-3。

表5-3　　　　　　　　　　　　常见各类变压器损耗表

变压器型号	变压器容量 (kVA)	空载损耗 (kW)	负载损耗 (kW)	额定损耗率 ($\lambda=0.95$)	经济负载系数 ($k=1$)	经济损耗率 ($\lambda=0.95$)
S22 系列配电变压器 (10kV/0.4kV)	50	0.08	0.655	1.55%	0.12	0.81
	100	0.12	1.140	1.33%	0.11	1.40
	200	0.19	1.970	1.14%	0.10	2.39
	400	0.33	3.250	0.94%	0.10	3.97
S20 系列配电变压器 (10kV/0.4kV)	50	0.09	0.735	1.74%	0.12	0.91
	100	0.135	1.265	1.47%	0.11	1.55
	200	0.215	2.185	1.26%	0.10	2.66
	400	0.37	3.615	1.05%	0.10	4.42
S13 系列配电变压器 (10kV/0.4kV)	50	0.1	0.870	2.04%	0.11	1.07
	100	0.15	1.50	1.74%	0.10	1.83
	200	0.24	2.60	1.18%	0.12	2.48
	400	0.41	4.30	1.24%	0.10	5.22
S11 系列配电变压器 (10kV/0.4kV)	50	0.13	0.870	2.11%	0.15	1.11
	100	0.2	1.50	1.79%	0.13	1.88
	200	0.325	2.730	1.54%	0.13	3.24
	400	0.565	4.30	1.28%	0.13	5.39
S9 系列配电变压器 (10kV/0.4kV)	50	0.17	0.870	2.19%	0.20	1.15
	100	0.29	1.50	1.88%	0.19	1.98
	200	0.48	2.730	1.31%	0.24	2.75
	400	0.80	4.30	1.34%	0.19	5.65

5.3.2　三绕组变压器损耗计算

三绕组变压器电能损耗与双绕组变压器损耗的计算公式相同。

其中，空载损耗计算同式（5-28），负载电能损耗计算公式为

$$\Delta A_R = \left[P_{k1}\left(\frac{I_{ms1}}{I_{N1}}\right)^2 + P_{k2}\left(\frac{I_{ms2}}{I_{N2}}\right)^2 + P_{k3}\left(\frac{I_{ms3}}{I_{N3}}\right)^2 \right]^2 T \qquad (5\text{-}38)$$

式中：ΔA_R 为三绕组变压器的负载电能损耗，kW·h；P_k 为变压器高、中、低压绕组的额定负载损耗，kW；I_{rms} 为变压器高、中、低压绕组的均方根电流值，A；I_N 为变压器高、中、低压绕组的额定电流，A。

其中，变压器高、中、低压绕组的额定负载损耗、计算如下

$$\left. \begin{aligned} P_{k1} &= 0.5 \times \left[P_{k(1-2)} + P_{k(1-3)} + P_{k(2-3)} \right] \\ P_{k2} &= P_{k(1-2)} - P_{k1} \\ P_{k3} &= P_{k(1-3)} - P_{k1} \end{aligned} \right\} \qquad (5\text{-}39)$$

式中：$P_{k(a-b)}$ 为变压器高压—中压、高压—低压、中压—低压绕组的短路损耗功率，kW。

对于三个绕组容量不相等的变压器，应把铭牌给出的 $P_{k(1-2)}$、$P_{k(1-3)}$、$P_{k(2-3)}$ 归算到额定容量下的、即

$$\left. \begin{aligned} P_{k(1-2)} &= P'_{k(1-2)} \left(\frac{S_1}{S_2}\right)^2 \\ P_{k(1-3)} &= P'_{k(1-3)} \left(\frac{S_1}{S_3}\right)^2 \\ P_{k(2-3)} &= P'_{k(2-3)} \left(\frac{S_1}{\min\{S_2,\ S_3\}}\right)^2 \end{aligned} \right\} \qquad (5\text{-}40)$$

式中：S_i（$i=1,2,3$）为高、中、低压的额定容量，kVA。

注：三绕组变压器的负载损耗 P_k 是指带分接的绕组接在其主分接位置下，当该对绕组中的一个额定容量较小绕组的线路端子上额定电流是，另一个绕组短路且其余绕组开路时，变压器所吸收的有功功率。

5.3.3 计算举例

【例 5-3】 10kV 工业线城郊窑后山变压器为 1 级能效，额定容量为 100kVA 的双绕组配电变压器，在 $k=1$ 时，根据《电力变压器能效限定值及能效等级》（GB 20052—2020），计算此变压器的额定损耗率和经济负载系数。

解：根据式（5-35）、式（5-37）计算可知

$$\Delta P(\%) = \frac{P_R + P_0}{P} \times 100\% = \frac{120 + 1140}{95000} \times 100\% = 1.33\%$$

$$\beta_{jz} = \sqrt{\frac{P_0}{k^2 P_k}} = \frac{1}{k}\sqrt{\frac{P_0}{P_k}} = \sqrt{\frac{120}{1140}} = 0.32$$

【例 5-4】 66kV 八家子变电站 1 号主变压器规格型号为 SSZ11-20000/66，额定容量 20000/20000/20000kVA，额定电压为（66±8×1.25%）/10.5/6.3kV，额定电流为 175/1099.7/916.4A，空载损耗为 16.389kW，空载电流百分数为 0.28，负载损耗（75℃）：高—中 78.092kW，高—低 83.344kW，中—低 68.525kW。计算日当天的高、中、低三侧均方根

电流分别为 88.93、372.46、165.6A，高、中、低三侧运行电压分别为 67.7/10.5/6.3kV，一次侧功率因数 0.99，分接挡位为（66＋1×1.25％）kV。试计算 1 号主变压器当日电能损耗。

解：（1）根据三绕组变压器额定负载损耗算式，变压器三个绕组的额定负载损耗分别为

$$P_{k1} = 0.5 \times (P_{k12} + P_{k13} + P_{k23}) = 0.5 \times (78.092 + 83.344 - 68.525) = 46.455 \text{ (kW)}$$

$$P_{k2} = P_{k12} - P_{k1} = 78.092 - 46.455 = 31.637 \text{ (kW)}$$

$$P_{k3} = P_{k13} - P_{k1} = 83.344 - 46.455 = 36.889 \text{ (kW)}$$

（2）根据变压器负载损耗算式，变压器的日负载损耗电量为

$$\Delta A_R = \left[P_{k1} \left(\frac{I_{rms1}}{I_{N1}} \right)^2 + P_{k2} \left(\frac{I_{rms2}}{I_{N2}} \right)^2 + P_{k3} \left(\frac{I_{rms2}}{I_{N3}} \right)^2 \right] t$$

$$= \left[46.455 \times \left(\frac{88.93}{175} \right)^2 + 31.637 \times \left(\frac{372.46}{1099.7} \right)^2 + 36.889 \times \left(\frac{165.6}{916.4} \right)^2 \right] \times 24$$

$$= 404.28 (\text{kW} \cdot \text{h})$$

（3）根据变压器空载损耗算式，变压器日空载损耗电量为

$$\Delta A_0 = P_0 \left(\frac{U_{av}}{U_{tap}} \right)^2 = 16.389 \times \left(\frac{67.7}{67.25} \right)^2 \times 24 = 398.449 (\text{kW} \cdot \text{h})$$

（4）变压器日供电量为

$$A = \sqrt{3} \, I_{rms} U \lambda T = 1.732 \times 88.93 \times 67.7 \times 0.99 \times 24 = 247760.053 (\text{kW} \cdot \text{h})$$

（5）变压器计算日的损耗率为

$$\Delta A = \frac{\Delta A_0 + \Delta A_R}{A} \times 100\% = \frac{404.28 + 398.449}{247760.053} \times 100\% = 0.32\%$$

5.4　配电网的电能损耗计算

5.4.1　中压配电网的电能损耗计算

根据《电力网电能损耗计算导则》（DT/L 686—2018），10（6、20）kV 中压配电网的电能损耗计算宜采用等值电阻法；对含新能源、小水电、小火电等小电源接入该电压等级的电力网，宜采用等效电（容）量法；对具备信息化采集条件的电力网，可采用前推回代潮流法；对网架结构复杂的电力网，宜采用潮流法；计算 10（6、20）kV 中压配电网电能损耗推荐的计算数据见表 5-4。

5.4.1.1　等值电阻法

等效电阻法由于其计算简单、原理清晰是目前被广泛应用的 10（20/6）kV 电网电能损耗计算方法。

10（6、20）kV 中压配电网等值电阻法电能损耗计算的基本假设为：各负荷节点负荷曲线的形状与首端相同，各负荷节点的功率因数均与首端相等，忽略沿线电压降落对

配电网降损研究与实践

电能损耗的影响。10（6、20）kV 中压配电网等值电阻法电能损耗计算值以配电线为单元开展计算。

表 5-4　　　　计算 10（6、20）kV 中压配电网电能损耗推荐的计算数据表

计算方法	计算时段内需采集的数据
基于配电变压器电量的等值电阻法	(1) 电网拓扑结构、线路参数、变压器参数和有功电量（kW·h）、无功补偿设备参数等。 (2) 配电网首端负荷曲线、有功电量（kW·h）和无功电量（kvarh）。 (3) 配电网首端计算时段内电流（A）、电压（kV）曲线。 (4) 含新能源、小水电或小火电机组，需要采集其有功电量（kW·h）、无功电量（kvarh）、电流（A）、电压（kV）曲线。 (5) 环境温度（℃）
基于配电变压器容量的等值电阻法	(1) 配电网拓扑结构、线路参数、变压器参数，无功补偿设备参数等。 (2) 配电网首端负荷曲线、有功电量（kW·h）和无功电量（kvarh）。 (3) 配电网首端计算时段内电流（A）、电压（kV）曲线。 (4) 含新能源、小水电或小火电机组，需要采集其有功电量（kW·h）、无功电量（kvarh）、电流（A）、电压（kV）曲线。
前推回代潮流法	(1) 配电网拓扑结构、线路参数、变压器参数、无功补偿设备参数等。 (2) 配电变压器的有功负荷（kW）以及无功负荷（kvar）。 (3) 小电源的有功出力（kW）、无功出力（kvar）以及电压（kV）。 (4) 环境温度（℃）

10（6、20）kV 中压配电网电能损耗的计算公式为

$$\Delta A = \sum \Delta A_0 + 3 I_{av(0)}^2 k^2 R_{eq} T \times 10^{-3} \tag{5-41}$$

式中：ΔA_0 为 10（6、20）kV 中压配电网元件的固定损耗，包括变压器空载损耗，电容器、电抗器、辅助元件等的电能损耗，kW·h；$I_{av(0)}$ 为计算时段 T 内配电网首端的平均电流，A；k^2 为负荷曲线形状系数的平方值，见表 5-23；R_{eq} 为配电网可变损耗等值电阻，Ω；T 为计算时间，h。

注：对于代表日计算方式，数据采集密度不小于 24 次/天，可采取 24h 整点数据进行计算。

其中，配电网可变损耗等值电阻的计算公式为

$$R_{eq} = R_{eqL} + R_{eqR} \tag{5-42}$$

式中：R_{eqL} 为配电网线路等值电阻，Ω；R_{eqR} 为配电网配电变压器绕组等值电阻，Ω。

其中，配电网线路等值电阻的计算公式为

$$R_{eqL} = \frac{\sum_{i=1}^m A_{(i)}^2 R_i}{(\sum A_a)^2} \tag{5-43}$$

式中：m 为配电网线路段的数量，条；$A_{(i)}$ 为流经第 i 条线路段送电的负荷节点总有功电量，kW·h；R_i 为第 i 条线路段的电阻，Ω；$\sum A_a$ 为配电网内所有负荷节点总有功电量，kW·h。

配电网全部配电变压器绕组等值电阻的计算公式为

$$R_{eq} = \frac{U^2}{(\sum A_a)^2} \sum \frac{P_{k(j)}}{S_{(j)}^2} A_{(j)}^2 \times 10^3 \tag{5-44}$$

式中：R_{eq} 为配电变压器绕组的等值电阻，Ω；U 为配电变压器高压侧额定电压，kV；$P_{k(j)}$

为第 j 节点所带配电变压器的额定负载损耗，kW；$A_{(j)}$ 为第 j 节点所带配电变压器的供电量，kW·h；$S_{(j)}$ 为第 j 节点所带配电变压器的额定容量，kVA。

如果配电网各负荷节点供电量未能采集，可按各节点配电变压器的负载系数相等计算，即各变压器供电量正比于其额定容量。配电网线路等值电阻和全部配电变压器绕组等值电阻计算公式为

$$R_{eqL} = \frac{\sum_{i=1}^{m} S_{(i)}^2 R_i}{(\sum S_a)^2} \tag{5-45}$$

式中：$S_{(i)}$ 为经第 i 条线路送电的配电变压器额定容量之和，kVA；$\sum S_a$ 为配电网内所有配电变压器的额定容量之和，kVA。其他符号同式（5-43）、式（5-44）。

$$R_{eqL} = \frac{U^2 \sum P_{k(j)}}{(\sum S_a)^2} \times 10^3 \tag{5-46}$$

符号同式（5-43）、式（5-44）。

对千配电网多分段线路，按各线路段的有功电量确定流经各线路段的平均电流，计算公式为

$$I_{av(i)} = I_{av(0)} \frac{A_{(i)}}{\sum A_a} \tag{5-47}$$

式中：$I_{av(i)}$ 为流经第 i 条线路段的平均电流，A；$I_{av(0)}$ 为配电网线路首端的平均电流，A。其他符号同式（5-43）。

如果配电网各负荷节点有功电量未能采集，可按各节点配电变压器的负载系数相等计算。

使用电阻法对 10（6、20）kV 电网电能损耗进行理论计算需以下假设：①各负荷节点负荷曲线的形状与首端相同；②各负荷节点的功率因数均与首端相等；③忽略沿线电压降落对电能损耗的影响。第①和②条假设条件保障了系统中所有节点的形状系数和功率因素均相同，这样系统中的电流形状系数和功率因数相同，使得系统中的电流是可以叠加的。假设条件③保障了系统中所有节点的电压均相同，使得系统中电流和功率是正比例关系。基于上述假设，等值电阻法的计算基本原理是将 10（6、20）kV 电网中隔断线路的电阻折算到线路的首端，折算的基本依据是折算前后该段线路的损耗相同，具体的推导过程如下

$$I_i^2 R_i = I_f^2 R_{fi} \tag{5-48}$$

式中：I_i、R_i 为流过第 i 段线路的电流和其电阻；I_f、R_{fi} 为系统的首端电流和第 i 段线路等值到首端的等效电阻。

根据前文假设可知，线路首端的电流正比于系统内所有负荷电量之和，某段线路的电流也正比于改线路供电所有负荷电量之和且二者的比例系数是相同的，也就是

$$I_i = \frac{A_{(i)}}{\sum A_a} I_f \tag{5-49}$$

式中：$A_{(i)}$ 为由线路 i 供电负荷的总电量；$\sum A_a$ 系统内所有负荷的电量之和。

结合式（5-48）和式（5-49）可得到线路 i 电阻被折算到首端后其等效电阻大小为

$$R_{fi} = \frac{A_{(i)}^2}{(\sum A_a)^2} R_i \tag{5-50}$$

将系统内所有线路电阻均折算到首端，由于流经等值电阻的电流是相同的，对于求取系统损耗而言，这些电阻具有叠加性。将这些等效电阻进行相加可得到系统所有线路的等效电阻公式。

考虑到第 j 台变压器，其电阻与其短路损耗之间满足如下关系

$$R_j = \frac{P_{k(j)} U^2}{S_{(j)}^2} \times 10^3 \tag{5-51}$$

式中：U 为配电变压器高压侧额定电压；$P_{k(j)}$ 为第 j 节点所带配电变压器的额定负载损耗（短路损耗）；$S_{(j)}$ 为第 j 节点所带配电变压器的额定容量。

将式（5-51）代入式（5-49）后，可得到第 j 台变压器支路折算到首端的等效电阻为

$$R_{fj} = \frac{U^2}{(\sum A_a)^2} \times \frac{P_{k(j)} A_{(j)}^2}{S_{(j)}^2} \times 10^3 \tag{5-52}$$

对这些电阻求和可得到系统中所有变压器支路的等效电阻。

如果配电网各负荷节点供电量未能采集，可按各节点配电变压器的负荷相等计算，即各变压器供电量正比于其额定容量。基于上述假设，将各节点的电量数据采用该节点的变压器容量代替，即可得到系统的等效电阻分别如式（5-44）和式（5-45）。

5.4.1.2 等效电容（量）法

目前分布式电源越来越广泛，由于小电源连接变压器存在潮流上网或下网双向流动的情况，宜分时段计算含小电源的配电网电能损耗，确保每个时段内所计符配电网内的小电源潮流流向基本不变。需要考虑分布式电源接入对 10（20/6）kV 电网线损计算的影响。

因此在等值电阻法的基础上，采用等效电（容）量法计算含小电源的配电网电能损耗公式为：

$$\Delta A = \sum \Delta A_0 + \sum_{m=1}^{N} [3 I_{ms(n)}^2 R'_{eq(n)} k^2 \times 10^{-3}] T_{(n)} \tag{5-53}$$

式中：N 为计算时间 T 所包含 $T_{(n)}$ 的个数，个；$I_{ms(n)}$ 为计算时段 $T_{(n)}$ 内配电网首端的电流均方根值，A；$R'_{eq(n)}$ 为计算时段 $T_{(n)}$ 内基于等效电（容）量法修正的配电网可变损耗等值电阻，Ω；$T_{(n)}$ 为采用等效电（容）量法修正配电网等值阻抗的计算时间周期，h；其他符号同式（5-41）。

注：对于代表日计算方式，可采取 24h 整点数据进行计算，即 $N=24$，$T_{(n)}=1h$。

小电源注入电网的均方根电流计算公式为

$$I_{rmsi(n)} = \frac{\sqrt{A_{psi(n)}^2 + A_{qsi(n)}^2}}{\sqrt{3} U_{si(n)} T_{(n)}} \tag{5-54}$$

式中：$I_{rmsi(n)}$ 为在计算时段 $T_{(n)}$ 内第 i 个小电源注入电网的均方根电流，A；$A_{psi(n)}$ 为在

计算时段 $T_{(n)}$ 内第 i 个小电源的有功电量，kW·h；$A_{qsi(n)}$ 为在计算时段 $T_{(n)}$ 内第 i 个小电源的无功电量，kvarh；$U_{si(n)}$ 为在计算时段 $T_{(n)}$ 内配电网首端的平均电压，kV。

小电源等效容量的计算公式为

$$S_{si(n)} = \pm\sqrt{3}\,I_{rmsi(n)}U_{si(n)} \tag{5-55}$$

式中：$S_{si(n)}$ 为在计算时段 $T_{(n)}$ 内第 i 个小电源的等效容撮，kVA。

注：当小电源所连接变压器功率下网时，$S_{si(n)}$ 取正值；当分布式电源所连接变压器功率上网时，$S_{si(n)}$ 取负值。

采用配电网负荷节点电量数据计算配电网等值电阻时，可直接将 $A_{psi(n)}$ 代入式（5-43）、式（5-44）修正 $A(i)$、A_a。当小电源功率上网时，$A_{psi}(n)$ 取负值；其功率下网时，$A_{psi}(n)$ 取正值。计算配电网可变损耗等值电阻 R'_{eq}，再由式（5-48）计算电力网电能损耗。

采用配电网变压器容量数据计算配电网等值电阻时，可将分布式电源看成具有等效容量 $S_{si}(n)$ 的无损配电变压器，以 $S_{si}(n)$ 代入式（5-45）、式（5-53）修正 $S(i)$、S_a，再计算配电网可变损耗等值电阻 $R'_{eq}(n)$ 和电力网电能损耗。

5.4.1.3　前推回代潮流法

分布式电源出力形状系数由其发电指令或能源特性决定，与负荷形状系数之间存在差异，这导致基于等效电阻法修正的等效容（电）量法不一定适应。

在系统具有前推回代计算条件的电网，建议通过前推回代法计算系统的损耗。对于网络结构复杂的系统，前推回代法难以适应，可考虑通过潮流法进行电能损耗计算。

前推回代潮流法计算配电网电能损耗的公式为

$$\Delta A = \sum\Delta A_0 + \sum I_{is}^2 R_{is}T\times10^{-3} \tag{5-56}$$

式中：ΔA 为 10（6、20）kV 配电网的电能损耗，kW·h；I_{is} 为第 i 个节点到第 s 个节点支路的电流有效值，A；R_{is} 为第 j 个节点到第 s 个节点支路的电阻，Ω；T 为计算时间，h。

从配电网最末端支路开始向首端计算各条支路的电流，即

$$\dot{I}_{is} = \dot{I}_s + \sum_{m=1}^{n}\dot{I}_{sm} \tag{5-57}$$

式中：$\dot{I}_{is}$ 为第 i 个节点到第 s 个节点支路的电流，A；$\dot{I}_s$ 为电网注入第 s 个节点的电流，A；n 为与节点 s 直接相连的所有下层支路条数；$\dot{I}_{sm}$ 为第 m 个与 s 节点直接相连的支路电流，A。

从配电网首端开始向配电网末端计算各节点电压，即

$$\dot{U}_s = \dot{U}_i - \dot{I}_{is}\dot{Z}_{is}$$

式中：$\dot{U}_s$ 为第 s 个节点的电压，kV；$\dot{U}_i$ 为第 i 个节点的电压，kV；$\dot{Z}_{is}$ 为第 i 个节点到第 s 节点支路阻抗，Ω。

通过前推回代的迭代计算，计算出各个节点电压和各支路电流 I_{is}；由式（5-56）计算配电网电能损耗。

5.4.1.4　潮流法

对网络结构复杂、计量装置完善、基础数据齐全的配电网，宜采用潮流法进行理论线损计算。

5.4.1.5　计算举例

【例5-5】　某地10kV药王线单线图如图5-1所示，其中节点9接入分布式光伏，线路型号和变压器型号如图5-1所示，线路的典型参数见表5-5，变压器的典型参数见表5-6与运行参数见表5-7。计算分布式光伏未投入时的线损情况。

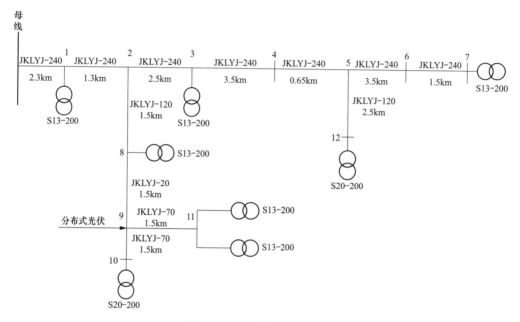

图 5-1　10kV 药王线单线图

表 5-5　　　　　　　　　　　　　　线 路 参 数 表

线路型号	电压（kV）	电阻 R（Ω/km）	电抗 X（Ω/km）
JKLYJ-240	10	0.125	0.301
JKLYJ-120	10	0.158	0.379
JKLYJ-70	10	0.276	0.394

表 5-6　　　　　　　　　　　　　　变 压 器 参 数 表

节点	型号	容量（kVA）	空载损耗（kW）	短路损耗（kW）	阻抗（%）	空载电流
1	S13	200	0.24	2.730	4	0.18
3	S13	200	0.24	2.730	4	0.18
12	S20	200	0.215	2.185	4	
7	S13	200	0.24	2.730	4	0.18
8	S13	200	0.24	2.730	4	0.18
11	S13	200	0.24	2.730	4	0.18
11	S13	200	0.24	2.730	4	0.18
10	S20	200	0.215	2.185	4	

表 5-7   变 压 器 运 行 参 数

节点编号	有功电量（kW·h）	无功电量（kvarh）
1	625.03	444.34
3	901.31	704.04
7	1086.93	708.73
8	496.42	352.91
10	793.41	564.05
11	502.85	357.48
11	502.85	357.48
12	625.00	444.32

1）线路首端电压 10.5kV。

2）首端注入全天电量 5725kW·h，全天无功电量 4070kvarh。

3）首端注入电流（A）。

（1~12h）：10.1、11、13、12、13、13、13.6、12.7、15.8、17.9、18.7、19.5。

（13~24h）：20、23、17、19.5、18.7、14.3、17.9、15、17.8、16.9、18.4、15.4。

（1）等效电阻法（各变压器节点电量未知）。对于采集条件有限的情况下，各配电变压器节点电量未知。可以假设所有配电变压器的负载系数一致，其电量正比于其变压器容量。因此，对于各配电变压器节点电量数据未知的情况，采用如下的公式计算线路等效电阻。

$$R_{eqL} = \frac{\sum_{i=1}^{m} S_{(i)}^2 R_i}{(\sum S_a)^2}$$

式中：$S_{(i)}$ 为经第 i 条线路送电的配电变压器额定容量之和；$\sum S_a$ 为配电网内所有配电变压器的额定容量之和；m 为系统内变压器的总台数。

以"母线—节点 1"为例，等效电阻计算为

$$R_{eqL} = \frac{\sum_{i=1}^{m} S_{(i)}^2 R_i}{(\sum S_a)^2} = \frac{0.2875 \times 1600^2}{1600^2} = 0.2875(\Omega)$$

计算图示配电网所有线路的等效电阻结果见表 5-8。

表 5-8   线路等效电阻（不计算配电变压器电量）

首端编号	末端编号	线路电阻 R_i（Ω）	配电变压器容量 $S_{(i)}$（kVA）	配电变压器容量 $\sum S_a$（kVA）	等效电阻 R_{fi}（Ω）
母线	1	0.2875	1600	1600	0.2875
1	2	0.1625	1400	1600	0.1244
2	3	0.3125	600	1600	0.0439
3	4	0.4375	400	1600	0.0273
4	5	0.0813	400	1600	0.0051
5	6	0.4375	200	1600	0.0068
6	7	0.1875	200	1600	0.0029

首端编号	末端编号	线路电阻 R_i (Ω)	配电变压器容量 $S_{(i)}$ (kVA)	配电变压器容量 $\sum S_a$ (kVA)	等效电阻 R_{fi} (Ω)
5	12	0.395	100	1600	0.0015
2	8	0.237	800	1600	0.0593
8	9	0.237	600	1600	0.0333
9	10	0.414	200	1600	0.0065
9	11	0.414	400	1600	0.0259
所有线路等效电阻合计 R_{eqL} (Ω)					0.6245

对于所有配电变压器，其等效电阻的计算公式如下

$$R_{eqR} = \frac{U^2 \sum P_{k(j)}}{(\sum S_a)^2} \times 10^3$$

例如节点 1 位置变压器损耗为

$$R_{eqR} = \frac{U^2 \sum P_{k(j)}}{(\sum S_a)^2} \times 10^3 = \frac{10.5^2 \times 2.60}{(1600)^2} \times 10^3 = 0.0861 (\Omega)$$

根据上式计算得到的配电变压器等效电阻见表 5-9。

表 5-9 **配电变压器等效电阻（不计算配电变压器电量）**

节点	型号	容量 (kVA)	短路损耗 $P_{k(j)}$ (kW)	运行电压 (kV)	配电变压器容量 $\sum S_a$ (kVA)	等效电阻 R_{fj} (Ω)
1	S13	200	2.600	10.5	1600	0.1120
3	S13	200	2.600	10.5	1600	0.1120
7	S13	200	2.600	10.5	1600	0.1120
8	S13	200	2.600	10.5	1600	0.1120
10	S20	200	2.185	10.5	1600	0.0941
11	S13	200	2.600	10.5	1600	0.1120
11	S13	200	2.600	10.5	1600	0.1120
12	S20	200	2.185	10.5	1600	0.0941
所有线路等效电阻合计 R_{eqL} (Ω)						0.8600

根据以上计算，配电网可变损耗等效电阻为线路等效损耗和变压器铜损等效电阻之和

$$0.6245 + 0.8600 = 1.4845 \ (\Omega)$$

根据线路首端 24h 的注入电流值计算其形状系数为

$$k = \frac{\sqrt{\sum_{i=1}^{24} I_i^2 / 24}}{\sum_{i=1}^{24} I_i / 24} = 1.0198$$

配电线路损耗和变压器铜损为

$$\Delta A_b = 3 I_{av(0)}^2 k^2 R_{eq} t \times 10^{-3} = 3 \times \left(\frac{\sqrt{5725^2 + 4070^2}}{\sqrt{3} \times 10.5 \times 24} \right)^2 \times 1.0198^2 \times 1.4845 \times 24 \times 10^{-3}$$

$$= 28.7881 (kW \cdot h)$$

变压器的铁损为

$$\sum \Delta A_0 = \sum 变压器空载损耗 \times 24 = 44.88(\mathrm{kW \cdot h})$$

配电网总损耗为变压器铜损、铁损及线路铜损之和，即

$$\Delta A = \Delta A_b + \Delta A_0 = 73.6681(\mathrm{kW \cdot h})$$

线路首端供电为 5725kW·h，改线路线损率为 1.287%。

（2）等效电阻法（各变压器节点电量已知）。在各配电变压器电量已知的情况，配电网线路等效电阻的计算公式为

$$R_{\mathrm{eqL}} = \frac{\sum_{i=1}^{m} A_{(i)}^2 R_i}{(\sum A_a)^2}$$

式中：m 为配电网线路段的数量；$A_{(i)}$ 为流经第 i 条线路段送电的负荷节点总有功电量；R_i 为第 i 条线路段的电阻；$\sum A_a$ 为配电网内所有负荷节点总有功电量。

以"母线—节点 1"为例

$$R_{\mathrm{eqL}} = \frac{\sum_{i=1}^{m} A_{(i)}^2 R_i}{(\sum A_a)^2} = \frac{5533.78^2 \times 0.2875}{5533.78^2} = 0.2875(\Omega)$$

同理可得，配电网所有线路的等效电阻结果见表 5-10。

表 5-10　　　　　　　　　　线路等效电阻表（计算配电变压器电量）

首端编号	末端编号	线路电阻 R_i（Ω）	配电变压器容量 $A_{(i)}$（kVA）	配电变压器容量 $\sum A_a$（kVA）	等效电阻 R_{fi}（Ω）
母线	1	0.2875	5533.78	5533.78	0.2875
1	2	0.1625	4908.75	5533.78	0.1279
2	3	0.3125	2613.24	5533.78	0.0697
3	4	0.4375	1711.93	5533.78	0.0419
4	5	0.0813	1711.93	5533.78	0.0078
5	6	0.4375	496.42	5533.78	0.0035
6	7	0.1875	496.42	5533.78	0.0015
5	12	0.395	1086.93	5533.78	0.0152
2	8	0.237	2295.53	5533.78	0.0408
8	9	0.237	1799.11	5533.78	0.0251
9	10	0.414	793.41	5533.78	0.0085
9	11	0.414	1005.7	5533.78	0.0137
所有线路等效电阻合计 R_{eqL}（Ω）					0.6430

对于所有变压器，其等效电阻的计算公式为

$$R_{\mathrm{eq}} = \frac{U^2}{(\sum A_a)^2} \sum \frac{P_{\mathrm{k}(j)} A_{(j)}^2}{S_{(j)}^2} \times 10^3$$

根据上式计算得到的配电变压器等效电阻，以节点 1 为例

$$R_{\mathrm{eq}} = \frac{U^2}{(\sum A_a)^2} \sum \frac{P_{\mathrm{k}(j)} A_{(j)}^2}{S_{(j)}^2} \times 10^3 = \frac{10.5^2 \times 2.600 \times 625.03^2}{5533.78^2 \times 200^2} \times 10^3 = 0.0914(\Omega)$$

同理可得配电网内配电变压器等效电阻见表 5-11。

表 5-11   配电变压器等效电阻表（计算配电变压器电量）

节点	型号	容量（kVA）	短路损耗 $P_{k(j)}$（kW）	运行电压（kV）	配电变压器电量 A_a（kVA）	区域内配电变压器电量 $\sum A_a$（kVA）	等效电阻 R_{fj}（Ω）
1	S13	200	2.600	10.5	625.03	5533.78	0.0914
3	S13	200	2.600	10.5	901.31	5533.78	0.1901
7	S13	200	2.600	10.5	1086.93	5533.78	0.2765
8	S13	200	2.600	10.5	496.42	5533.78	0.0577
10	S20	200	2.185	10.5	793.41	5533.78	0.1238
11	S13	200	2.600	10.5	502.85	5533.78	0.0592
11	S13	200	2.600	10.5	502.85	5533.78	0.0592
12	S20	200	2.185	10.5	625	5533.78	0.0768
所有线路等效电阻合计 R_{eqL}（Ω）							0.9346

根据以上计算，配电网可变损耗等效电阻为线路等效损耗和变压器铜损等效电阻之和

$$0.6430 + 0.9346 = 1.5776 \ (\Omega)$$

根据线路首端 24h 的注入电流值计算其形状系数为

$$k = \frac{\sqrt{\sum_{i=1}^{24} I_i^2 / 24}}{\sum_{i=1}^{24} I_i / 24} = 1.0198$$

计算配电线路损耗和变压器铜损为

$$\Delta A_b = 3 I_{av(0)}^2 k^2 R_{eq} t \times 10^{-3} = 3 \times \left(\frac{\sqrt{5725^2 + 4070^2}}{\sqrt{3} \times 10.5 \times 24} \right)^2 \times 1.0198^2 \times 1.5776 \times 24 \times 10^{-3}$$

$$= 30.5961 (\text{kW} \cdot \text{h})$$

计算变压器的铁损为

$$\sum \Delta A_0 = \sum 变压器空载损耗 \times 24 = 44.88 (\text{kW} \cdot \text{h})$$

配电网总损耗为变压器铜损、铁损及线路铜损之和，即

$$\Delta A = \Delta A_b + \Delta A_0 = 75.4761 (\text{kW} \cdot \text{h})$$

线路首端供电为 5725kW·h，改线路线损率为 1.3183%。

（3）前推回代法。利用前推回代法计算配电网电能损耗的公式如下

$$\Delta A = \sum \Delta A_0 + \sum I_{is}^2 R_{is} t \times 10^{-3}$$

式中：ΔA 为 10（6、20）kV 配电网的电能损耗，kW·h；I_{is} 为第 i 个节点到第 s 个节点支路的电流有效值，A；R_{is} 为第 i 个节点到第 s 个节点支路的电阻，Ω。

采用前推回代法进行电能损耗计算类似于潮流法中的电量法，其需要根据各负荷的形状系数将配电变压器处的有功电量和无功电量拆分为 24h 的有功功率和无功功率。在无法获得各配电变压器处负荷形状系数的情况下，可假设所有配电变压器处的负荷形状系数与线路首端相同，基于该假设利用线路首端形状系数将各配电变压器的电量拆分为

24h 的有功功率和无功功率，拆分后的结果见表 5-12 和表 5-13。

表 5-12　　　　　　　　　线路配电变压器有功电量细分结果表

时间	节点 1	节点 3	节点 7	节点 8	节点 10	节点 11	节点 11	节点 12
1 时	15.43	22.69	29.58	15.05	19.86	15.22	15.22	19.43
2 时	17.90	26.80	30.12	12.21	20.72	12.40	12.40	13.89
3 时	22.15	31.49	37.78	18.80	29.85	19.01	19.01	22.15
4 时	19.52	27.15	33.95	13.51	24.78	13.71	13.71	19.52
5 时	22.15	31.49	37.78	18.80	20.85	19.01	19.01	22.15
6 时	22.15	31.49	37.78	18.80	20.85	19.01	19.01	22.15
7 时	21.12	31.90	38.48	15.57	16.09	13.80	13.80	19.12
8 时	19.66	29.79	35.92	16.41	26.23	16.62	16.62	20.66
9 时	25.70	36.07	44.70	20.41	32.63	20.68	20.68	25.70
10 时	29.12	42.00	50.64	21.13	36.97	23.43	23.43	29.12
11 时	31.42	43.87	51.90	24.16	38.62	24.47	24.47	30.42
12 时	30.72	45.74	55.17	25.20	39.27	25.52	25.52	31.72
13 时	32.54	45.92	55.59	25.84	40.30	26.18	26.18	32.54
14 时	38.42	53.95	65.07	29.72	47.50	30.10	30.10	37.42
15 时	27.66	39.88	47.09	22.97	35.11	20.25	20.25	27.62
16 时	31.72	45.74	55.17	26.20	40.27	27.52	27.52	31.72
17 时	29.42	43.87	52.90	22.16	38.62	24.47	24.47	30.42
18 时	23.26	33.55	49.46	18.48	29.53	18.72	18.72	23.26
19 时	28.12	42.00	50.64	23.13	36.97	23.43	23.43	29.12
20 时	24.40	36.19	42.43	19.38	33.98	19.63	19.63	24.40
21 时	29.96	40.76	50.36	23.00	33.76	25.30	25.30	28.96
22 时	26.49	39.65	47.81	21.84	34.90	22.12	22.12	27.49
23 时	29.93	44.17	56.05	23.77	39.00	23.08	23.08	27.93
24 时	26.05	35.12	30.57	19.90	30.80	19.16	19.16	27.05

表 5-13　　　　　　　　　线路配电变压器有功电量细分结果表

时间	节点 1	节点 3	节点 7	节点 8	节点 10	节点 11	节点 11	节点 12
1 时	12.68	19.53	12.63	10.28	11.83	9.39	9.39	12.68
2 时	11.72	19.18	21.29	10.10	16.15	10.33	10.33	11.72
3 时	15.04	23.95	25.98	10.94	22.09	19.10	19.10	16.03
4 时	13.88	23.01	22.14	11.02	16.62	11.17	11.17	13.88
5 时	15.04	23.95	25.98	10.94	22.09	19.10	19.10	16.03
6 时	15.04	23.95	25.98	10.94	22.09	19.10	19.10	16.03
7 时	15.73	23.95	25.09	15.49	17.97	12.65	12.65	12.73
8 时	14.69	23.30	23.43	10.67	17.65	11.82	11.82	14.69
9 时	18.27	28.98	29.15	14.51	20.20	7.70	7.70	18.27
10 时	20.70	32.83	33.02	16.44	25.28	16.65	16.65	20.70
11 时	22.63	34.30	33.50	16.18	29.45	10.40	10.40	22.63
12 时	22.55	36.77	36.97	17.91	27.63	16.14	16.14	22.55

时间	节点 1	节点 3	节点 7	节点 8	节点 10	节点 11	节点 11	节点 12
13 时	22.13	35.69	36.89	18.37	29.36	11.61	11.61	23.13
14 时	26.60	40.19	42.43	22.13	30.77	21.40	21.40	26.60
15 时	19.66	31.18	30.36	15.62	25.96	15.82	15.82	19.66
16 时	22.55	37.77	35.97	17.91	27.63	16.14	16.14	22.55
17 时	21.63	34.30	34.50	17.18	30.45	19.40	19.40	21.63
18 时	17.54	26.23	27.38	13.14	21.99	15.31	15.31	16.54
19 时	19.70	30.83	33.02	16.44	25.28	16.65	16.65	20.70
20 时	19.35	29.51	27.67	13.78	22.02	13.96	13.96	17.35
21 时	20.59	32.65	32.84	17.35	27.13	16.56	16.56	20.59
22 时	19.55	30.00	30.19	15.52	23.81	15.72	15.72	19.54
23 时	20.28	33.75	33.93	16.90	27.01	16.12	16.12	20.28
24 时	18.81	29.25	28.41	13.15	22.61	15.33	15.33	18.81

根据表 5-13 各配电变压器节点的分时有功、无功功率，分别建立各个时段的前推回代模型，求解得到各条线路的电流情况，利用算式求取系统各个时段的损耗见表 5-14，其中第一项为系统变压器铁损等固定损耗，第二项为线路损耗和变压器铜损等可变损耗。由表 5-14 可知：采用前推回代法计算得到的变压器铁芯损耗为 44.88kW·h，线路损耗和变压器铜损为 34.6975kW·h，总计损耗为 79.5775kW·h。系统总的供电量为 5725kW·h，总体损耗率为 1.3900%。

表 5-14 前推回代法计算结果表

时间	固定损耗（kW·h）	可变损耗（kW·h）	合计损耗（kW·h）
1 时	1.8700	0.9122	2.7822
2 时	1.8700	0.9934	2.8634
3 时	1.8700	1.1740	3.0440
4 时	1.8700	1.0838	2.9538
5 时	1.8700	1.1740	3.0440
6 时	1.8700	1.1740	3.0440
7 时	1.8700	1.2282	3.0982
8 时	1.8700	1.1469	3.0169
9 时	1.8700	1.4269	3.2969
10 时	1.8700	1.6167	3.4867
11 时	1.8700	1.6887	3.5587
12 时	1.8700	1.7610	3.6310
13 时	1.8700	1.8064	3.6764
14 时	1.8700	2.0772	3.9472
15 时	1.8700	1.5351	3.4051
16 时	1.8700	1.7610	3.6310
17 时	1.8700	1.6887	3.5587
18 时	1.8700	1.2915	3.1615

时间	固定损耗（kW·h）	可变损耗（kW·h）	合计损耗（kW·h）
19 时	1.8700	1.6167	3.4867
20 时	1.8700	1.3546	3.2246
21 时	1.8700	1.6077	3.4777
22 时	1.8700	1.5263	3.3963
23 时	1.8700	1.6616	3.5316
24 时	1.8700	1.3908	3.2608
合计	44.88	34.6975	79.5775

（4）潮流法。采用表 5-12 和表 5-13 中的有功功率和无功功率，结合潮流法，对图 5-1 所示电力系统的 24 个时段分别进行潮流计算，计算结果见表 5-14。由表 5-15 可知，该线路总计损耗为 80.4019kW·h，供电量为 5725kW·h，损耗率为 1.4044%。

表 5-15　　　　　　　　　　前推回代法计算结果表

时间	固定损耗（kW·h）	可变损耗（kW·h）	合计损耗（kW·h）
1 时	1.8700	0.9339	2.8039
2 时	1.8700	1.0170	2.8870
3 时	1.8700	1.2019	3.0719
4 时	1.8700	1.1095	2.9795
5 时	1.8700	1.2019	3.0719
6 时	1.8700	1.2019	3.0719
7 时	1.8700	1.2574	3.1274
8 时	1.8700	1.1741	3.0441
9 时	1.8700	1.4608	3.3308
10 时	1.8700	1.6551	3.5251
11 时	1.8700	1.7289	3.5989
12 时	1.8700	1.8029	3.6729
13 时	1.8700	1.8493	3.7193
14 时	1.8700	2.1265	3.9965
15 时	1.8700	1.5716	3.4416
16 时	1.8700	1.8029	3.6729
17 时	1.8700	1.7289	3.5989
18 时	1.8700	1.3222	3.1922
19 时	1.8700	1.6551	3.5251
20 时	1.8700	1.3868	3.2568
21 时	1.8700	1.6459	3.5159
22 时	1.8700	1.5625	3.4325
23 时	1.8700	1.7011	3.5711
24 时	1.8700	1.4238	3.2938
合计	44.88	35.5219	80.4019

（5）计算结果分析。根据以上计算分析，可得以下结论见表 5-16：

1）在变压器的负载系数几乎相同，采用等效电阻法（电量未知）和等效电阻法（电量已知）计算得到的系统损耗结果几乎一致。如果各配电变压器的负载系数差异较大，也就是其电量与其容量之间的比例系数存在较大差异时，这两种方法的计算结果将差别较大。

2）采用前推回代法计算该系统的损耗情况时，由于各配电变压器处电量的功率因数与首端是保持一致且各配电变压器负荷的形状系数与首端也是一样的，所以计算得到的线路总体损耗值与等效电阻法接近。如果上述计算数据不满足上述两个条件，其计算结果将会差别较大。

3）虽然潮流法与前推回代法基于的数据一样，但是潮流法将各配电变压器的空载损耗和励磁无功建模进入了潮流方程中，使得系统线路损耗和变压器铜损有所增加，系统的整体损耗对于前三种方法有一定增加，损耗率有所增加了。整体而言，上述 4 种方法计算得到的损耗结果是保持一致的。

表 5-16   线路损耗计算结果汇总表

计算方法	供电量（kW·h）	损耗电量（kW·h）	损耗率（%）
等效电阻法（电量未知）	5725	73.6881	1.287
等效电阻法（电量已知）	5725	75.4761	1.3183
前推回代法	5725	79.5775	1.3900
潮流法	5725	80.4019	1.4044

5.4.2 低压配电网的电能损耗计算

0.4kV 低压电力网的电能损耗计算宜采用等值电阻法、分相等值电阻法和台区损失率法；对具备信息化采集条件的电网，可采用分相潮流计算法。计算 0.4kV 低压电力网电能损耗推荐的计算数据参见表 5-17。

表 5-17   计算 0.4kV 低压电力网电能损耗推荐的计算数据表

计算方法	计算时段内需采集的数据
等值电阻法	（1）低压网拓扑结构。 （2）低压网首端有功电量（kW·h）、无功电量（kvarh）或有功电量（kW·h）、功率因数。 （3）低压网首端计算时段内电压（kV）。 （4）低压网首端每小时整点电流（A）。 （5）用户抄见有功电量（kW·h）、无功电量（kvarh）或有功电量（kW·h）、功率因数。 （6）环境温度（℃）
分相等值电阻法	（1）低压网拓扑结构。 （2）低压网首端有功电量（kW·h）、无功电量（kvarh）或有功电量（kW·h）、功率因数。 （3）低压网首端计算时段内电压（kV）。 （4）低压网首端每小时三相电流（A）。 （5）用户抄见有功电量（kW·h）、无功电量（kvarh）或有功电量（kW·h）、功率因数。 （6）环境温度（℃）

计算方法	计算时段内需采集的数据
潮流法	(1) 低压网拓扑结构。 (2) 低压网首端 24h 电压 (kV)。 (3) 低压网首端 24h 三相电流 (A)。 (4) 低压网 24h 用户抄见有功电量 (kW·h)、无功电量 (kvarh) 或有功电量 (kW·h)、功率因数。 (5) 环境温度 (℃)

5.4.2.1 等效电阻法

0.4kV 低压电网与 10 (6、20) kV 中压配电网的特点相似，宜采用等效电阻法计算其损耗，即应用 10 (20/6) kV 中压配电网等效电阻法的数学计算模型，结合 0.4kV 低压电网的特殊性，利用配电变压器低压侧总表的有功、无功电量替代 10 (6、20) kV 中压配电网的首端电量；利用各用户电能表的有功、无功电量替代 10 (6、20) kV 中压配电网的首端电量；利用各用户电能表的有功、无功电量计算出一个等效容量，并以此替代 10 (20/6) kV 线路中配电变压器的容量。0.4kV 低压电网等效电阻法电能损耗计算宜以台区为单元开展计算。

三相三线制和三相四线制的低压网线损理论计算公式为

$$\Delta A_{b} = N(KI_{av})^2 R_{eqL} t \times 10^{-3} + \left(\frac{t}{24D}\right) \sum(\Delta A_{dbi} m_i) + \sum \Delta A_C \tag{5-58}$$

式中：ΔA_b 为三相负荷平衡时低压网理论线损电量，kW·h；N 为电力网结构系数，单相供电取 2，三相三线制时取 3，三相四线制时取 3.5；K 为形状系数；I_{av} 为线路首端平均电流，A；R_{eqL} 为低压线路等值电阻，Ω；t 为运行时间，h；D 为全月日历天数；ΔA_{dbi} 为第 i 类电能表月损耗，kW·h；m_i 为第 i 类电能表的个数；ΔA_C 为无功补偿设备的损耗，kW·h。

其中，低压线路的等效电阻 R_{eqL} 计算公式为

$$R_{eqL} = \frac{\sum_{j=1}^{n} N_j A_{j.\Sigma}^2 R_j}{N\left(\sum_{j}^{m} A_j\right)^2} \tag{5-59}$$

式中：N_j 为第 j 段线段的电力网结构系数；$A_{j.\Sigma}$ 为第 j 计算线段供电的用户电能表抄见电量之和，kW·h；R_j 为第 j 计算线段的电阻，Ω；N 为配电变压器低压出口电力网结构系数；m 为用户电能表个数；A_i 为第 i 个用户电能表的抄见电量，kW·h。

对于单相电路，进行结构系数折算时，将其等效为三相电路，计算等值电阻时取实际电量的 3 倍。

5.4.2.2 分相等效电阻法

分相等效电阻法可计算出三相负荷不平衡时的损耗，计算公式为

$$\Delta A_{unb} = N(kI_{av})^2 R_{eqL} K_b T \times 10^{-3} + \left(\frac{t}{24D}\right) \sum(\Delta A_{dbi} m_i) + \sum \Delta A_C \tag{5-60}$$

式中：ΔA_{unb} 为三相负荷不平衡时低压线路的线损量，kW·h；K_b 为三相负荷不平衡与三相负荷平衡时损耗的比值。其中，K_b 与三相不平衡度 $\delta\%$ 有关。

设三相负荷电流的平均值为 I_{av} [$I_{av} = (I_A + I_B + I_C)/3$]，最大一相负荷电流为

I_{max}，则三相电流不平衡度（又称不平衡率）$\delta\%$为

$$\delta\% = \frac{I_{max} - I_{av}}{I_{av}} \times 100\% \qquad (5\text{-}61)$$

下面分三种情况来研究 K_b 的计算公式。

（1）三相负荷一相重，一相轻，一相平均

$$K_b = 1 + \frac{8}{3}\varepsilon_i^2 \qquad (5\text{-}62)$$

（2）三相负荷一相重，两相轻

$$K_b = 1 + 2\varepsilon_i^2 \qquad (5\text{-}63)$$

（3）三相负荷两相重，一相轻

$$K_b = 1 + 8\varepsilon_i^2 \qquad (5\text{-}64)$$

式中：ε_i 为三相负荷电流不平衡度，%。

$$\varepsilon_i = \frac{I_{max} - I_{avp}}{I_{avp}} \qquad (5\text{-}65)$$

式中：I_{max} 为最大一相负荷电流，A；I_{avp} 为三相负荷电流平均值，即 A、B、C 相负荷电流的平均值，A。

注：一相电流与 I_{avp} 的比值大于 1.2 该相为重，0.8~1.2 该相为平均，小于 0.8 该相为轻。

5.4.2.3 基于实测线损的台区损失率法

根据台区负荷水平将低压台区划分为若干类，每类合理选取典型代表台区，以实测线损值作为基础，基于各类台区配电变压器容量汇总计算分析，用于整体评估 0.4kV 低压网线损水平。

将 0.4kV 低压网按负荷水平分为亚负荷、中负荷、轻负荷台区来选取若干典型台区。选取的典型台区应符合供电负荷正常、计量齐全、电能表运行正常、无窃电现象等要求。

0.4kV 低压网电能损耗的计算公式为

$$\Delta A = \Delta A_{aveH}S_H + \Delta A_{aveM}S_M + \Delta A_{aveL}S_L \qquad (5\text{-}66)$$

式中：ΔA 为重负荷、中负荷、轻负荷台区的总容量，kVA；ΔA_{aveH} 为重负荷典型台区的单位配电变压器容量的电能损耗，kW·h/kVA；ΔA_{aveM} 为中负荷典型台区单位配电变压器容量的电能损耗，kW·h/kVA；ΔA_{aveL} 为轻负荷典型台区的单位配电变压器容量的电能损耗，kW·h/kVA。

式（5-66）中 ΔA_{aveH}、ΔA_{aveM}、ΔA_{aveL} 计算公式为

$$\left. \begin{array}{l} \Delta A_{aveH} = \dfrac{\sum_{i=1}^{m_1} \Delta A_{HTi}}{\sum_{i=1}^{m_2} S_{HTi}} \\[3mm] \Delta A_{aveM} = \dfrac{\sum_{i=1}^{m_2} \Delta A_{MTi}}{\sum_{i=1}^{m_2} S_{MTi}} \\[3mm] \Delta A_{aveL} = \dfrac{\sum_{i=1}^{m_3} \Delta A_{LTi}}{\sum_{i=1}^{m_3} S_{LTi}} \end{array} \right\}$$

式中：ΔA_{HTi}、ΔA_{MTi}、ΔA_{LTi} 为重负荷、中负荷、轻负荷典型台区基于实测数据计算的第 i 个配电变压器的电能损耗，$kW \cdot h$；m_1、m_2、m_3 为重负荷、中负荷、轻负荷典型台区的个数；S_{HTi}、S_{MTi}、S_{LTi} 为重负荷、中负荷、轻负荷典型台区第 i 个配电变压器的容量，MVA。

注：台区负载率大于 70% 为正负荷，30%～70% 为中负荷，小于 30% 为轻负荷。

5.4.2.4 分相潮流法

计量装置完善、基础数据齐全的台区可采用分相潮流法或前推回代潮流法进行理论线损计算。

5.4.2.5 计算举例

【例 5-6】某地望山台区电网电气接线图如图 5-2 所示，线路长度、型号等参数见表 5-18，典型参数见表 5-19，各用户节点的运行参数见表 5-20。线路首端供电量为 480kW·h，功率因数为 0.9，A、B、C 三相电流分别 23、34、41A。

线路首端 24h 电流（A）分别为：（1～12h）：20、16、13、12、15、19、23、28、32、33、39、42A；（13～24h）：35、45、52、43、37、32、38、45、65、48、30、24A。

用户侧计量表损耗为 1kW·h/月。

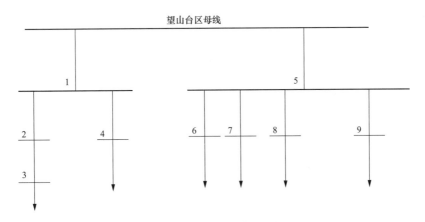

图 5-2 望山台区电气联系图

表 5-18　　　　　　　　　　　　**望山台区电网线路参数表**

序号	首节点名	末节点名	型号	节距（m）	线路类型	接线情况
1	望山台区母线	1	JKLYJ-120	175	架空线路	三相四线
2	1	2	JKLYJ-70	130	架空线路	三相四线
3	2	3	JKLYJ-70	20	架空线路	三相四线
4	1	4	JKLYJ-70	60	架空线路	三相四线
5	望山台区母线	5	JKLYJ-120	175	架空线路	三相四线
6	5	6	JKLYJ-70	20	架空线路	三相四线
7	5	7	JKLYJ-70	20	架空线路	三相四线
8	5	8	JKLYJ-70	20	架空线路	三相四线
9	5	9	JKLYJ-70	145	架空线路	三相四线

表 5-19 望山台区电网线路参数表

线路型号	电阻（Ω）	电抗（Ω）
JKLYJ-70	0.443	0.31
JKLYJ-120	0.253	0.38

表 5-20 望山台区用户用电情况表

序号	节点名	有功用电负荷（kW·h）	用户数	时间（h）	功率因数
1	3	44.9	5	24	0.9
2	4	65.55	7	24	0.9
3	6	40.22	4	24	0.9
4	7	72.5	5	24	0.9
5	8	32.55	4	24	0.9
6	9	203.86	20	24	0.9

（1）等效电阻法。根据下面的等效电阻法计算公式可计算得到系统的等效电阻见表 5-21。

$$R_{eqL} = \frac{\sum_{i=1}^{m} A_{(i)}^2 R_i}{(\sum A_a)^2}$$

表 5-21 望山台区等效电阻计算结果表

首端编号	末端编号	线路电阻 R_i（Ω）	配电变压器容量 $S(i)$（kVA）	配电变压器容量 S_a（kVA）	等效电阻 R_{ji}（Ω）
望山台区母线	1	0.043275	110.45	459.58	0.00188
1	2	0.05759	43.90	459.58	0.00029
2	3	0.00887	43.90	459.58	0.00013
1	4	0.02659	66.55	459.58	0.00655
望山台区母线	5	0.044275	348.13	459.58	0.01876
5	6	0.00886	40.22	459.58	0.00010
5	7	0.00886	72.50	459.58	0.00032
5	8	0.00886	32.55	459.58	0.00006
5	9	0.064235	202.86	459.58	0.00670
所有线路等效电阻合计 R_{eqL}（Ω）					0.03479

根据首端 24h 注入电流值计算器形状系数为

$$k = \frac{\sqrt{\sum_{i=1}^{24} I^2 / 24}}{(\sum_{i=1}^{24} I_i)^2} = 1.0784$$

根据等效电阻计算电能损耗算式可计算望山台区线路电能损耗为

$$\Delta A_{b1} = N(kI_{av})^2 R_{eqL} t \times 10^{-3}$$

$$= 3.5 \times \left(\frac{480}{\sqrt{3} \times 0.38 \times 24 \times 0.9}\right)^2 \times 1.0784^2 \times 0.03479 \times 24 \times 10^{-3}$$

$$= 3.8739 (kW \cdot h)$$

考虑电能表自身损耗，计算望山台区表计损耗为

$$\Delta A_{b2} = \left(\frac{t}{24D}\right)\sum(\Delta A_{dbi}m_i) = 1.5(kW \cdot h)$$

由于系统不存在无功补偿装置，该部分损耗电量为 0，系统整体总的损耗为 5.3739kW·h，台区的供电量 480kW·h，台区线损率为 1.12%。

（2）分相等效电阻法。台区的三相负荷电流不平衡度计算如下

$$\varepsilon_i = \frac{I_{max} - I_{avp}}{I_{avp}} \times 100\% = \frac{41 - (41+34+23)/3}{(41+34+23)/3} = 25.5\%$$

分别计算 A、B、C 三相电流与其平均值之间的比值

$$\alpha_A = \frac{I_A - I_{avp}}{I_{avp}} = 0.704$$

$$\alpha_B = \frac{I_B - I_{avp}}{I_{avp}} = 1.041$$

$$\alpha_C = \frac{I_C - I_{avp}}{I_{avp}} = 1.255$$

根据判定标准相电流 I_{avp} 的比值大于 1.2 该相为重，0.8～1.2 该相为平均，小于 0.8 该相为轻，可以判定 A 相为轻、B 相平均、C 相为重。根据三相负荷一相重、一相轻、一相平均可计算该台区三相负荷不平衡时损耗的比值

$$K_b = 1 + \frac{8}{3} \in_i^2 = 1.1734$$

分相等效电阻法计算三相负荷不平衡时的损耗为

$$\Delta A_{unb} = N (kI_{av})^2 R_{eqL} k_b t \times 10^{-3} + \left(\frac{t}{24D}\right)\sum (\Delta A_{dbi}m_i) + \sum \Delta A_C$$

$$= 1.1734 \times 5.9128 + 1.5 + 0 = 8.4371 (kW \cdot h)$$

由此可知，系统整体总的损耗为 8.4371kW·h，台区的供电量为 480kW·h，台区线损率 1.76%。

5.5 配电网改造量化计算

配电网升级改造是提升配电网网架、压降线损的重要途径，通过更换变压器、开展线路改造、安装无功补偿装置等手段提升线路经济运行水平，从而达到压降线损率、优化网架结构的目的。在进行配电网改造前，需对改造效果进行预测，进行量化计算，同时也可用作项目后评价。

5.5.1 配电变压器改造

5.5.1.1 计算方法

根据本章 5.4 内容，假设计算期网架、负荷不变，配电变压器功率损耗 ΔA 为

$$\Delta A = P_0 + \beta^2 P_k \tag{5-67}$$

式中：ΔA 为变压器功率损耗，kW；P_0 为变压器的额定负载损耗，kW；β 为变压器平均负载率；P_k 为变压器的额定负载损耗，kW。

配电变压器改造的节电量 $\Delta(\Delta A)$ 为

$$\Delta(\Delta A) = (\Delta A - \Delta A_1)T$$

式中：$\Delta(\Delta A)$ 为更换变压器年节电量，kW·h；ΔA 为改造前变压器功率损耗，kW；ΔA_1 为改造后变压器功率损耗，kW；T 为变压器年运行时间，h。

5.5.1.2 计算举例

【例 5-6】 以某配电变压器台区为例，原变压器为 S7-100，空载损耗为 0.32kW，额定负载损耗为 2kW，改造前平均负载率为 80%，假设变压器每年检修时间为 24h，此次改造将该变压器更换为 S13-200，空载损耗为 0.24kW，额定负载损耗为 2.6kW，改造后平均负载率为 40%，本项目投资 3 万元，按照当年当地结算电价 0.6 元/(kW·h)，计算节能情况。

解： 改造前年损耗电量＝$(0.32+2\times0.82)\times(8760-24)=13977.6(\text{kW·h})$

改造后年损耗电量＝$(0.24+2.6\times0.42)\times(8760-24)=5730.8(\text{kW·h})$

通过本次改造年节电量＝$13977.6-5730.8=8246.8(\text{kW·h})$。

本项目投资 3 万元，按照当年当地结算电价 0.6 元/(kW·h) 测算，年节能收益 0.49 万元，项目静态回收期 6.06 年。

【例 5-7】 某配电变压器台区变压器为 S13-400，平均负载率为 7% 且台区今后 5 年内负荷无明显增长，空载损耗为 0.4kW，额定负载损耗为 4.3kW。假设变压器每年检修时间为 24h，将其更换为库存变压器 S13-100，平均负载率为 28%，空载损耗为 0.145kW，额定负载损耗为 1.5kW，计算节能情况。

解： 改造前年损耗电量＝$(0.4+4.3\times0.072)\times(8760-24)=3678.5(\text{kW·h})$

改造后年损耗电量＝$(0.145+1.5\times0.282)\times(8760-24)=2294.1(\text{kW·h})$

通过本次改造年节电量＝$3678.5-2294.1=1384.4(\text{kW·h})$。

本项目无新增投资，按照当年当地结算电价 0.6 元/(kW·h) 测算，年节能收益 830.6 元。

【例 5-8】 某农网配电变压器台区季节性负荷变化大，平时长时间段处于空载、轻载状态，全年平均负载率为 24%，2、3 月份春节期间用电需求突增，负载率超 80%，有过载运行的安全隐患，其他月份平均负载率为 12.8%。原变压器为 S7-200，空载损耗为 0.54kW，额定负载损耗为 3.5kW，改造更换为 ZGS11-400（125）型调容变压器，在用电需求较低的情况下运行在 125kVA 挡位，空载损耗 0.24kW，额定负载损耗 1.8kW，负载率为 20.5%，在 2、3 月份运行在 400kVA 挡位，空载损耗 0.57kW，额定负载损耗 4.52kW，负载率为 40%，假设变压器每年检修时间为 24h，计算节能情况。

解： 改造前

年损耗电量＝$(0.54+3.5\times0.1282)\times(8760-1464)+(0.54+3.5\times0.82)\times1440$
    　　　$=8361.42(\text{kW·h})$

式中：1464 为等效运行时间，由（60×24）＋24 得到，其中 60 为 2、3 月份的天数，24 为检修时间。

改造后

年损耗电量＝（0.24＋1.8×0.2052）×（8760－1464）＋（0.57＋4.52×0.42）×1440
＝4165.16（kW·h）

通过本次改造年节电量为 4196.26kW·h，同时通过变压器扩容，更好地保障用电高峰期的负荷需求，降低安全隐患。本项目投资 7.15 万元，按当年当地结算电价 0.6 元/kW·h 测算，年节能收益 0.25 万元，项目静态回收期为 28.6 年。

5.5.1.3 适用情况

可应用于配电变压器改造，降损、增容、严重轻载运行且五年内负荷无明显增长的配电变压器改造项目。

5.5.2 配电网无功补偿装置应用

5.5.2.1 计算公式

根据 5.5.1 内容，假设计算期网架、负荷不变，计算配电网无功补偿节电量 $\Delta(\Delta A)$

$$\Delta(\Delta A) = Q_c(K_Q - \tan\delta)\tau_{\max} \tag{5-68}$$

其中：Q_c 为无功补偿投入的容量；K_Q 为补偿装置的无功经济当量；$\tan\delta$ 为电容器的介质损耗角正切值；max 为最大负荷损耗小时数。

对于最大负荷损耗小时数，目前有以下两种取法：

第一种是查《并联无功补偿装置节约电力电量与验证规范》（Q/GDW 11036—2013）中附表 A.1，例如功率因数 0.95，统计实际最大负荷利用小时数 $T_{\max}$ 为 4500h，查表得最大负荷损耗小时数取 2700h。

第二种是依据电力需求侧管理《节约电量电力项目表》见表 5-22 所示，根据当地统计商业用户和居民用户的份额，加权统计时间。例如统计年售电量，商业用户占 80%，居民用户占 20%，则最大负荷损耗小时数＝3000×80%＋1000×20%＝2600（h）。

表 5-22　　　　　　　　　　　节约电量电力项目表

负荷特性	三班制工业用户	二班制工业用户或商业用户	居民类用户
时间（h）	5000～6000	3000～4000	1000

典型介质常数对照表（介质损耗角正切值）以及无功经济对照上述的表 5-23 和表 5-24。

表 5-23　　　　　　　　　　　典型介质常数对照表

典型介质常数	二膜一纸	全膜	三纸二膜
$\tan\varphi$	0.0008	0.0005	0.0012

表 5-24　　　　　　　　　　　无功经济当量取值对照表

无功补偿位置	无功经济当量值
发电厂母线直配	0.02～0.04

无功补偿位置	无功经济当量值
变电站	0.05～0.07
配电变压器	0.08～0.10
校正当前功率因数在0.9以上	0.02～0.04

5.5.2.2 计算举例

【例 5-9】 以某台区为例，此次改造为台区加装带有无功补偿的低压综合配电箱，补偿容量为 60kvar，电容器的介质损耗角正切值 0.0008，无功经济当量为 0.09，最大负荷损耗小时数为 2750h，计算节能情况。

解： 通过本次改造年节电量为

$$\Delta(\Delta A) = Q_c(K_Q - \tan\delta)\tau_{\max} = 60 \times (0.09 - 0.0008) \times 2750 = 14718(\text{kW} \cdot \text{h})$$

本项目投资 2.4 万元，按照当年当地结算电价 0.677 元/(kW·h) 测算，年节能收益 1.00 万元，项目静态回收期 2.4 年。

【例 5-10】 以某 10kV 线路为例，此次改造应用的线路并联无功补偿电容器容量值为 300kvar，电容器的介质损耗角正切值 0.0008，无功经济当量为 0.07，最大负荷损耗小时数为 2640h，计算节能情况。

解： 通过本次改造年节电量为

$$\Delta(\Delta A) = Q_c(K_Q - \tan\delta)\tau_{\max} = 300 \times (0.07 - 0.0008) \times 2640 = 54806(\text{kW} \cdot \text{h})$$

本项目投资 6.48 万元，按照当年当地结算电价 0.376 元/(kW·h) 测算，年节能收益 2.06 万元，项目静态回收期 3.14 年。

5.5.2.3 应用场景

该算法主要是用于安装无功补偿装置前进行计算，确保无功补偿装置能够达到安装目的。

5.5.3 三相不平衡治理

5.5.3.1 计算公式

对于三相不平衡，假设计算期网架结构及负荷不变、在不平衡优化后运行方式不变，只计算线路损耗和变压器铜耗，不考虑变压器的磁滞损耗和涡流损耗以及无功补偿装置等电力设备自身的损耗变化。

三相不平衡时，若已知各相导线电阻为 R，中性线电阻 R_0，在输送负荷时，线路功率损耗为

$$P_1 = (I_A^2 R + I_B^2 R + I_C^2 R + I_0^2 R_0) \times 10^3 \tag{5-69}$$

式中：P_1 为线路的功率损耗，kW；I_A、I_B、I_C 为三相负荷电流，A；I_0 为中性线电流，A；R 为各相导线电阻，Ω；R_0 为中性线电阻，Ω。

三相平衡时，若每相电流为 $(I_A + I_B + I_C)/3$，线路功率损耗为

$$P_2 = 3\left(\frac{I_A + I_B + I_C}{3}\right)^2 R \times 10^3 \tag{5-70}$$

则三相不平衡运行带来的附加损耗为

$$\Delta P_0 = P_1 - P_2 \tag{5-71}$$

5.5.3.2 计算举例

【例 5-11】 以某配电变压器台区为例，此次改造内容是为该台区装设三相负荷自动换相装置以进行三相不平衡治理，线路电缆型号为 NLYV-50 地埋线缆，配电变压器为 Dyn11 接线，共有 8 个负荷节点，每个负荷节点后接有用户，台区拓扑图如图 5-3 所示。

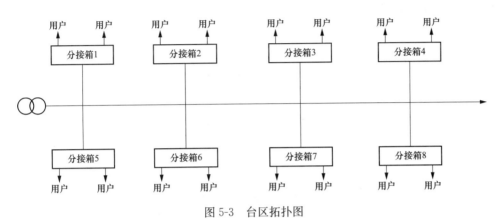

图 5-3 台区拓扑图

治理前，配电变压器出口电流为 A 相：211.56A；B 相：385.06A；C 相：443.99A，配电变压器出口不平衡度为 39.01%，超过了规定的 25% 的限制。

当自动换相装置检测到不平衡度越限时动作，换相装置动作后配电变压器出口三相电流大小分别为 A 相：347.56A；B 相：308.11A；C 相：384.93A。

解： 以变压器出口到分接箱 1 的第一段馈线为例，该段馈线相线等值电阻为 0.015Ω，该段馈线的中性线等值电阻为 0.030Ω，治理前配电变压器出口电流为 A 相：211.56A；B 相：385.06A；C 相：443.99A，相线损耗为

$$P_q = (I_A^2 R + I_B^2 R + I_C^2 R + I_0^2 R_0) = (211.56^2 + 385.06^2 + 443.99^2) \times 0.015$$
$$= 5852.339 (\text{W})$$

假设三相功率因数为 1，中性线电流为 209.283A，中性线损耗为

$$209.283^2 \times 0.03 = 1313.980 \ (\text{W})$$

治理后配电变压器出口三相电流大小分别为 A 相：347.56A；B 相：308.11A；C 相：384.93A，相线损耗为

$$P_h = (I_A^2 R + I_B^2 R + I_C^2 R + I_0^2 R_0) = (347.56^2 + 308.11^2 + 384.93^2) \times 0.015$$
$$= 5458.512 (\text{W})$$

中性线电流为 66.536A，中性线损耗为 132.812W。

该条馈线降损量为

$$\Delta P_0 = P_1 - P_2 = (5852.339 + 1313.980) - (5458.512 + 132.812) = 1574.995 (\text{W})$$

以此类推，可以求得该时刻台区总功率损耗下降了 13.90kW。假设设备每年检修时间为 24h、全年 30% 的时间保持换相开关的持续运行，则

全年节能量＝13.90×（8760－24）×30％＝3.64（kW·h）

本项目投资为3.2万元，按当年当地结算电价为0.6元/kW·h测算，三相不平衡治理装置投入使用后，该台区年节能收益为2.19万元，项目静态回收期为1.46年。

注：如果台区低压出线各条馈线上的相关数据未知，可采用简化算法，假设全部负荷分布于线路末端，采用变压器出线总表三相电气量，计算得到线路损耗 ΔP_0，再根据低压出线负荷分布情况乘以等效系数 K_e 得到全线的线损。等效系数 K_e 取值可参考表5-25。

表5-25 等 效 系 数 取 值 表

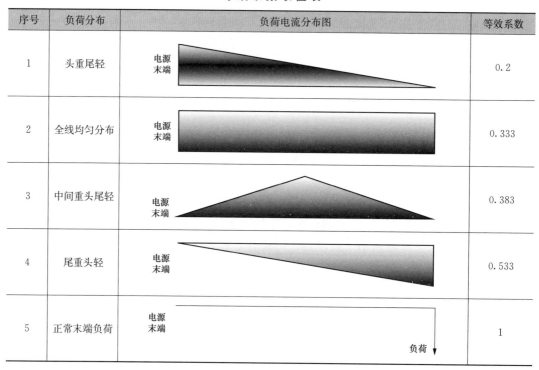

序号	负荷分布	负荷电流分布图	等效系数
1	头重尾轻	电源 末端	0.2
2	全线均匀分布	电源 末端	0.333
3	中间重头尾轻	电源 末端	0.383
4	尾重头轻	电源 末端	0.533
5	正常末端负荷	电源 末端 负荷	1

5.5.3.3 应用场景

应用在台区三相不平衡治理改造，或采取加装三相不平衡治理装置等情形。

5.5.4 台区经济电压运行

5.5.4.1 计算公式

配电变压器损耗计算

$$\Delta P_T = \left[\left(\frac{P_a^2 + Q_a^2}{U_a^2} + \frac{P_b^2 + Q_b^2}{U_b^2} + \frac{P_c^2 + Q_c^2}{U_c^2} \right) \cdot \left(\frac{R_T}{k_T^2} \right) \right] \times 10^3 + U_h^2 G_T \qquad (5\text{-}72)$$

式中：ΔP_T 为配电变压器损耗；P_a、P_b、P_c 为低压侧 A、B、C 相有功功率，kW；Q_a、Q_b、Q_c 为低压侧 A、B、C 相无功功率，kvar；U_a、U_b、U_c 为低压侧三相电压，kV；k_T 为配电变压器变比；R_T 为变压器折算至高压侧的电阻，Ω；G_T 为变压器折算至高压侧的电导，S；U_h 为变压器高压侧电压，kV。

变压器参数电阻 R_T、电导 G_T、变比 k_T 根据变压器铭牌参数计算。

铭牌参数：ΔP_s 为短路损耗，kW；$U_s\%$ 为短路电压；ΔP_0 为空载损耗，kW；$I_0\%$ 为空载电流

$$R_T = \frac{\Delta P_s U_N^2}{S_N^2} \times 10^3 \tag{5-73}$$

$$X_T = \frac{U_X\%}{100} \times \frac{U_N^2}{S_N} \times 10^3 \tag{5-74}$$

$$G_T = \frac{\Delta P_0}{U_N^2} \times 10^{-3} \tag{5-75}$$

$$k_T = \frac{U_{1N}}{U_{2N}} \tag{5-76}$$

U_h 为变压器高压侧电压，根据变压器变比 k_T 和低压侧相电压 U_l 计算

$$U_h = k_T \sqrt{3} U_l \tag{5-77}$$

$$U_l = (U_A + U_B + U_C)/3 \tag{5-78}$$

低压线路损耗计算

$$\Delta P_T = \left(\frac{P_a^2 + Q_a^2}{U_a^2} + \frac{P_b^2 + Q_b^2}{U_b^2} + \frac{P_c^2 + Q_c^2}{U_c^2} \right) R_L \times 10^3 \tag{5-79}$$

式中：R_L 为电压线路的等值电阻，Ω。

台区总损耗为配电变压器损耗与低压线路损耗之和

$$\Delta P = \Delta P_T + \Delta P_L$$

若无法获取分相功率因数，则以总功率因数代替；若无分相功率，可采用各相电压、电流与总功率因数计算

$$\left. \begin{array}{l} P_A = U_A I_A \cos\theta_A \\ P_B = U_B I_B \cos\theta_B \\ P_C = U_C I_C \cos\theta_C \end{array} \right\} \tag{5-80}$$

$$\left. \begin{array}{l} P_A = U_A I_A \sqrt{1 - \cos\theta_A^2} \\ P_B = U_B I_B \sqrt{1 - \cos\theta_B^2} \\ P_C = U_C I_C \sqrt{1 - \cos\theta_C^2} \end{array} \right\} \tag{5-81}$$

5.5.4.2 计算举例

【例 5-12】 以某配电变压器台区为例，配电变压器型号为 S11-M-400，线路电缆型号为 NLYV-50 地埋线缆，配电变压器为 Dyn11 接线，共有 8 个负荷节点，每个负荷节点后接有用户。台区拓扑图如图 5-4 所示。

若已知配电变压器出口处三相电压 $U_a = 200V$，$U_b = 200V$，$U_c = 200V$，$I_a = 400A$，$I_b = 410A$，$I_c = 390A$，$P_a = 78.40kW$，$P_b = 80.36kW$，$P_c = 76.44kW$，$Q_a = 15.92kvar$，$Q_b = 16.32kvar$，$Q_c = 15.52kW$。配电变压器折算至高压侧的等值电阻 $R_T = 2.6875\Omega$，电导 $G_T = 5.7 \times 10^{-6}S$，变压器变比为 $k_T = 10:0.4$，低压线路等值电阻为 $R_L = 0.015\Omega$，中性

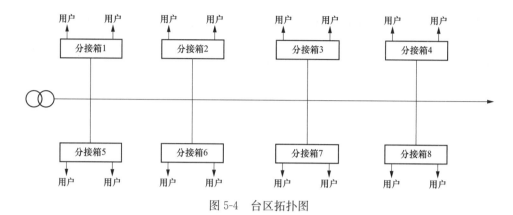

图 5-4 台区拓扑图

线与相线电阻比值 $k_N=1$。若调整配电变压器出口处三相电压为 $U_a=230\text{V}$，$U_b=230\text{V}$，$U_c=230\text{V}$，求调整前后的台区线损情况。

解：调整前，配电变压器损耗为

$$\Delta P_T=\left[\left(\frac{78.40^2+15.92^2}{0.20^2}+\frac{80.36^2+16.32^2}{0.20^2}+\frac{76.44^2+15.52^2}{0.20^2}\right)\times\frac{2.6875}{\left(\frac{10}{0.4}\right)^2}\right]\times10^{-3}$$

$$+\left(0.20\times\sqrt{3}\times\frac{10}{0.4}\right)^2\times5.7\times10^{-6}\times10^3=2.49(\text{kW})$$

低压线路损耗为

$$\Delta P_T=\left[\left(\frac{78.40^2+15.92^2}{0.20^2}+\frac{80.36^2+16.32^2}{0.20^2}+\frac{76.44^2+15.52^2}{0.20^2}\right)\times0.015\right]\times10^{-3}$$

$$=7.21\text{kW}$$

依次计算其他低压线路损耗，得到低压线路总损耗为 37.86kW。

台区总损耗为 2.49+37.86=40.35（kW）

调整后，配电变压器损耗为

$$\Delta P_T=\left[\left(\frac{78.40^2+15.92^2}{0.23^2}+\frac{80.36^2+16.32^2}{0.23^2}+\frac{76.44^2+15.52^2}{0.23^2}\right)\times\frac{2.6875}{\left(\frac{10}{0.4}\right)^2}\right]\times10^{-3}$$

$$+\left(0.23\times\sqrt{3}\times\frac{10}{0.4}\right)^2\times5.7\times10^{-6}\times10^3=2.13(\text{kW})$$

低压线路损耗为

$$\Delta P_T=\left[\left(\frac{78.40^2+15.92^2}{0.23^2}+\frac{80.36^2+16.32^2}{0.23^2}+\frac{76.44^2+15.52^2}{0.23^2}\right)\times0.015\right]\times10^{-3}$$

$$=5.45(\text{kW})$$

依次计算其他低压线路的功率损耗，得到低压线路总损耗为 28.87kW。

台区总损耗为 2.13+28.87=30.99（kW）

台区电压 230V 时比电压 200V 时损耗减少了 40.35－30.99＝9.36（kW）

假设设备每年检修时间为 24h、全年 80% 的时间保持配电变压器台区的经济运行，则

全年节能量为 $9.36 \times (8760 - 24) \times 30\% = 24530.68$（kW·h）。

本项目投资为 8 万元，按当年当地结算电价为 0.6 元/(kW·h) 测算，增加有载调压变并配置配电网自动电压无功控制（AVQC）装置后该台区年节能收益为 1.47 万元，项目静态回收期为 5.44 年。

5.5.4.3 应用场景

此计算方法可用于台区高低电压问题治理，可在配电变压器运行不经济台区配置配电网自动电压无功控制（AVQC）装置，进行治理前后能效估算。

5.5.5 配电线路降损分析

5.5.5.1 计算公式

根据 Q/GDW 11039—2013《电力线路增容改造节约电力电量测量与验证规范》（国家电网企管〔2014〕559 号），假设计算期网架负荷不变，线路每年检修时间为 24h，改造后线路的均方根电流采用线路年平均电流进行简化，各负荷节点负荷曲线的形状与首端相同，各负荷节点的功率因数均与线路首端相等，忽略沿线的电压损失对能耗的影响，忽略温度对导线电阻的影响，配电线路改造的节电量 $\Delta(\Delta A_L)$ 为

$$\Delta(\Delta A_L) = I_{jf}^2 (R - R') T / 1000 \tag{5-82}$$

式中：$\Delta(\Delta A_L)$ 为线路更换导线年节电量，kW·h；I_{jf} 为改造后线路的均方根电流，A；R 为改造前的导线电阻，Ω；R' 为改造后的导线电阻，Ω；T 为线路年运行时间，h。

线路年平均电流来自线路实际运行采集数据，导线电阻的计算方法为导线单位长度电阻×导线长度。改造后线路的均方根电流 I_{jf} 简化取年平均电流 I_{av} 计算。

5.5.5.2 计算举例

某 10kV 线路改造前导线型号为 LGJ-70，导线路径长度为 0.62km，导线单位长度电阻为 0.358Ω/km，改造后导线型号为 JKLYJ-120，导线路径长度为 0.62km，导线单位长度电阻为 0.253Ω/km，导线电流简化取年平均电流 110A 计算，假设线路每年检修时间为 24h，计算线路改造后的节能情况。

解： 通过本次改造年节电量为 $3 \times 110^2 \times (0.358 - 0.253) \times 0.62 \times (8760 - 24) / 1000 \times 10^3 = 2.06$ 万（kW·h）

本项目投资 12.96 万元，按当年当地结算电价 0.62 元/(kW·h) 测算，年节能收益 1.28 万元，项目静态回收期 10.13 年。

5.6 本 章 小 结

本章中，重点介绍了理论线损的计算方法，在计算单一元件线损时，可利用本章所列公式进行逐一计算，在计算配电系统线损时，要利用中压配电网线损、0.4kV 电网线损计算的公式进行求解，同时要充分考虑现场实际情况，并按实际需要选择合适的方法进行计算。

技术降损实例分析

合理使用配电网网架结构规划、技术升级改造、电能质量治理以及其他技术手段降低配电网线损是一件需要持之以恒的工作，随着指标要求的不断压缩，需要不断地更新管理方法和技术手段。为方便线损管理人员能快速、准确、合理地使用管理和技术方法，本章将根据多年来配电网降损的经验，通过实例的形式向读者演示多种配电网降损方式方法的实际运用，希望能给予读者启发和提示。

6.1 技术升级降损实例

6.1.1 更换节能型变压器降损实例

6.1.1.1 基本情况

10kV 文原线供电半径总长为 8.94km，自线路投运后线损率一直在 5%～9% 区间内波动，月供电量小于 10 万 kW·h，该线路三个台区的在运配电变压器设计容量均较大，1 号公用变压器容量为 800kVA，采用 1200/5 电流互感器；2 号公用变压器容量为 630kVA，采用 1000/5 电流互感器；3 号公用变压器容量为 1250kVA，采用 2000/5 电流互感器。三个公变日均负载率长期低于 30%，1、2 号 S9 型变压器空载损耗比较高，3 号台区配电变压器平均月度售电量在 6000kW·h，也存在计量 TA 欠量程造成的计量损失。

6.1.1.2 问题分析

（1）变压器损耗问题见表 6-1。

表 6-1 线 路 电 量 情 况 表

时间	线路供电量（kW·h）	线损电量（kW·h）	线损率（%）
2019.11	58240	4085.6	7.02
2019.12	81440	4323.2	5.31
2020.01	86240	4168	4.83
2020.02	60800	4051.2	6.66
2020.03	51840	4112.8	7.93

由表 6-1 的线路供电量与线损率可知，随着线路供电量的增加，线损电量趋于稳定，而线损率呈下降趋势，由此可见，线损电量中的可变损耗（线路、配电铜损）占比较低，线损电量中的固定损耗（线路介质损耗、配电变压器铁损）占比较高。通过线路情况可知，该 10kV 配电线路的供电半径总长为 8.94km，线路的介质损耗很低，所以影响线损的主要因素为固定损耗中的配电变压器铁损。

从该线路输送的三个台区着手，发现 3 号台区的配电变压器损耗占比远高于其他两台配电变压器，空载损耗较大，还存在节能降损空间，见表 6-2。

表 6-2 配电变压器详情表

配电变压器	1 号公用变压器	2 号公用变压器	3 号公用变压器
日均负载率	4%	6.83%	0.96%
日均电量	733kW·h	1039kW·h	293kW·h
型号	S9-M-800/10	S13-M-630/10	S9-M-1250/10
容量	800kVA	630kVA	1250kVA
空载损耗	1.4kW	0.57kW	1.95kW
负载损耗	7.5kW	6.2kW	12kW
配电变压器日均损耗电量	33.98kW·h	14.37kW·h	46.83kW·h
配电变压器损耗/配变电量	4.38%	1.38%	15.98%

综上所述：1、3 号公用变压器采用 S9 型号高耗能变压器，相较于 2 号公用变压器空载损耗偏高，建议将 1、3 号公用变压器也更换成 S13 型号变压器。

（2）电流互感器问题。3 号台区配电变压器平均月度售电量 6000kW·h，根据现场实际情况可知变压器月度平均电流在 12A 左右。3 号台区配电变压器选用的计量 TA 为 2000/5，已知计量 TA 的有效计量范围为 1%～120%，根据现场实际计算，$2000 \times 1\% = 20$（A）、$2000 \times 120\% = 2400$（A），因此一次侧额定电流为 2000A 时，它的有效计量范围为 20～2400A。此时 3 号变压器的日平均电流 12A 小于有效计量范围的最小值 20A，建议更换计量装置。

6.1.1.3 治理措施

根据《国家电网有限公司技术降损工作管理规定》，严重轻载运行且今后 5 年内负荷无明显增长的 10（20）kV 配电变压器宜更换为合适容量的配电变压器。原来 1、3 号公用变压器采用的是 S9 型高耗能配电变压器，存在电能损耗大、噪声污染大等缺点，无法满足当前的要求，因此将 1、3 号公用变压器更换成 S13 系列、容量为 200kVA 的配电变压器，同时采用 TA 变比为 300/5，倍率为 60 的电流互感器。

6.1.1.4 治理成效

经过治理，10kV 配电网线路文原线线损率由原来的 5%～9% 波动下降至 4% 以下，治理成效明显，如图 6-1 所示。

6.1.2 优化网架结构降损实例

6.1.2.1 基本情况

10kV 金星线 06 号台区配电变压器容量为 200kVA，主干线为 400m、JKLYJ-120（中性线与相线相同，最大允许载流量 355A）导线；每 25m 主干线处出一个分支线（长度 20m、型号 VLV22-50、中性线与相线相同），每条分支线接 1 个 4 表位表箱，整个台区共 64 个单相用户。

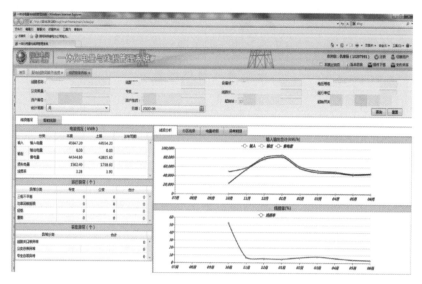

图 6-1 治理后线损率曲线

6.1.2.2 问题分析

（1）该台区配电变压器在主干线首端。变压器位于首端的台区电能表箱分布及接线示意图如图 6-2 所示。

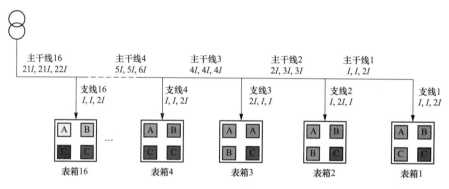

图 6-2 台区主变压器位于线路首端时电气连接图

对于 1 号表箱，两用户分别接入 A、B 相，两用户接入 C 相，则 A、B、C 三相电流分别为 I、I、$2I$，如图 6-2 所示。

依此类推，得到各条分支线、主干线上三相及零序电流。第 16 条主干线（靠近配电变压器）三相电流分别为 $21I$、$21I$、$22I$。当配电变压器负载 80%（月电量约 10.4 万 kW·h），户均用电 2.5kW 时，可计算出该台区的综合线损率为 4.28%。

（2）假设配电变压器在主干线中间。逐次计算各条分支线、主干线上三相及零序电流，第 8 条主干线（靠近配电变压器）三相电流分别为 $10I$、$11I$、$11I$，如图 6-3 所示。在此分布条件下，当配电变压器负载 80%，户均用电 2.5kW 时，可计算出该台区的综合线损率为 1.30%。

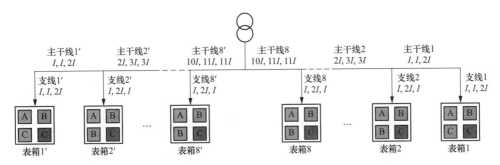

图 6-3 台区主变压器位于线路中间时的台区电气连接图

6.1.2.3 治理方案

将台区主变压器位置进行更换，放置在线路中间，缩短供电半径。

6.1.2.4 治理成效

按方案进行治理后，台区线损率由原来的 4.28% 降至 1.30%，与变压器位于首端相比，线损率降低 2.98%，治理效果明显，见表 6-4。

表 6-4　　　　　　　　　　　**10kV 金星线 06 号台区线损年治理前后对比**

台区名称	治理前线损	治理后线损
10kV 金星 06 号台区	3.107%	2.766%

6.1.3　多台区柔性互联降损实例

10kV 朗城线等 2 条线路达沃斯地区 4 个台区，存在以下问题：

（1）非经济运行。该区域台区某段负荷较轻的母线（例如工作日的白天）对应的配电变压器工作在轻载或空载状态，效率较低。

（2）可靠性低。当两段低压母线的总负荷超过单台主变压器容量时，此时若某路进线失电或配电变压器故障导致母联断路器合上，极易造成单台配电变压器过载甚至过电流跳闸，造成故障扩大。

（3）配电变压器异常。随着城市电动汽车数量的增加，新增较多的充电桩或充电机，功率都在 50kW 以上，充电桩或充电机等短时大功率冲击性负载的投入易造成配电变压器过载、配电变压器低电压等问题。

这些原因均会影响系统安全稳定运行，同时造成较高损耗。通过达沃斯地区电源改造和负荷接入改造工程的实施，可实现达沃斯地区台区资源的统筹协调，利用多端配电变压器柔性直流互联闭环运行，消除区域内大量充电桩负荷对配电网的冲击，提升充电效率，推进充电汽车普及，加快电能替代化石能源，助力实现"双碳"目标。

在达沃斯地区 4 个台区配电区域，新增 4 台 40kW DC/DC 组串式光伏变流器和 4 台 60kW 直流快充，同时为互联台区新增直流充电桩负荷，实现直流柔性微网下的源网荷储互动，降低交直流转换过程造成的损耗。其原理如图 6-4 所示。

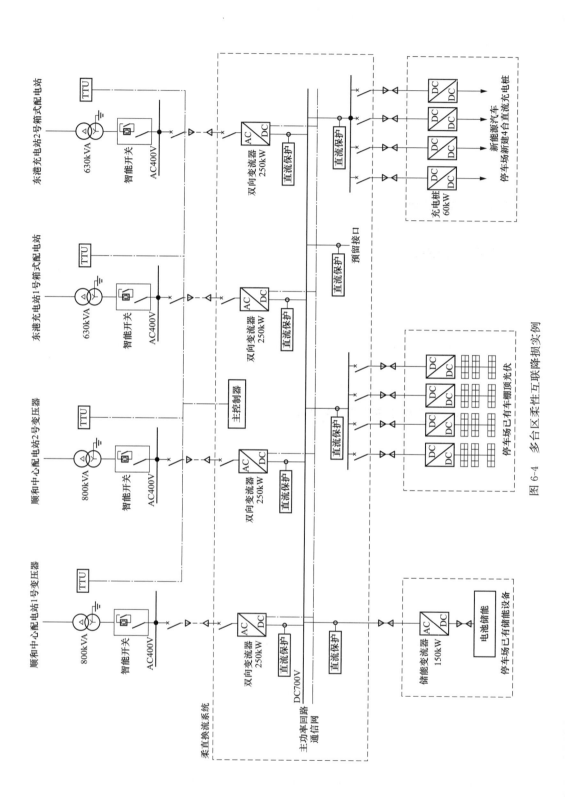

图 6-4 多台区柔性互联降损实例

再通过新增一台 150kW DC/DC PCS 变流器，将区域内原有的 500kW·h 储能系统接入新型柔性互联系统，可为柔性互联系统新增一个有效的后备电源，通过直流侧直接控制储能系统的充放电，一方面可最大限度地实现光伏的就地消纳，另一方面可有效地平抑负荷波动，实现削峰填谷，减少对供电容量的需求，同步提高台区配电变压器经济运行率，降低线损。

6.2 提升电能质量降损实例

6.2.1 治理功率因数低降损实例

6.2.1.1 中压线路增加并联补偿降损实例

6.2.1.1.1 基本情况

10kV 西桃线线路主干线路 7.5km，为 JKLYJ-240/10kV 型导线。线路最远供电距离 11.8km；全线路导线总长 23.4km，其中 LGJ-120 型导线 12.6km、LGJ-150 型导线 2.7km、JKLYJ-240 型导线 8.1km。该线路配电变压器共计 55 台，总容量 12380kVA，其中 S13-400/10 型 17 台、S11-100/10 型 12 台、S11-30/10 型 4 台、S11-315/10 型 5 台、S13-200/10 型 8 台等。

西桃线线损率长期超 5%，存在降损潜力，下面以 2021 年 8 月为例进行分析，西桃线 8 月份线损率为 5.895%，具体数据见表 6-5。

表 6-5
西桃线数据详情表

线路名称	月份	变电站名称	月线损率（%）	损失电量（kW·h）	供电量（kW·h）	售电量（kW·h）
西桃线	8 月	西安变电站	5.895	55081.5	934320	879238.5

6.2.1.1.2 问题分析

现根据调度线路负荷数据选取 8 月份最大负荷时刻、平均负荷时刻、最小负荷时刻，然后在用电信息采集系统中调取对应时刻的线路所有台区和高压用户运行数据，见表 6-6。

表 6-6
负荷评估概况表

负荷条件	负荷（kVA）	功率因数	电压合格情况（节点数）			各节点电压水平（kV）			理论线损率（%）
			总数	合格	不合格	最高	最低	平均	
最大负荷	2162	0.804	51	51	0	10.27	9.896	10.062	3.501
平均负荷	1567	0.808	51	51	0	10.199	10.086	10.199	3.107
最小负荷	1080	0.806	51	51	0	10.228	10.228	10.228	2.543

通过进行数据对比，发现西桃线线路电压全部合格，最大负荷、平均负荷、最小负荷下的理论线损率分别为 3.501%、3.107%、2.543%，与实际月线损 5.895% 差距较大，怀疑有可能存在管理线损或线路设备台账错误（比如导线线径不对）或线路拓扑关系错误。以理论线损进行分析，线路售电量数据取自台区和高压用户的供电量，而台区和部

分高压用户计量方式为高供低计，所以损失电量包括线路损耗和高供低计的变压器损耗。

变压器损耗可根据变压器额定空载损耗、负载损耗以及运行平均负载率进行理论计算，西桃线下接带变压器 55 台，其中 36 台公用变压器，19 台高供低计的专用变压器，经过计算变压器损耗占比 1.69%，变压器损耗偏高，主要原因是：①变压器功率因数普遍较低，42 台变压器功率因数低于 0.9，基本没有低压无功补偿装置或者已经损坏没有投入，无功穿越造成变压器损耗增加；②存在部分空载变压器，造成不必要的空载损耗。

西桃线平均负荷下的理论线损率为 3.107%，其中变压器损耗为 1.69%，那么线路所占损耗为 1.417%，线路损耗也偏高。西桃线线路主干线路 7.5km，为 JKLYJ-240/10kV 型导线。线路最远供电距离 11.8km；全线路导线总长 23.4km，符合《配电网规划设计技术导则》中 D 类供电区域 10kV 配电线路供电半径不超过 15km 的规定，但线路功率因数只有 0.8 左右，大量无功长距离输送，不符合就地平衡原则。

综上所述：线路损耗偏高的主要原因为功率因数偏低，建议台区增加或修复无功补偿装置配合智能无功补偿控制器调节台区功率因数，减少无功穿越，实现就地补偿；同时加强督促高压用户加装无功补偿装置提升功率因数。

6.2.1.1.3 治理方案

增加线路无功补偿设备，在 10kV 西桃线 79、137 号杆均增加一台 450kvar 电容器，安装点位图如图 6-5 所示，治理前后仿真数据表见表 6-7。

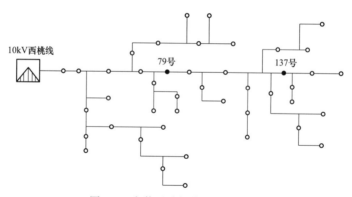

图 6-5　安装无功补偿装置点位图

表 6-7　治理前后仿真数据表

负荷条件	负荷(kVA)	功率因数	电压合格情况（节点数）			各节点电压水平（kV）			理论线损率（%）
			总数	合格	不合格	最高	最低	平均	
治理前平均负荷	1567	0.808	51	51	0	10.346	10.086	10.199	3.107
治理后平均负荷	1272	0.992	51	51	0	10.353	10.205	10.283	2.766
治理前最大负荷	2162	0.804	51	51	0	10.27	9.896	10.062	3.501
治理后最大负荷	1806	0.958	51	51	0	10.277	10.018	10.148	3.064

6.2.1.1.4 治理成效

经过治理后，西桃线预估平均负荷情况下理论线损率大约为 2.766%，功率因数为 0.992，最大负荷情况下理论线损率大约为 3.064%，功率因数为 0.958，按照平均负荷时计算线损率相较于之前降低了 0.341%。

6.2.1.2 中压线路增加串联补偿降损实例

6.2.1.2.1 基本情况

10kV 宝场线，主干线由 JKLYJ-120 导线和 JKLYJ-240 导线组成。目前接入变压器容量为 9450kVA，线路主要负荷集中在 127 号支线和线路末端，用电性质为农业负荷。2021 年，10kV 宝场线负荷高峰期电压最低值为 8.7kV，存在低电压问题。

6.2.1.2.2 问题分析

通过对 10kV 宝场线××开关采集的电压数据进行分析，当开关在重负荷时期，节点电压低于 9.3kV，根据 10kV 线路供电电压偏差为标称电压的 ±7%，即 10kV 线路的正常电压范围应为 9.3~10.7kV。可知从该开关到线路末端属于低电压问题范围，需要进行低电压治理。

导致该线产生低电压问题的原因有两点：①由于宝场线运行负荷重且负荷主要集中于线路中后段，所以负荷电流在输送过程中会在线路上产生较大的电压降。导致在用电高峰期时，末端存在低电压问题；②由于农业灌溉负荷存在电动机工作的需求，在电动机起动时需要较大的起动电流，会在线路上产生暂态压降，导致电动机起动时造成线路电压波动，影响用户正常用电。其中串补前线路如图 6-6 所示。

根据首末端电压下降之差为

$$\Delta U = Us - U = IR\cos\theta + IX_L\sin\theta = \frac{PR + QX_L}{U}$$

式中：U 为首端电压；I 为线路电流；R 为线路电阻；X_L 为线路感抗；P 为有功功率；Q 为无功功率。在感性负载情况下，P 和 Q 均为正，末端电压低于首端电压。可知，线路的电压降落随着电阻和电抗增大而增大以及随负载功率增大而增大，因此当线路过长或负荷过大时，线路的电压降落过大，末端电压可能超过国家规定。

结合该线路的实际情况，考虑进行加装快速开关型串联补偿装置，提升沿线电压，改善电压质量，解决宝场线线路低电压问题，使线路处在安全经济的运行状态，保护用户用电质量，提高线路的供电可靠性。其中串补后线路如图 6-7 所示。

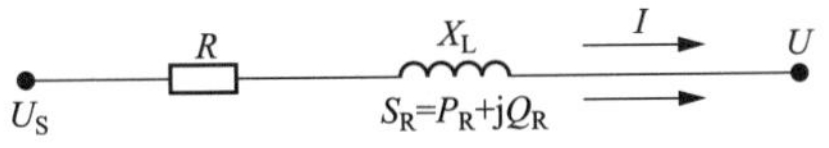

图 6-6 串补前线路电路图 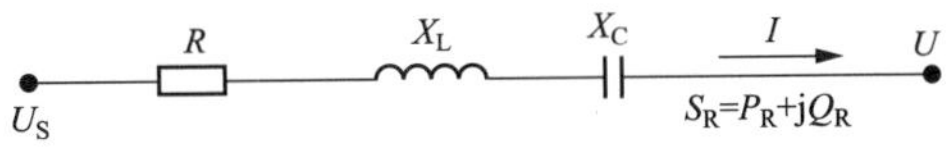   图 6-7 串补后线路电路图

串联补偿装置安装后（加入容抗），其中为串联电容器补偿的电压量，依旧根据公式

$$\Delta U = \frac{PR + Q(X_L - X_C)}{U}$$

可以看出，安装串补后相当于抵消了一部分线路的电抗，电压降变小，以此来提升线路末端电压。加装串联补偿装置需要对线路进行仿真计算，通过电压、电流、功率因数、线路负荷分布等数据对线路进行简化。在主线上设置 11 个分支点。主线每分支点之间线路长度为 2km，在线路末端挂接感性负荷 1、感性负荷 2、三相异步电动机负荷 3。其中负荷 1 为持续性挂接在线路上，负荷 2 和负荷 3 可通过开关控制负荷投切时间。加装串补装置仿真如图 6-8 所示。

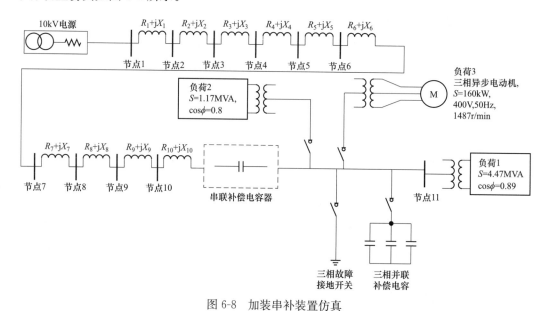

图 6-8　加装串补装置仿真

在该线路仅投入负荷 1 且未投入串联补偿电容时，节点 10 和节点 11 为同一个节点。选取节点 1、2、4、6、8、9、10 七个节点电压值，仿真得到节点电压分布，见表 6-8。

表 6-8　　　　　　　　　　　　仿真节点电压分布情况表

节点	1	2	4	6	8	9	10
电压（kV）	10.5	10.05	9.76	9.48	9.21	8.9	8.7

为提升线路电压，在节点 10 和节点 11 间投入电容串联补偿装置。分别在不同补偿度下对改善电压能力情况进行仿真。

当 $1 \leqslant K \leqslant 2$ 时，为高补偿；当 $1 \leqslant K \leqslant 1.5$ 时，为中补偿；当 $K \leqslant 1$ 左右时，为低补偿。在线路末端挂接负荷 1，在补偿度 k 分别为 0.5、1.15、1.5、2 的条件下进行仿真（见表 6-9）。

表 6-9　　　　　　　　　　不同补偿度下节点电压分布情况表

不投入串补	节点	1	2	4	6	8	9	10	—
	电压（kV）	10.5	10.05	9.76	9.48	9.21	8.9	8.7	—
补偿度 $K=0.5$	节点	1	2	4	6	8	9	10	11
	电压（kV）	10.5	10	9.7	9.42	9.12	8.8	8.69	9.3

续表

补偿度 $K=1.15$	节点	1	2	4	6	8	9	10	11
	电压（kV）	10.5	9.9	9.68	9.39	9.12	8.83	8.69	9.7
补偿度 $K=1.5$	节点	1	2	4	6	8	9	10	11
	电压（kV）	10.5	9.97	9.7	9.43	9.16	8.89	8.76	9.76
补偿度 $K=2$	节点	1	2	4	6	8	9	10	11
	电压（kV）	10.5	10	9.76	9.52	9.29	9.06	8.95	9.61

综上仿真结果，线路补偿度在 0.5～1.5 区间时，电压提升能力逐步增强；线路补偿度在 1.5～2 区间时，电压提升能力逐步减弱。当线路补偿度为 1.5 时，末端电压可提升至 9.76kV，提升幅度为 12.18%，串补提升电压能力最强，如图 6-9 所示。

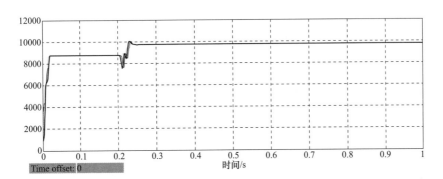

图 6-9 （$K=1.5$）节点电压曲线

6.2.1.2.3 治理方案

串补的方法可有效改善配电网线路电压分布和提升线路末端电压，并且串补调节具有"自适应"性，可以跟随负荷电流变化调节线路电压，当电压越低时提升电压效果越好，还能起到一定的降损作用。因此采用在宝场线主干线 127 号杆前加装串联补偿装置的方式来提升线路电压。

6.2.1.2.4 治理成效

当补偿度为 1.5 时，末端电压最高提升至 9.76kV，线路沿线各节点电压均在合格范围内。

通过仿真计算，在 10kV 宝场线线路中采用加装串联补偿装置能有效解决线路低电压问题，达到改善电压质量、提高系统供电能力提高供电质量和降损的目标。

6.2.1.3 低压台区增加无功补偿降损实例

6.2.1.3.1 基本情况

10kV 大西四线 26 号大四六组变台，变压器容量为 400kVA，无功补偿装置为电容器组，无功补偿容量共计 60kvar 补偿容量，电容型无功补偿装置较为老旧，已存在部分回路损坏。据 2022 年 5～6 月变压器运行数据显示，变压器总有功负荷范围为 2～63.4kW，电流范围为 16.3～148.3A，无功范围为 15.2～39.2kvar，功率因数范围为 0.02～0.99，三相不平衡度范围为 23.5%～76.7%，实时波动较大。

6.2.1.3.2 问题分析

从三相电流曲线、有功功率曲线、无功功率曲线、功率因数曲线开始进行分析。治理前电流曲线如图 6-10 所示。其中三相电流见表 6-10，无功功率见表 6-11，需求容量见表 6-12、无功最大需求见表 6-13。

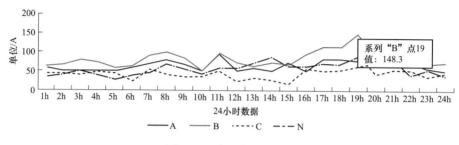

图 6-10 治理前电流曲线

表 6-10 **24h 三相电流数据表** （A）

时间	1h	2h	3h	4h	5h	6h	7h	8h	9h	10h	11h	12h
A 相电流	56.8	51.6	51.5	49.5	51.4	58.8	68.9	77.8	67.2	49.5	97.2	49.4
B 相电流	63.8	68.8	79.3	73.8	57.5	65.2	89.4	96.6	83.4	44.1	95.9	71.3
C 相电流	43.8	42.7	40.3	46.1	40.9	22.3	52.4	42.1	36.3	35.2	49.7	21.5
时间	13h	14h	15h	16h	17h	18h	19h	20h	21h	22h	23h	24h
A 相电流	57.0	49.6	70.0	49.1	82.4	81.6	76.3	95.1	64.8	69.8	58.7	51.1
B 相电流	73.7	83.5	62.3	94.0	112.9	111.9	148.3	72.7	89.7	85.8	70.1	70.3
C 相电流	31.1	26.0	16.3	55.6	49.7	52.7	63.3	72.7	75.0	39.1	51.1	38.6

表 6-11 **24h 无功功率数据表** （kvar）

时间	1h	2h	3h	4h	5h	6h	7h	8h	9h	10h	11h	12h
无功 A	7.4	7.4	7.3	5.8	5.2	6.3	12.9	10.1	9.5	10.9	11.2	8.5
无功 B	8.8	10.8	11.2	10.1	7.6	8.9	15.9	9.8	10.1	10.8	10.8	13.0
无功 C	3.3	3.7	3.4	3.8	2.4	3.1	10.4	2.5	4.1	5.6	3.7	3.8
时间	13h	14h	15h	16h	17h	18h	19h	20h	21h	22h	23h	24h
无功 A	13.2	10.4	10.0	7.0	9.6	9.7	7.2	9.5	6.0	7.8	6.5	7.2
无功 B	13.0	11.7	10.0	10.0	11.0	10.3	10.5	8.6	8.7	10.2	9.1	10.7
无功 C	5.2	3.5	3.2	3.9	4.7	5.1	3.8	2.0	2.7	3.5	3.1	3.0

（1）最大补偿情况下。由电流曲线中 19h A、B、C 三相电流分别为 148.3、76.3、63.3A，三相平均电流为 96A。计算得知，最大不平衡相电流偏差为 52.3A，最大需求容量＝52.3/1.5＝34.9（kvar）。从无功曲线中观察到最大无功需求容量＝15.9×3＝47.7（kvar），因此在要求最大补偿情况下，所需的容量＝34.9＋47.7≈83（kvar）。

（2）最大经济效益情况下。

表 6-12　　　　　　　　　　24h 需求容量数据表

时间	1h	2h	3h	4h	5h	6h	7h	8h	9h	10h	11h	12h
需求容量	7.3	9.6	14.9	11.5	6.0	17.7	12.8	20.1	17.3	5.1	20.8	17.3
时间	13h	14h	15h	16h	17h	18h	19h	20h	21h	22h	23h	24h
需求容量	15.2	20.3	22.1	18.5	21.3	19.9	34.9	9.9	8.8	17.2	6.7	11.3

表 6-13　　　　　　　　　　24h 无功最大值数据表

时间	1h	2h	3h	4h	5h	6h	7h	8h	9h	10h	11h	12h
无功最大值	26.4	32.4	33.6	30.3	22.8	26.7	47.7	30.3	30.3	32.7	33.6	39.0
时间	13h	14h	15h	16h	17h	18h	19h	20h	21h	22h	23h	24h
无功最大值	39.6	35.1	30.0	30.0	33.0	30.9	31.5	28.5	26.1	30.6	27.3	32.1

经过进一步计算，可知平均需求容量为 15.3kvar；平均无功需求容量为 31.7kvar，因此在要求最大经济效益的情况下，所需要的容量为 15.3＋31.7＝47（kvar）。

6.2.1.3.3　治理方案

本台区为 D 类地区农网台区，对投资经济性要求更高，因此采取第二种最优经济效益方案。大西四线 026 号大四六组变台电能质量治理改造施工处在柱上，3 人作业，施工时间为 5h，停供电时间为 2h，计划选用容量为 50kvar 的综合电能质量治理（SVG）装置替换原有电容。安装示意图如图 6-11 所示。

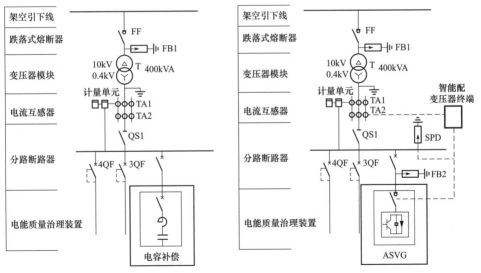

图 6-11　安装示意图

6.2.1.3.4　治理成效

6 月 16 日改造后，平均功率因数提高至 0.95 以上，平均三相电压不平衡度在 2% 以内、平均三相电流不平衡度明显改善，控制在 5% 以内。治理前后数据对比见表 6-14、表 6-15。

表 6-14 治理前后范围数据对比情况表

数据	总有功功率范围（kW）	总无功功率范围（kvar）	位移功率因数范围	三相不平衡度范围	电流范围（A）
治理前	2~63.4	15.2~39.2	0.02~0.99	23.5%~76.7%	16.3~148.3
治理后	6.1~67.7	0.1~4.1	0.99~1.00	1.6%~26.1%	14.1~106.2

表 6-15 治理前后平均值数据对比情况表

数据	总有功功率平均值（kW）	总无功功率平均值（kvar）	位移功率因数平均值	三相不平衡度平均值
治理前	34.7	23.0	0.75	47.5%
治理后	35.6	0.58	0.99	4.96%

6.2.2 治理末端高、低电压降损实例

6.2.2.1 台区治理末端低电压降损实例

农网低压配电台区电能质量主要是低电压、三相不平衡等问题，以及相应引起的低压配电线路和配电变压器损耗问题和单相重过载问题。因此，低压配电变压器台区的三相不平衡治理和低电压治理是配电网技术降损的主要手段之一，对提高供电可靠性、降低线损具有重要意义。

6.2.2.1.1 基本情况

八家子台区变压器为 100kVA，共有居民 101 户，最大供电半径 800m 左右。台区存在严重的三相不平衡与末端低电压问题。台区末端低电压造成用户不能对农作物正常浇灌，不能正常使用大功率电器，严重影响居民正常生活。台区日线损在 7%~9%。

6.2.2.1.2 问题分析

低压供电线路末端低电压问题一般是由供电半径过长、线径细引起。从台区拓扑图（见图 6-12）上来看，在台区 C1 左 7 号~C1 左 13 号用户会在夏季使用水泵时出现：在平时用电高峰时会出现电饭煲煮饭时间较长，在使用水泵进行浇灌时会因电压不足造成水泵抽水较慢，在用电高峰时水泵不能和家用电器一同使用的现象。在台区 C8~C15 号主要为农作物浇灌用户与养殖用户，其中浇灌用户有 8 家，水泵每个功率约在 2kW，养殖户有一家，铡草机功率约在 3kW。在此分支用户都用电时会造成两个分支末端用户低电压，严重时会影响到 C8 右 2 号的居民用户正常用电。

根据电阻定律和欧姆定律计算可得知：C1 左 7 号在负荷量在 10kW 时，电压降约 21V，末端 C1 左 13 号位置 10kW 负荷的电压降约 36V；C8 号在负荷量在 10kW 时，电压降约 21V，末端 C15 号位置 10kW 负荷的电压降约 41V。

6.2.2.1.3 治理方案

（1）C1 左 7~13 号。此低压分支末端用户容量较小，农田灌溉用电仅 2 户（2.2kW 电动机），负荷容量不超过 10kVA，线路总长度约 600m，C1 左 2~13 号压降在 30V 左右，基于施工成本等因素考虑选择调压型治理设备安装于 C1 左 2 号位置，调整电压目标值 235V，确保末端电压高于 200V。调压器安装位置如图 6-13 所示。

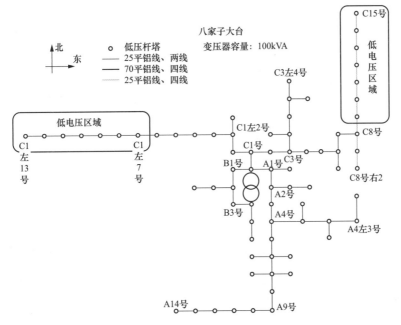

图 6-12　八家子大台拓扑图

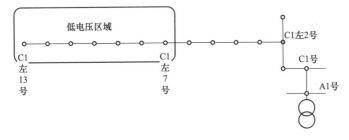

图 6-13　调压器安装位置图

（2）C8～C15 号。此低压分支末端用户有养殖和农排灌溉用电等多种负荷，负荷量较大，最大负荷约在 30kVA，并且线路前端用户量较多，最长供电半径约 800m。调压器方案已不适用，而工程改造施工需要更换大量杆塔，而较多杆塔在用户家中。因此，选用柔性直流配电方案。选取三相负荷且容量充足的 A2 号作为接入点安装整流装置，布置直流供电线至 C11 号，安装逆变设备增补供电容量不足，提升末端区域电压。整流装置安装位置如图 6-14 所示。

同时 A4 左 3～C15 号均处在公路沿线，直流母线架设亦可用于后期充电桩、光伏等的接入。

6.2.2.1.4　治理成效

（1）C1 左 7～13 号低电压治理效果。采用调压器方案

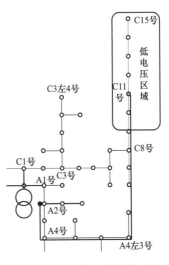

图 6-14　整流装置安装位置图

治理部分,通过启用和停用调压器不同状态,让用户启动生产电动机并实测数据见表 6-16,数据实测图如图 6-15 所示。

表 6-16 　　　　　　　　装置投入前后末端用户电压数据表

2.0kW 电动机	投入前			投入后		
	FVR 接点		末端用户	FVR 接点		末端用户
	电压（V）	电流（A）	电压（V）	电压（V）	电流（A）	电压（V）
未启动	238.2	4.21	227.4	241.8	4.17	237.5
启动 1 台	217.5	18.06	196.5	229.6	17.13	227.1
启动 2 台	198.4	33.87	185.6	230.5	28.17	218.5
启动 3 台	—			231.2	42.52	204.2

一台电动机工作　　　　两台电动机工作　　　　　一台电动机工作　　　　两台电动机工作
未启动调压器　　　　　　　　　　　　　　　　已启动调压器

图 6-15　调压器启动前后现场实测数据

在电压低于 198V 时 FVR 参与电压调节,稳定电压约在 235V,能顺利带载 3 台电动机起动,末端用户电压保持在 200V 以上,已达到治理效果。

(2) C8 左 7~C15 号低电压治理效果。采用柔性直流调配方案(FVR)提升并稳定电压,应用后用户启动多台电动机等生产设备,均能保持末端用户供电电压约在 220V。由此可见,柔性直流调配方案(FVR)能有效治理末端低电压。FVR 启用前后电能表数据如图 6-16 所示。

(3) 台区日线损降低至 5%~6%,达到合格区间。

6.2.2.2　台区治理末端高电压降损实例

6.2.2.2.1　基本情况

铁南东居宅 3 号台区在 2021 年通过改造已经将主要干线改造为 120mm² 线路,其余线路为 70mm² 线路,均问四线制供电,并与铁南东居宅 4 号台区合并,由 400kVA 变压器带载。

其中 3 户大型光伏发电用户在发电时造成台区光伏用户后段电压过高且光伏发电高时台区线损量过大。另外台区存在严重不平衡情况。其中,光伏用户电流曲线如图 6-17 所示，台区日线损曲线如图 6-18 所示，不平衡电流最大差值如图 6-19 所示。

启动3台电机　　　　　　　　启动3台电机　　　　　　启动3台电机+1台铡草机
FVR未启用　　　　　　　　　FVR启用后

图 6-16　FVR 启用前后现场实测数据

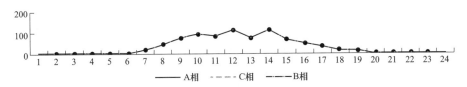

图 6-17　24 点光伏用户电流曲线

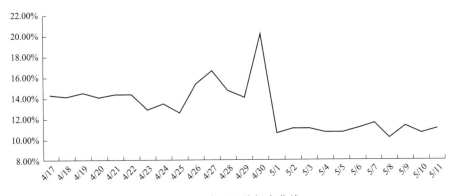

图 6-18　台区日线损率曲线

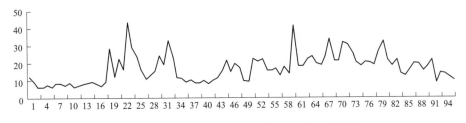

图 6-19　变压器侧相电流与平均电流最大差曲线

6.2.2.2.2　问题分析

光伏用户发电高峰时单用户三相电流均在 100A 左右，将会向变压器侧倒送电能，造成区域性高电压，在电能倒送至变压器的过程中会引起较大的电能损失。

光伏用户相对集中，根据计算变压器至两处光伏用户的线路阻抗约为 0.098Ω（单线），在 3 户光伏均达到单相 100A 电流发电时（3 户光伏上网最大单相电流和 140A 以上）电压升高约 47V 以上，因此需要尽量缩短光伏设备与变压器之间的距离。

另外，台区功率因数良好，但三相不平衡问题非常严重。台区拓扑如图 6-20 所示。

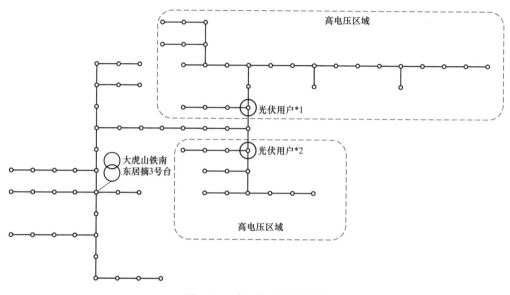

图 6-20　治理前台区拓扑图

6.2.2.2.3　治理方案

（1）本台区主要问题在于光伏发电上网后需要经过较长的低压线路才能到达变压器，结合台区实际情况，原大虎山铁南东居宅 4 号台区（已并入 3 号台）的变压器位置与光伏接入位置较近，大约在 80m，可采取挪移现有变压器位置至原 4 号台区变压器位置，同时改造主干线路和光伏用户间的线路更换为 120mm² 线。

（2）考虑到现变压器位置居民较为集中，负荷量略大且合并台区后线路距离较远，应加装一套柔性直流设备 FVR 来转供电，避免因变压器位置挪移后引起末端低电压情况。即在更换前后的两个变压器位置加装 FVR 设备，并铺设两根 70mm² 直流导线将两端设备连接起来，作为电能量增补转供的装置。

（3）在更换变压器的位置加装一台 35kvar 的三相不平衡补偿装置（SVG/AUC）。

（4）在光伏用户接入点前增加光伏控制智能断路器或光伏协议转换器，用于在监控光伏运行状态（如电量数据、故障、谐波数据等），配合 TTU 在必要时为调度提供控制功能。治理后的台区拓扑图如图 6-21 所示。

6.2.2.2.4　治理成效

使光伏发电近距离直接上送 10kV，不再引起区域高电压，同时挪移变压器不会引起其他末端区域的低电压；通过 SVG/AUC 的补偿，使变压器功率因数稳定在 0.99 并且不

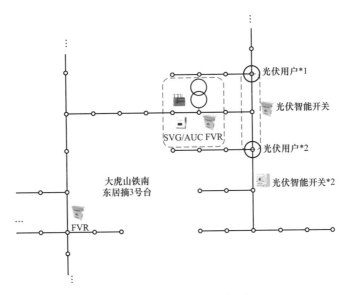

图 6-21　治理后台区拓扑图

平衡度接近于 0%，从而降低变压器和中压线路因不平衡、无功引起的额外线损。通过融合终端、光伏智能开关机电能质量治理设备，监测台区电能质量数据、光伏用户状态数据，在必要时提供控制光伏用户接入与断开的能力。

6.2.3　治理三相不平衡降损实例

6.2.3.1　基本情况

陈家 3 组台区已经小规模改造一次，主干线路更换为 $70mm^2$ 四线制供电，其余部分为 $25mm^2$ 两线制供电。台区由于单相用户较多，季节性用电较明显，存在较严重三相不平衡现象，末端区域在前端有大规模用电情况下偶尔存在低电压情况。台区日线损率在 6%～7%。拓扑图如图 6-22 所示。

6.2.3.2　问题分析

（1）台区分析。台区主要问题在于变压器位置不合理，但历史遗留问题较难解决。其次是四线制供电改造未全部完成，存在较多的两线制供电部分，必然存在严重三相不平衡现象，加上季节性负荷明显，即使改造四线制仍难以不免不平衡问题。另外，两线制供电部分线径仅 $25mm^2$，末端偶尔出现低电压现象。台区变压器负载率、功率因数较好。

根据调研，出现末端区域低电压时，一般都是同相线路重载时段，而三相负荷基本很少出现同时重载情况，因此解决台区三相不平衡时末端低电压问题也可同时解决。台区拓扑图如图 6-22 所示。

（2）线损分析。台区线路损耗主要是低压配电线路中阻抗引起的损耗，因此不平衡和无功功率的增加均会导致线损的增加。其中，台区负载率曲线如图 6-23 所示。

由不平衡曲线（见图 6-24）可知台区不平衡度平均约在 80%，台区负载率约在 25%，

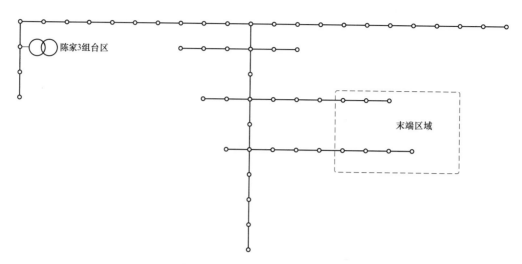

图 6-22 陈家 3 组台区拓扑图

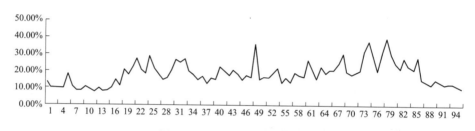

图 6-23 96 点台区负载率曲线

以 5 月 11 日数据为例，平均功率因数为 0.967，日售电量为 210.52kW·h，台区损失量为 13.98kW·h。由台区配电变压器功率曲线可计算得到 ABC 三相平均电流比值为

$$\sum P_A : \sum P_B : \sum P_C = I_{A日均}^2 : I_{b日均}^2 : I_{c日均}^2 = 168.569 : 527.317 : 191.307$$

$$I_{A日均} : I_{b日均} : I_{c日均} = 12.9834 : 22.9633 : 13.8313$$

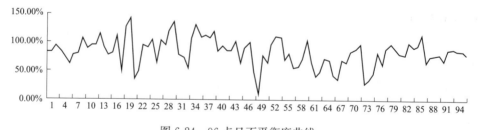

图 6-24 96 点日不平衡度曲线

假设台区配电线路三相的阻抗相等为 Z，则

$$24Z[(12.9834A)^2 + (22.9633A)^2 + (13.8313A)^2] = 13.98 \times 10^3$$

$$Z = 0.656565\Omega$$

若全台区均处于三相平衡状态的情况下（通过电压曲线计算 $U_均 = 227.527V$），则

$$I_均 = 210.52 \times 103/24/3/U_均 = 12.851（A）；P = 3 \times 24 \times 12.8512Z = 7.807（kW·h）$$

即在理想情况下全台区平衡，台区线损率能从 6.23% 降低至 3.58%。

6.2.3.3　治理方案

台区用电规模较小，后续仍会有线路改造计划更换 25mm² 线路，因此仅需要解决三相不平衡问题，考虑台区容量和不平衡度以及 SVG/AUC 自身损耗问题（补偿容量的 2% 以下），在台区内增加 3 台 10kvar SVG/AUC 即可，安装点位如图 6-25 所示。

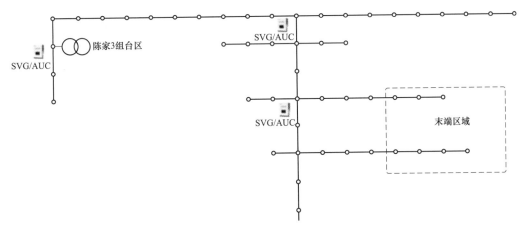

图 6-25　SVG/AUG 安装点位图

6.2.3.4　治理成效

通过在低压侧增加三台 10kvar SVG/AUC 设备进行补偿，使末端偶尔出现的低电压问题和台区配电变压器的三相不平衡问题得到有效的改善，通过调节距离变压器较远位置的三相不平衡，适当降低了低压配网的损耗。补偿前后线损率对比见表 6-17。

表 6-17　　　　　　　　　SVG/AUC 设备补偿前后线损率对比

台区名称	治理前线损率	治理后线损率
黑山县陈家 3 组台区	6.23%	3.58%

6.3　查治反窃电降损实例

6.3.1　系统分析法查治反窃电实例

6.3.1.1　基本情况

10kV 567 坡头线，投运年限为 2005 年 1 月 6 日，线路上公用变压器 84 台、容量 20635kVA，专用变压器用户 67 户、容量 20090kVA，线路长度 76.45km，供电半径 10.8km，主干线主要为 JKLYGJ-185，支线主要为 LGJ-50。

6.3.1.2　问题分析

通过一体化电量与系统，对该线路的月度累计数据及每日线损率进行分析，数据见表 6-18，曲线如图 6-26 所示。

表 6-18 10kV 坡头线月度累计数据

线路编号	线路名称	年月	输入电量 万（kW·h）	输出电量 万（kW·h）	售电量 万（kW·h）	损失电量 万（kW·h）	线损率 （％）
05M000000 07392451	567 坡头线	2019.12	384.88	1.77	321.81	61.29	15.84

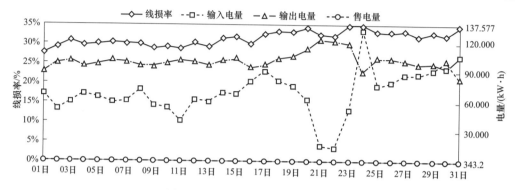

图 6-26 10kV 坡头线日线损率曲线

从线损率走势上看，该线路线损率基本在 15％ 左右波动，24 日达到最高 33.98％，仅有 21、22 日两天线损率为 3.66％、3.43％ 合格。判定该线路为高损线路，不达标。

下面对模型配置、关口电量、线变关系、公用变压器电量、专用变压器电量、窃电几部分进行分析。

（1）模型配置分析。从模型配置图 6-27 中可看到，该线路输入侧配置 567 关口计量表计正向，并配有多个公用变压器台区，说明该线路下所带多个公用变压器台区带有分布式光伏用户，通过配置处理计算模型，结合现场用电情况及基础档案，该线路系统模型配置与现场保持一致，未见异常。

图 6-27 567 坡头线模型配置

（2）关口电量分析。

1）母线平衡分析。线路由 35kV 泉兴站供出，结合母线电量平衡计算公式可知，35kV 泉兴站 10kV 母线应保持平衡，若某个出线关口或主变压器低压侧关口电量存在异常，则母线不平衡；若母线平衡，则关口电量无异常。通过选取某一时间段，对母线平衡情况进行分析，从图 6-28 中可以看出：在此时间段内，35kV 泉兴站 10kV 母线输入电量为 452.3760 万 kW·h、输出电量为 451.0620 万 kW·h，平衡率为 0.29%。根据母线平衡判断标准：110kV 及以下母线 [−2%，2%] 达标，可判定线路出线关口电量无异常。

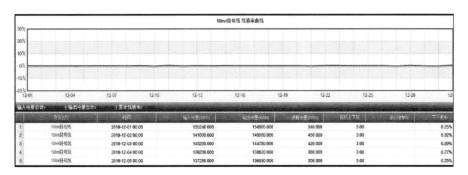

图 6-28 10kV 坡头线母线平衡率

2）关口采集情况分析。从上述 10kV 坡头线模型配置中可知，该线路下所带公用变压器存在分布式电源，则输入侧电量既包括关口电量还有分布式电源电量，查看其采集情况，关口总数为 15 个，采集率为 93.33%，发现存在 1 个台区下带光伏用户未采集成功，经过核查发现该台区此时间段未用电，不影响线损计算。

综上所述，可排除关口电量对线损的影响。

（3）线变关系分析。从基本情况得知，该线路所带公用变压器 84 台、专用变压器用户 67 户，通过将该线路拓扑和地理位置与现场实际情况进行比对，未发现存在负荷切改情况，因此排除线变关系对线损的影响。

（4）公用变压器电量分析。通过系统查看该线路所带 84 台公用变压器的采集情况，发现存在 5 台公用变压器采集失败，有可能造成线路高损，因此对这 5 台公用变压器进行逐一分析。其中，虎峪台区在上述关口分析中已经验证，此台区未用电，其余 4 个台区均为反向表底缺失，不参与输入电量计算，因此不影响计算结果，见表 6-19。

表 6-19 567 坡头线公用变压器采集失败明细表

序号	台区编号	台区名称	正向加减关系	正向电量（kW·h）	正向上表底	正向下表底	反向加减关系	反向电量（kW·h）	反向上表底	反向下表底
1	0000276042	虎峪	加	0	563.97			0		0
2	0000276056	崔家庄	加	11.55	437.62	438.39		0		
3	0000276013	张家岩村	加	448.2	3690.38	3720.26		0		
4	0000276025	东西珍村	加	493.95	2761.92	2794.85		0		0
5	0000276029	金家庄	加	1256.05	4761.05	4886.68		0		0

（5）专电变压器电量分析。通过系统查看该线路下 67 个专用变压器用户的采集情况，发现存在 6 个专用变压器用户采集失败，有可能造成线路高损，因此对这 6 个专用变压器用户进行逐一分析。结合发行电量来看，造成专用变压器用户电量少计 19 万 kW·h，还

原此部分电量该线路月度线损率为 10.98%，见表 6-20。

表 6-20 567 坡头线专用变压器采集失败明细表

序号	用户名称	发行电量 (kW·h)	正向加减关系	正向电量 (kW·h)	正向上表底	正向下表底	反向加减关系	反向电量 (kW·h)	反向上表底	反向下表底
1	赛诺粉末公司	144	加	0				0		
2	中建隧道建设公司	189666	加	0				0		
3	长吉岭村	122	加	0				0		
4	阳泉水站	0	加	0				0		
5	桑掌村 1	0	加	0				0		
6	尹灵芝镇山村委会	96	加	0				0		

（6）窃电分析。

1）K 值法。窃电用户的日电量曲线与单元线损率曲线负荷存在着一定规律。当用电量大时线损率大称为曲线正相关（耦合），此时用户为连续性窃电；当用电量小、线损率大时称为负相关（背驰），此时用户为间断性窃电。通过一体化电量与线损系统对大量窃电用户分析发现：当用户电量发生变化时，相应的线路损耗电量也会发生变化，将两个变化量的比值定义为 K 值。K 值越大，拐点用户电量与拐点单元损耗电量关联性越大，用户对线损影响越大。

$$K = \frac{|\Delta\omega_{拐点用户}|}{|\Delta\omega_{单元}|}\%$$

$$\Delta\omega_{拐点用户} = (n+1)\omega_{日用户} - \omega_{拐点日用户}$$

$$\Delta\omega_{单元} = (n+1)\omega_{日损} - \omega_{拐点日损}$$

式中：$\Delta\omega_{拐点用户}$ 为拐点用户电量；n 为拐点日；$\Delta\omega_{单元}$ 为拐点单元损耗电量；$\omega_{日用户}$ 为日用户电量；$\omega_{拐点日用户}$ 为拐点日用户电量；$\omega_{日损}$ 为日损耗电量；$\omega_{拐点日损}$ 为拐点日损耗电量。

2）567 坡头线窃电分析。将该线路此时间段线损率分布情况，结合 K 值法。拐点分布曲线如图 6-29 所示。

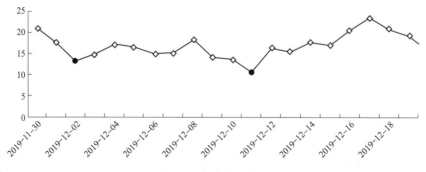

图 6-29 拐点分布曲线

由图 6-29、表 6-21 可知，两个拐点（12 月 02 日、12 月 11 日）K 值排名第一均为中建隧道建设有限公司高压用户，该用户存在窃电嫌疑。

表 6-21 拐点日 K 值前三名的商户明细表

拐点日 1（2019-12-02）的 K 值前三的高户	拐点日 2（2019-12-11）的 K 值前三的高户
商户名称：中建隧道建设有限公司	商户名称：中建隧道建设有限公司
K 值：0.14	K 值：0.51
商户名称：阳泉市郊区学校初中部	商户名称：阳泉市地海煤炭有限公司
K 值：0.07	K 值：0.25
商户名称：阳泉市郊区枣园农机配件厂	商户名称：阳泉焊业集团有限公司
K 值：0.04	K 值：0.09

6.3.1.3 治理方案

营销稽查专责现场查看后，发现该用户存在私自变动计量表计，存在窃电行为。对该用户进行窃电处罚以及违约用电常识科普后并对窃电电量进行追补，即该用户发行电量 189666kW·h。

6.3.1.4 治理成效

通过对窃电电量进行追补，该高损线路线损率有所下降，次月已达到合格范围。利用 K 值法通过窃电用户的日电量曲线与单元线损率曲线负荷之间存在的规律，可对窃电用户进行分析定位，为解决线路线损问题提供了数据支撑。建议在一体化线损与管理系统中加入 K 值法分析模块，提高打击窃电工作效率。

6.3.2 负荷监测查治反窃电实例

6.3.2.1 负荷监测查治反窃电实例一

6.3.2.1.1 基本情况

赵五线线路长期高损，日线损率在 18%～21%，日损失电量 8000～9000kW·h，相关专业人员多次巡线排查，重点用户筛查，未取得有效成果，线损仍居高不下。

6.3.2.1.2 问题分析

计划利用负荷监测系统，对赵五线进行建模点位分析，排查是否存在违约用电情况。

赵五线主干 135 号杆到分支末端 209 号杆区间，南岗子分支 21 号杆到分支末端 79 号杆区间监测数据建模分析，建模点位如图 6-30 所示。

南岗子分支 21 号杆到分支末端 79 号杆区间被监测点与监测点视在功率基本一致。赵五线主干 135 号杆到分支末端 209 号杆区间，被监测点与监测点视在功率存在巨大差距，曲线示意图如图 6-31 所示。

连续监测五天视在功率，被监测点与监测点 24 点功率差值在 300～500，日电量差在 7000～9000，基本锁定电量损失点范围在 135 号杆后的 19 个被监测点内，见表 6-22。

对赵五线主干 135 号杆到分支末端 209 号杆区间 19 个被监测点，缩小监测范围，再加 3 套负荷监测单元，分 4 个线路区间进行监测，安装点位图如图 6-32 所示。

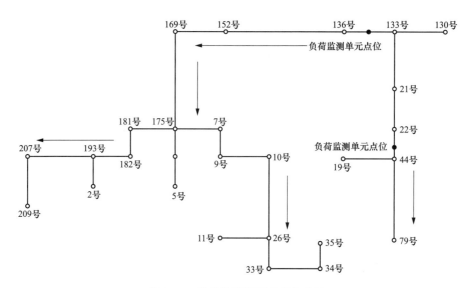

图 6-30　负荷检测单元建模点位图

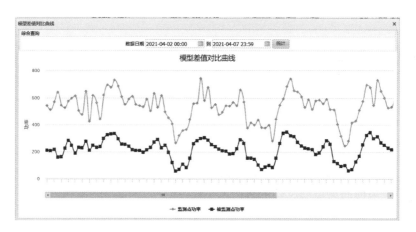

图 6-31　135 号杆到 209 号杆模型差值对比曲线

表 6-22　　　　　　　　　　4 月 7 日 24 时视在功率差值详情表

所属模型	数据日期	时间	分析结果	原因分析	监测点视在功率（VA）	被监测点视在功率（VA）
赵五线 135 号之后	2021/4/7	0：00	异常	视在功率差值：399.1478	1578.7702	1179.6224
赵五线 135 号之后	2021/4/7	1：00	异常	视在功率差值：338.8766	1505.8083	1166.9317
赵五线 135 号之后	2021/4/7	2：00	异常	视在功率差值：353.6531	1516.6513	1162.9981
赵五线 135 号之后	2021/4/7	3：00	异常	视在功率差值：326.9515	1461.5127	1134.5612
赵五线 135 号之后	2021/4/7	4：00	异常	视在功率差值：365.6295	1484.2321	1118.6026
赵五线 135 号之后	2021/4/7	5：00	异常	视在功率差值：251.3326	1383.0831	1131.7506
赵五线 135 号之后	2021/4/7	6：00	异常	视在功率差值：379.5766	671.9804	292.4037
赵五线 135 号之后	2021/4/7	7：00	异常	视在功率差值：391.5062	667.3037	275.7975
赵五线 135 号之后	2021/4/7	8：00	异常	视在功率差值：211.6223	390.4965	178.8742
赵五线 135 号之后	2021/4/7	9：00	异常	视在功率差值：243.6798	401.6975	158.0176

续表

所属模型	数据日期	时间	分析结果	原因分析	监测点视在功率（VA）	被监测点视在功率（VA）
赵五线 135 号之后	2021/4/7	10：00	异常	视在功率差值：261.5101	373.1755	111.6654
赵五线 135 号之后	2021/4/7	11：00	异常	视在功率差值：250.1381	358.6201	108.482
赵五线 135 号之后	2021/4/7	12：00	异常	视在功率差值：309.4599	350.5658	41.106
赵五线 135 号之后	2021/4/7	13：00	异常	视在功率差值：175.6169	287.985	112.368
赵五线 135 号之后	2021/4/7	14：00	异常	视在功率差值：241.7212	364.9134	123.1922
赵五线 135 号之后	2021/4/7	15：00	异常	视在功率差值：270.6338	362.321	91.6872
赵五线 135 号之后	2021/4/7	16：00	异常	视在功率差值：339.5010	522.7136	183.2126
赵五线 135 号之后	2021/4/7	17：00	异常	视在功率差值：375.9146	678.776	302.8614
赵五线 135 号之后	2021/4/7	18：00	异常	视在功率差值：412.0159	721.276	309.2601
赵五线 135 号之后	2021/4/7	19：00	异常	视在功率差值：342.8460	642.6501	299.8041
赵五线 135 号之后	2021/4/7	20：00	异常	视在功率差值：383.2617	685.7506	302.4888
赵五线 135 号之后	2021/4/7	21：00	异常	视在功率差值：405.5799	703.2217	297.6418
赵五线 135 号之后	2021/4/7	22：00	异常	视在功率差值：316.7332	579.9885	263.2553
赵五线 135 号之后	2021/4/7	23：00	异常	视在功率差值：293.9206	526.1836	232.263
日电量及差值　（视在功率电量）					18219.6767	10578.8475

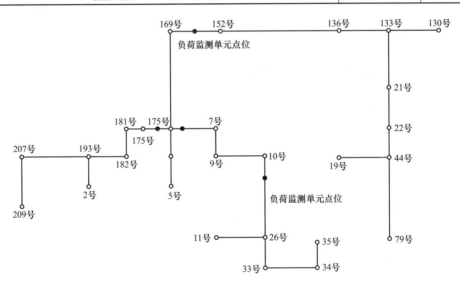

图 6-32　负荷检测单元安装点位图

其中 3 个线路区间监测数据正常，而 176～209 号杆监测数据异常，视在功率存在巨大差距，曲线示意图如图 6-33 所示。

连续监测三天视在功率，被监测点与监测点 24 点功率差值在 300～500，日电量差在 7000～9000，基本锁定电量损失点范围在 176 号杆后的 4 个被监测点内。

6.3.2.1.3　治理方案

负荷监测单元可带电安装于 10kV 线路上，线路电流信息的采样采用 96 点数据，具有简单快捷无需停电，数据分析精确、实效性强的优势。负荷监测系统高效率的监测异

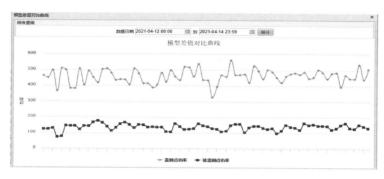

图 6-33　176～209 号杆模型差值对比曲线

常线路情况，精准锁定异常区间，大大节省了人工排查分析的时间，有效节省了人力和物力，最终达到线损治理的效果。因此选用安装负荷监测单元对赵五线进行违约用电排查治理。

6.3.2.1.4　治理成效

相关专业人员协同设备厂家一同前往现场对锁定的 4 个被监测点进行现场核查，确定其中 1 个被监测点存在违规用电问题，对其进行违约用电处罚以及用电规范知识普及，查看同期线损数据，赵五线线路损失率由原先的线路高损 20％左右，降至线损率为 3.06％，达到了预期线路线损治理的理想效果。截至目前，线损率一致稳定合格。

6.3.2.2　负荷监测查治反窃电实例二

6.3.2.2.1　基本情况

2022 年 4 月，西沟线月线损率为 13.9％，日输入电量 5 万 kW·h，输出电量 4.2 万 kW·h，日损失电量为 6000～8000kW·h，线损率在 13～18 上下波动，属于非常严重的高损线路。该线路电量曲线如图 6-34 所示。

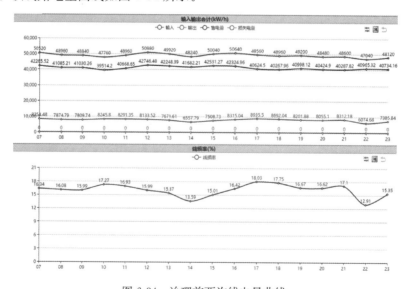

图 6-34　治理前西沟线电量曲线

6.3.2.2.2 问题分析

经系统排查，将 GIS 系统与线路系统图进行比对，发现线变关系一致，西沟线属于长线路，用电量大且户数多，对于这种排查难度较大的线路，计划采用负荷监测单元协助排查。由上述案例提出，负荷监测单元可在 10kV 架空线免停电安装，TA 测电流同时给电容充电，然后 4G 通信模块将数据传回主站，主站在获取用电采集系统数据后，与监测单元采集电量曲线对比，进行异常电量分析。

下面将西沟线下的 9 处重点地区安装负荷监测单元进行排查治理。安装点位图如图 6-35 所示。

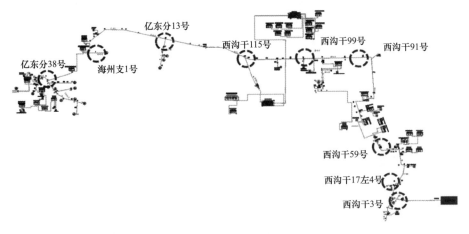

图 6-35 负荷监测单元安装点位图

系统整体投入运行，经后台对比发现，安装在海州支 1 号的单元，负荷单元监测电量与后面海州支 4 号杆所带户用电信息采集系统采集的电量差距很大。

图 6-36 为表计与线损监测单元功率曲线对比。由图 6-36 可知，该户表计每小时少计量电量 100~300kW·h。在确定了位置后去现场查验，发现某用户 A 私自在变压器负荷侧接电缆进行窃电。

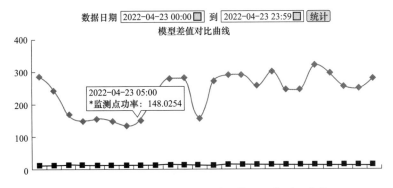

图 6-36 用户 A 表计与监测单元模型差值对比曲线

此外，还监测并定位到另一处用户 B 存在动表窃电问题，表走电量与单元监测电量变化相一致，短接了部分电流，定位了位置后，于 4 月 24 日去现场实测表前电流与表显电流确实不相符，存在窃电行为。用户 B 表计与监测单元差值对比如图 6-37 所示。

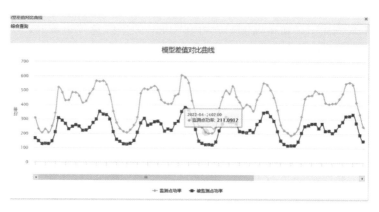

图 6-37　用户 B 表计与监测单元模型差值对比曲线

6.3.2.2.3　治理方案

将西沟线下的 9 处重点地区安装负荷监测单元进行排查治理。4G 通信模块将数据传回主站，主站在获取用电信息采集系统数据后，与监测单元采集电量曲线对比，进行异常电量分析。

6.3.2.2.4　治理成效

发现某用户 A 私自在变压器负荷侧接电缆进行窃电，还监测并定位到另一处用户 B 存在动表窃电问题。经过此次治理，西沟线线损率得到明显下降，日损失电量减少 6000kW·h，月线损率于次月恢复正常。治理后西沟线电量曲线如图 6-38 所示。

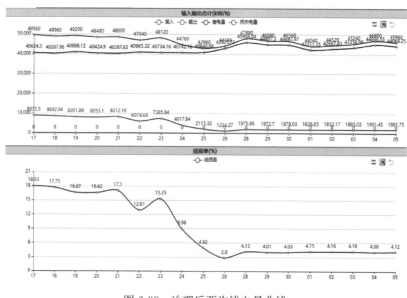

图 6-38　治理后西沟线电量曲线

6.4 提升管理降损实例

6.4.1 核实调整线变关系降损实例

6.4.1.1 核实调整线变关系降损实例一

6.4.1.1.1 基本情况

通过一体化电量与线损管理系统配电线路日线损监测，发现桃源乙线路存在负荷损失，损失率为－1.06%，此前该线路的线损率一直处于正常的范围内，在10月9～12日均出现负损现象，于是对其进行详细调查。

6.4.1.1.2 问题分析

针对线损模型、采集成功率、营配关系、现场实际运行方式四部分进行核查，分析如下：

（1）线路模型核查。该条线路仅存在一个输入源，通过一体化同期与线损系统—元件关口模型配置页面查看，发现开关编号等信息与现场信息一致，计算方向与现场接线一致，线路关口配置正确，因此排除线路模型配置问题导致线路负损。线路模型如图6-39所示。

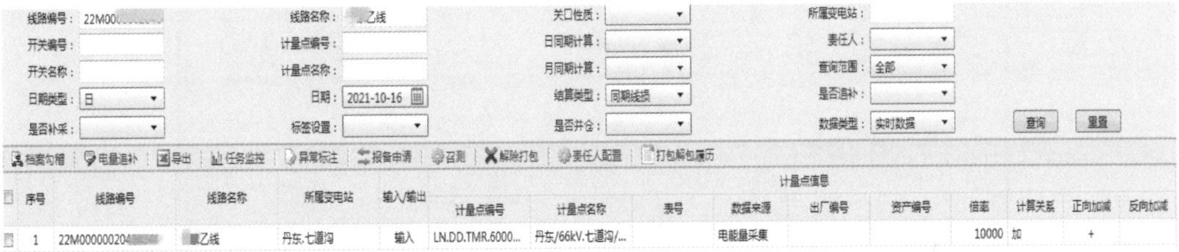

图6-39 线路模型

（2）采集成功率核查。桃源乙线下挂接25个公用变压器和3个专用变压器，通过一体化同期与线损系统—配电线路同期日线损页面进行分析，采集成功率均为100%且不存在零点冻结示数异常问题，因此排除采集异常问题导致线路负损。

（3）营配关系核查。将一体化电量与线损管理系统导出的线路用户明细与PMS、186系统做对比，发现现有档案营配关系无异常。

（4）现场运行方式核查。将兄弟单位东坎子变电站下沙河线线损曲线与该线路进行比对，发现两条线路的线损率存在背驰关系，如图6-40、图6-41所示。

6.4.1.1.3 解决方案

经过现场核实，将原因锁定在线路下的一个高压双电源用户，某有限公司私自将电源从该线路导入兄弟单位沙河线，但并未在GIS系统中进行调整，从而造成该线路负损，沙河线高损。

综上所述，该线路负损主要是GIS系统基础档案与现场不一致造成，应调整线变关系。

6.4.1.1.4 治理成效

在10月13日后，经过系统调整，桃源乙线路线损率恢复正常，线损率稳定在3%左右，曲线如图6-42所示。

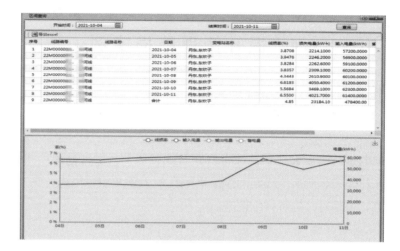

图 6-40　沙河线高损系统截图

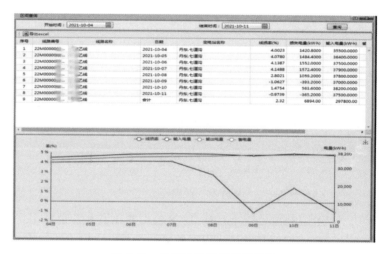

图 6-41　桃源乙线负损系统截图

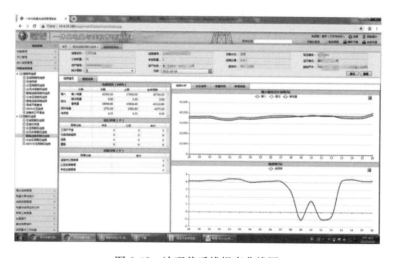

图 6-42　治理前后线损率曲线图

6.4.1.2 核实调整线变关系降损实例二

线路同期线损依托采集全覆盖和营配调全贯通，以供、售电量同步采集和在线监测为核心，以线路线损达标治理和精准降损为重点，突出线损管控的实时性，真正实现了线损管理的集约化、信息化和精益化，是线损管理模式的全面升级。

线路线变关系的准确性是计算线路线损的基础，采集成功率是保证，只有同时满足这两点需求，计算出来的线路线损才是真实可靠的。线路线损治理是需要多部门、多专业共同协调完成的，治理过程中凸显的问题，主要原因来自基础工作的不到位。因此，基础工作做到位也是同期线损管理过程的重中之重。

6.4.1.2.1 基本情况

原 15 号线与原 23 号线为经开变电站出线的同杆架设线路，沿经开路向东分别与胡 12 号线、胡 15 号线相连，原 15、原 23 号分别带有经一线中黄段分支与化工一线中黄段分支，两条分支线路又与原 16 号线、原 24 号线相连。两条线路于 2 月 27 日～3 月 1 日连续三天发生负损，见表 6-23。

表 6-23 线 路 电 量 详 情 表

线路名称	数据日期	供电量（kW·h）	用电量（kW·h）	损失电量（kW·h）	线损率（%）
原 23 号	2 月 27 日	45606	69031.64	−23425.64	−51.37
	2 月 28 日	42848	65358.79	−22510.79	−52.54
	3 月 1 日	42367	62541.97	−20174.97	−47.62
原 15 号	2 月 27 日	80485.4	99491.7	−19005.3	−23.61
	2 月 28 日	79900.5	103074	−23173.5	−29.00
	3 月 1 日	78453.9	101889.15	−23432.25	−29.86

6.4.1.2.2 问题分析

按同期线损管理对容易影响配电线路负损的几点对原 15 号与原 23 号进行排查。

（1）线变关系核查。核查 10kV 线路所有公用变压器和专用变压器的线变关系是否存在差异，重点核查售电量为 0 的高压用户、报停用户、无电量用户。核查光伏用户配置，双电源用户配置是否正确。若发现不准确的情况，应及时在源端系统进行维护。

经过对原 15 号与原 23 号进行现场线变关系核查。发现配电图集上显示的线变关系专用变压器来自营销系统、公用变压器来自 PMS 系统，与线损系统线变关系一致，但是配电图集与现场实际不一致。

（2）档案核查。通过对 10kV 所有用户公用变压器和专用变压器的计量互感器变比现场核实，现场与 SG186 系统一致。用电信息采集系统与线损系统核对所有计量表计表底完整，不存在表码缺失情况。

（3）计量核查。对负损 10kV 线路站内关口计量表计和互感器做计量检定，核实是否因为 10kV 线路站内关口表误差过大或是否因为电流互感器变比不合理导致负损。针对电能表采集异常情况，应对电能表进行更换或使用辅表计量。针对电流互感器问题，应通过更换合适变流比的电流互感器或通过负荷割接合理分配线路负荷，也可通过更改高供低计的计量方式，将配电变压器损耗加入 10kV 线路线损内，从而使误差变为可忽略误差，不影响线路线损。

计量人员对线路关口考核表、倍率进行现场核查，确认系统与现场一致，原 15 号线与原 23 号线供电量不存在问题。线路原 15、原 23 号线与胡 12、胡 15 号线互供联络开关，现场开关为断开状态，线路之间不存在互供情况。经一线中黄段分支、化工一线中黄段分支与原 16 号线、原 24 号线互供联络开关，现场开关状态为断开方式，原 15 号线与原 23 号线也不存在与其他线路互供情况。计量室人员与高压用电服务班人员对线路下公用变压器考核表、专用变压器计费表进行检查，未发现表计存在问题，也不存在窃电用户。

综上所述，原 15 号线与原 23 号线连续发生负损的主要原因是现场更改完线变关系后，工作人员在系统内未进行及时同步更新，从而导致线损系统线变关系与实际存在较大出入。

6.4.1.2.3 治理方案

现场线变关系调整完毕后，在系统中进行线变关系调整并及时更新配电图集，要做到现场与系统一致；同时对于工作人员也应加强管理，多部门、多专业共同协调，保证基础工作做到位。

6.4.1.2.4 治理成效

通过对线路现场线变关系的核查、调整，原 15 号线与原 23 号线由原来的负损线路变为合格线路，治理成效显著，见表 6-24。

表 6-24　　　　　　　　治理后线路电量详情表

线路名称	数据日期	供电量（kW·h）	用电量（kW·h）	线损率（%）	理论线损率（%）
原 15 号	3 月 21 日	55440	54154.7	2.32	2.54
	3 月 22 日	58440	57320.6	1.92	2.54
	3 月 23 日	50280	49408.2	1.73	2.54
原 23 号	3 月 31 日	28440	28148.97	1.02	2.40
	4 月 1 日	30841	30375.92	1.51	2.40
	4 月 2 日	30480	30310.33	0.56	2.40

6.4.2 查治计量装置缺陷降损实例

6.4.2.1 计量表超量程治理实例

6.4.2.1.1 基本情况

2022 年 2 月，三放线 16 号公用变压器台区线损异常，从 10 日起线损率便逐渐升高，18 日达到了最高，上升到 5% 以上，日均损耗电量在 140kW·h 左右，通过开展同期线损系统调查，该公用变压器台区下共有用户 76 户，其中低压非居民用户 22 户。

6.4.2.1.2 问题分析

经营销系统查询该台区近期无新上用户，也无迁移负荷，台区智能诊断的用电地址拓扑分析未发现挂接错误问题，电能表箱铅封未发现破坏痕迹，架空线路未发现私搭乱接现象，因此排除窃电因素。

在系统中观察用户电量与台区线损率分析曲线（见图 6-43），发现一客户日用电量随着线损率变动而变动，整体趋势呈现正相关。后经现场核实，结果显示，该客户 B 相实时电流示值为 87.126A 与电流表测量示值 89.2A 存在一定差异。该用户采用 5（60A）直通式电能表，实际电流已超过电能表最大量程，由此可知该用户已经超过最大范围。

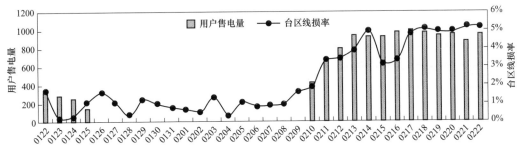

图 6-43 用户电量与线损率分析曲线

6.4.2.1.3 治理方案

参考其日均用电量与现场用电设备负荷情况，利用电能信息采集系统查询该用户近期冻结电流，最终发现该客户超容用电导致电能表计量失准，存在越限运行现象，于是现场对其进行更换互感器电能表箱处理。

6.4.2.1.4 治理成效

于 2022 年 2 月 28 日整改完毕，该台区日线损率逐渐恢复正常，平均日损失电量降至 50kW•h 左右，相较于治理前，平均日损失电量少损耗 50kW•h 左右，日线损率均为 2.0% 左右，治理成效显著，治理前后线损率曲线如图 6-44、图 6-45 所示。

6.4.2.2 计量 TA 超量程治理实例

6.4.2.2.1 基本情况

华阳河农场供电所维护的一台配电变压器容量为 50kVA，计量用电流互感器变流比为 50/5，在每月抄表后统计线损的过程中，发现该台区低压线损率为 12%～13%。对该

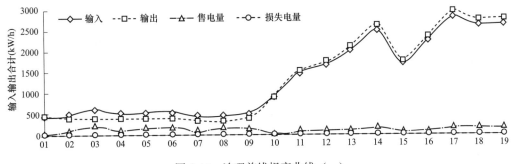

图 6-44 治理前线损率曲线（一）

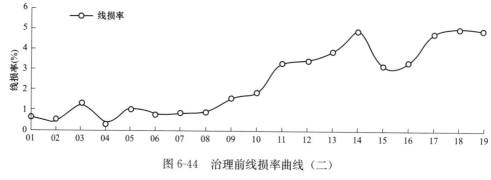

图 6-44　治理前线损率曲线（二）

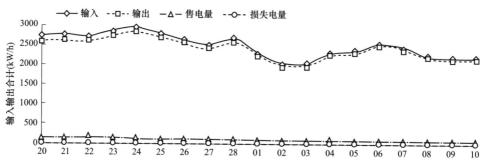

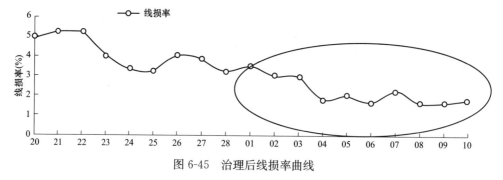

图 6-45　治理后线损率曲线

台区总表及各用户计量表全部进行了校验，调整了三相负载，使负载基本上趋于平衡，并对可能存在窃电、漏电的地方进行了监测，均未使线损下降。

6.4.2.2.2　问题分析

在调整三相负载测量负荷电流时，发现该台区最大负荷一次侧电流约为 70A，对于计量用的电流互感器，可测量的有效量程范围为 1%～120%，因此对于该台区选用的变流比为 50/5 的电流互感器，最大可测电流值为 60A，此时该台区的最大负荷一次侧电流已经超过最大量程，造成采集漏抄，建议更换合适的电流互感器。

6.4.2.2.3　治理方案

根据台区配电变压器容量 50kVA 计算，将该台区计量用电流互感器更换成变流比为 75/5 的互感器。

6.4.2.2.4　治理成效

随后在低压线损统计中，该台区的低压线损率由原来的 12%～13% 降至现在的 5%～6%。

6.4.2.3 计量 TA 倍率错误治理实例

6.4.2.3.1 基本情况

10kV 轻工线，线路输入平稳，但会时不时出现负损的情况，该线日常输入电量约为 3900kW·h，售电量约为 3940kW·h，日损失电量为 −40kW·h，轻工线下共带有 5 台公用变压器、两台专用变压器，8 月 12 日，凌水桥 1 号配电站 2 号变台区线损率高达 23.02%，如图 6-46 所示。

电量明细	异常明细						
线路名称	台区编号	台区名称	输入电量(kW·h)	输出电量(kW·h)	售电量(kW·h)	损失电量	线损率
七顶岭变202轻	2833202005	pms_海大回迁楼配电站1#...	617.60	0.00	614.23	3.37	0.55
七顶岭变202轻	2833202014	pms_凌水桥1#配电站1#变...	578.00	0.00	453.90	124.10	21.47
七顶岭变202轻	2833202995	pms_海大回迁楼配电站2#...	486.40	0.00	481.13	5.27	1.08
七顶岭变202轻	2833202998	pms_凌水桥1#配电站3#变...	810.00	0.00	641.31	168.69	20.83
七顶岭变202轻	2833202999	pms_凌水桥1#配电站2#变...	586.00	0.00	451.12	134.88	23.02

图 6-46 治理前台区线损情况

6.4.2.3.2 问题分析

经现场核实变压器与系统 GIS 图无差别，线变关系正确，核实 66kV 变电站 10kV 线路出口电量与实际相符。通过线损系统发现该线路所带 3 台变压器台区线损为高损且台区线损为 20%，这三台变压器档案 TA 变比为 1000/5，怀疑该三台变压器可能存在 TA 变比错误问题，实际变比可能为 800/5（如果假设成立，线路线损及台区损都会正常）。

通过线损核查人员对该三台变压器进行核查发现，现场有考核表 TA 和配电低压柜电流表 TA 两组，考核表 TA 变比为 800/5，电流表 TA 变比为 1000/5，营销部门在采集档案时误将电流表 TA 当成考核表 TA，导致线路售电量增加 200kW·h 左右。因此确定猜想，由于 TA 变比错误导致线路出现负损，台区出现高损。

6.4.2.3.3 治理方案

工作人员将采集档案进行整改，并对营销管理人员进行常识普及，避免再次出现因为管理问题而影响线损率的情况。

6.4.2.3.4 治理成效

经过档案整改完毕后，该线路线损率趋于稳定，凌水桥 1 号配电站 2 号变台区线损率由原来的 23.02% 降至 3.66%，达到经济运行水平，治理效果显著，如图 6-47 所示。

线损	电量明细	异常明细						
位	线路名称	台区编号	台区名称	输入电量(kW·h)	输出电量(kW·h)	售电量(kW·h)	损失电量	线损率
	七顶岭变202轻	2833202005	pms_海大回迁楼配电站1#...	654.40	0.00	650.52	3.88	0.59
	七顶岭变202轻	2833202014	pms_凌水桥1#配电站1#变...	419.20	0.00	411.07	8.13	1.94
	七顶岭变202轻	2833202995	pms_海大回迁楼配电站2#...	459.20	0.00	456.19	3.01	0.66
	七顶岭变202轻	2833202998	pms_凌水桥1#配电站3#变...	646.40	0.00	639.75	6.65	1.03
	七顶岭变202轻	2833202999	pms_凌水桥1#配电站2#变...	515.20	0.00	496.32	18.88	3.66

图 6-47 治理后台区线损情况

6.4.2.4　计量表接线缺陷降损实例

6.4.2.4.1　基本情况

广场 2 号台区，配电变压器容量 100kVA，台区下挂接用户 103 户，3kW 光伏发电客户 5 户，日供电量约 260kW·h，线损率此前一直保持在 4% 左右，2022 年 6 月 23 日经过一体化同期线损系统检验发现，该台区线损率猛然上涨，6 月 24 日时出现高损，线损率最高时达到 15.28%，日损耗电量达到 30.17kW·h，曲线如图 6-48 所示。

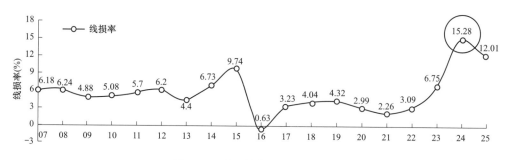

图 6-48　治理前台区线损率曲线

6.4.2.4.2　问题分析

针对台区高损问题，工作人员计划从是否存在采集失败、是否存在偷窃电行为、台户关系是否正确、是否存在漏电现象等方面着手治理。

（1）采集问题分析。从一体化线损与管理系统上看，在 6 月 22～24 日线损率突增期间，该台区用电客户采集成功率为 100%，无表底缺失用户，故排除采集失败的可能性。

（2）档案问题分析。在营销用电信息采集系统内上下表底均正常入库，表计时钟未出现问题，又利用"线损智能诊断平台"中的"台区体检室"进行了检查，排除了台户、线变关系错误导致的高损。

（3）窃电问题分析。既不是采集失败造成，又不是台变关系错误引起，于是将疑点锁定在用户窃电。利用 K 值法分析反窃电，按确定时间段找拐点求 K 值，绘制曲线做对比的流程进行一系列排查，发现在发生高损期间，此台区不存在用户窃电行为。

图 6-49　电压进线绕损现场图

（4）表计问题分析。针对上述分析，开始进行台区安全用电的全面排查。发现某用户电能表 A、B 相电压进线烧损（见图 6-49），导致两相输入电压采集数据失真，少计入部分电量，造成台区高损。

6.4.2.4.3　治理措施

现场工作人员对该用户 A、B 相电压进线进行接线。

6.4.2.4.4　治理成效

7 月 3 日线损开始下降，7 月 4 日线损 2.91%。治理后台区线损率如图 6-50 所示。

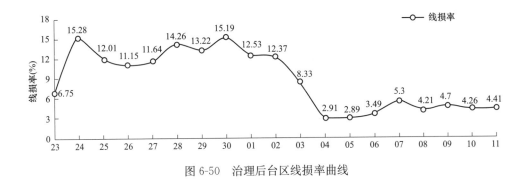

图 6-50　治理后台区线损率曲线

6.4.2.5　计量表缺陷更换降损实例

6.4.2.5.1　基本情况

2021 年 4 月 15 日,红旗变电站 438 10kV 红太线从 4 月 13 日多次出现高损情况,线损率最高达到 23.8%,如图 6-51 所示。

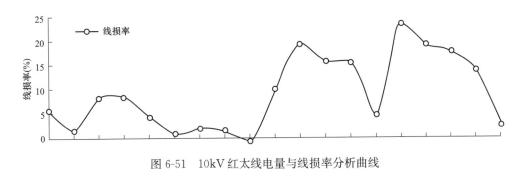

图 6-51　10kV 红太线电量与线损率分析曲线

6.4.2.5.2　问题分析

根据调查同期线损系统电量明细,发现高损日前后用户数量并无变化,并且电量与平日无较大偏差,因此可暂时排除线变关系以及用户采集异常情况。继续将疑点放在该线路的光伏用户上,发现其中有一名为某农业开发有限公司的光伏用户,该户 4 月 12 日光伏反向电量为 0,当日线路负损,而 4 月 14 日线路又发生高损,初步怀疑之前由于光伏模型未配置从而可能造成线损异常,经查询配电线路关口模型发现,该光伏用户的反向电量已经在输入模型中配置,因此此猜想不成立,4 月 14 日线路高损另有原因。

继续观察关口表反向电量波形曲线发现,在 4 月 12 日该线路关口表反向电量为 0,4 月 13 日关口表反向电量为 1080kW·h(见图 6-52),每天均会发生变化,因此也排除关口表反向电量模型未配置的可能。

排查母线平衡率,经查询,红旗变电站母线模型配置正确,4 月 12 日母线平衡率为 0.25%,而 4 月 13 日为 -0.33%,母线平衡率为负,母线上其他线路都没问题的情况下,红太线关口表只有两种可能:①关口表反向电量计量比实际小;②关口表正向电量计量比实际大。

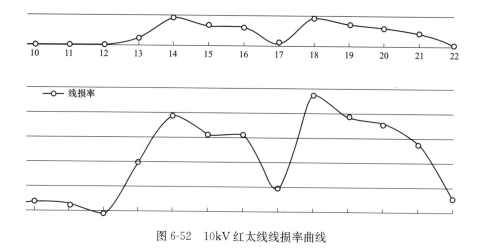

图 6-52　10kV 红太线线损率曲线

　　两种可能存在条件一般是计量装置问题，排查现场关口表、TA 等设施，发现使用的电能表是止逆型电能表，能有效防止电能表倒转，无论正反电量是多少，都以电量绝对值计入到正向电量中，过去可有效阻止了用户反接线窃电的行为，但随着光伏发电的高速发展，止逆表因功能上的不完善，渐渐退出历史舞台。

6.4.2.5.3　治理方案

　　在 5 月 14 日，将电能表进行更换。

6.4.2.5.4　治理成效

　　次日，红太线线损已恢复正常，从原来最高的 23.8％降至 1.02％，治理效果显著，关口表计量正确，不再影响指标。

6.5　本　章　小　结

　　本章中，以实例方式介绍了多种降损技术和方法，降损工作是一项需要持之以恒的工作，需要针对不同场景、不同条件、不同对象而设立不同的降损方案。从网架结构到节能选型和电能质量治理，从计量装置缺陷治理到反窃电查处，线损工作包括了电力行业的方方面面。因地制宜地采用具有针对性的方案方法能够起到事半功倍的作用。